面向工程应用的 DSP 实践教程

杨　旭　李　擎　崔家瑞　付冬梅　主编

科学出版社

北京

内 容 简 介

本书是根据"工程教育专业认证"等需求而编写，旨在提高学生在基于数字信号处理器的嵌入式系统设计方面的能力，进而培养学生解决复杂工程问题的能力。本书以美国 TI 公司 TMS320 28335 DSP 为蓝本，全书共 14 章。其中，第 1~5 章主要讲解如何进行面向工程应用的 DSP 开发及其基本要点、DSP 芯片的基本原理、DSP 系统标准开发流程、最小系统的硬件设计及 TI DSP CCS 与 MATLAB 的混合编程等几个方面，将后续工程应用实例设计中的共性问题给予详尽的说明。第 6~12 章通过 7 个工程项目开发实例，从项目需求入手，按标准流程，从设计思路、硬件设计、软件设计三方面进行详细的阐述，使读者能够快速掌握基于 DSP 的工程实践的开发思路、设计步骤及解决方案。第 13、14 章通过两个综合工程案例，使读者理解较为综合的项目的开发思路和方案设计流程。

本书可作为自动化、智能科学与技术、测控技术与仪器等专业本科生的教材，也可作为相关工程技术人员、教师和科研人员的参考书。

图书在版编目(CIP)数据

面向工程应用的 DSP 实践教程 / 杨旭等主编. —北京：科学出版社，2018.6
ISBN 978-7-03-057594-4

Ⅰ.①面… Ⅱ.①杨… Ⅲ.①数字信号处理-高等学校-教材 Ⅳ.①TN911.72

中国版本图书馆 CIP 数据核字(2018)第 118058 号

责任编辑：潘斯斯　张丽花 / 责任校对：郭瑞芝
责任印制：吴兆东 / 封面设计：迷底书装

科 学 出 版 社 出版
北京东黄城根北街 16 号
邮政编码：100717
http://www.sciencep.com

北京九州迅驰传媒文化有限公司 印刷
科学出版社发行　各地新华书店经销

*

2018 年 6 月第 一 版　　开本：787×1092　1/16
2019 年 2 月第二次印刷　印张：17 1/2
字数：455 000

定价：**69.00 元**
（如有印装质量问题，我社负责调换）

前　言

目前我国在工程实践教育层面，已陆续开展了"中国工程教育专业认证""卓越工程师培养计划""CDIO"[①]工程教育。这些项目的共同之处在于：强调培养学生利用工程技术相关原理解决复杂工程问题的实践能力和创新能力。而应用实践类课程是加强学生上述能力培养的重要抓手，对提高学生的综合素质、培养学生的实践创新能力具有不可替代的作用。

"DSP 原理及应用"课程是自动化相关专业重要的专业选修课之一，该课程直接面向工程应用，课程内容与"数字信号处理""信号与系统""嵌入式控制系统"等课程密切相关，课程知识点随科技发展而迅速更新，课程注重训练学生进行目标功能约束下的软硬件系统设计方面的实践创新能力，在自动化、智能科学与技术、测控技术与仪器等专业的本科培养计划中占据重要地位。

本书以嵌入式技术的相关理论为基础，从应用角度出发，力求学以致用，在吸取多年 ECS 和 DSP 方面研究工作和教学经验的基础上，力图形成内容简明、集系统性和实用性于一体的通用教材。为此，本书在编写过程中，直接面向工程应用实例，关注项目需要和系统需求，将课程知识点贯穿到不同的工程应用实例中。

本书的特色及创新如下：

（1）结合"自动化专业卓越工程师培养计划"的培养目标和"中国工程教育认证"的毕业要求，并根据北京科技大学自动化专业教学大纲、培养计划、学时设置编写本书。本着精心规划、从实践出发、深入浅出的原则，对本书内容进行全面而系统的设计、安排、整合和优化。

（2）在本书编写过程中将充分借鉴 CDIO 工程实践能力一体化培养理念，在介绍 DSP 芯片基本原理和系统应用标准开发流程后，按照工程项目案例编排章节，将 DSP 知识点和已学相关课程的理论纳入相应的应用实例中，并以嵌入式系统设计的标准流程来进行分节讲解，使学生能够从真正意义上理解、掌握知识点，并利用相关课程的工程技术原理给出具体应用的技术解决方案。

（3）在创新性方面，本书重点介绍 TI-DSP 的软件开发环境 CCS 和 MATLAB、CCS 与 LabVIEW 的交互式开发问题，使读者能够将 MATLAB、LabVIEW 等软件开发工具与 DSP 硬件及其开发环境进行有机联系，明确混合编程的优劣及其在项目开发过程中的重要作用。

全书共 14 章：

第 1 章介绍面向工程应用的 DSP 的基础知识和开发基本要点。

第 2 章介绍 DSP 芯片结构及基本原理。

第 3 章介绍 DSP 应用系统的标准开发典型流程及软硬件系统设计和调试。

第 4 章介绍 DSP 最小系统板及开发板硬件设计。

[①] CDIO，即构思（Conceive）、设计（Design）、实施（Implement）、运行（Operate）。

第 5 章介绍 TI DSP 开发环境 CCS 与 MATLAB 的混合编程及代码转换。

第 6 章介绍基于 DSP 的公共建筑能耗监控系统工程实例的系统功能说明、系统总体设计及软硬件设计。

第 7 章介绍基于 DSP 的地铁车厢振动信号滤波系统工程实例的系统功能说明、系统总体设计及软硬件设计。

第 8 章介绍基于 DSP 的生物特征识别系统工程实例的系统功能说明、系统总体设计及软硬件设计。

第 9 章介绍基于 DSP 的环境参数采集与数据分析系统工程实例的系统功能说明、系统总体设计及软硬件设计。

第 10 章介绍基于 DSP 的直流无刷电机驱动器系统工程实例的系统功能说明、系统总体设计及软硬件设计。

第 11 章介绍基于 DSP 的室内人流量检测系统工程实例的系统功能说明、系统总体设计及软硬件设计。

第 12 章介绍基于 DSP 的空调控制系统工程实例的系统功能说明、系统总体设计及软硬件设计。

第 13 章介绍基于 DSP 的智能照明与吊扇系统工程实例的方案设计与开发思路。

第 14 章介绍基于 LabVIEW 的人机界面系统工程实例 DSP 设计。

本书的编写方式力求深入浅出、循序渐进，在内容的安排上既有基础理论、基本概念的系统阐述，同时也有丰富的工程项目案例，具有很强的工程实践指导性。

本书由北京科技大学自动化学院杨旭、李擎、崔家瑞、付冬梅主编。第 1、2 章由杨旭编写，第 3 章由付冬梅编写，第 4 章由李擎编写，第 5 章由崔家瑞编写，第 6-8 章由李擎、崔家瑞编写，第 9-11 章由杨旭、付冬梅编写，第 12、13 章由李擎编写，第 14 章由杨旭、崔家瑞编写。在本书的编写过程中，作者课题组的多名研究生（刘旭东、解浩周、宋宝栋、郭红波、张磊）参与了部分书稿的文字录入、图形绘制和内容校对工作；另外，在本书的出版过程中，潘斯斯等编辑为此书的出版付出了辛勤劳动，在此对上述人员一并表示衷心的感谢。

本书在编写过程中参考了大量文献，在此对文献的作者致以真诚的谢意！

本书已列入北京科技大学"十三五"规划教材建设项目，其编写和出版得到了北京科技大学教材建设经费的资助。

由于编者水平有限，书中难免有疏漏和不足之处，敬请广大读者批评指正。

编 者

2018 年 4 月

目 录

第1章 如何进行DSP的工程实例开发 ··· 1
1.1 DSP基础知识 ··· 1
- 1.1.1 DSP处理器基本概念 ··· 1
- 1.1.2 DSP系统特点 ··· 1
- 1.1.3 可编程DSP芯片结构 ··· 2
- 1.1.4 DSP芯片分类 ··· 3
- 1.1.5 DSP发展历程 ··· 3
- 1.1.6 DSP与MCU、ARM、FPGA的区别 ··· 4

1.2 DSP芯片的选型概要 ··· 5
- 1.2.1 DSP芯片选型原则 ··· 5
- 1.2.2 DSP厂商产品特点介绍 ··· 6
- 1.2.3 TI DSP芯片型号含义 ··· 8

1.3 DSP开发工具及平台搭建 ··· 9
- 1.3.1 DSP开发工具介绍 ··· 9
- 1.3.2 TI CCS的版本与安装 ··· 10
- 1.3.3 硬件仿真器的驱动安装 ··· 14
- 1.3.4 驱动程序的配置 ··· 14

1.4 本章小结 ··· 17
1.5 思考题与习题 ··· 18

第2章 DSP芯片结构及基本原理 ··· 19
2.1 TMS320F28335芯片结构 ··· 19
- 2.1.1 CPU结构 ··· 19
- 2.1.2 CPU寄存器 ··· 22
- 2.1.3 CPU中断 ··· 23
- 2.1.4 总线结构和流水线 ··· 24
- 2.1.5 片内存储器和集成外设 ··· 25

2.2 F28335芯片基本运算原理 ··· 26
- 2.2.1 CPU的乘法运算与位移运算 ··· 26
- 2.2.2 DSP定点运算基本原理 ··· 28
- 2.2.3 DSP浮点运算基本原理 ··· 30

2.3 本章小结 ··· 32
2.4 思考题与习题 ··· 32

第 3 章 DSP 应用系统开发典型流程 33

3.1 需求分析 33
3.2 系统总体设计 33
3.2.1 设计方案描述 33
3.2.2 工作总框图绘制 34
3.2.3 总体结构设计 34
3.2.4 设计工作筹备 35
3.3 系统硬件设计 36
3.3.1 DSP 选型 36
3.3.2 元器件选择 36
3.3.3 系统硬件电路设计 37
3.3.4 系统硬件电路的计算机辅助设计 38
3.3.5 系统硬件电路调试 39
3.3.6 系统硬件可靠性设计 40
3.4 系统软件设计 40
3.4.1 软件方案设计 40
3.4.2 驱动程序设计 41
3.4.3 软件抽象层设计 43
3.4.4 软件应用层设计 44
3.4.5 软件可靠性设计 44
3.5 DSP 系统仿真与联调 45
3.5.1 软件调试 45
3.5.2 系统仿真 46
3.5.3 软硬件联合调试 46
3.6 本章小结 46
3.7 思考题与习题 47

第 4 章 DSP 最小系统板及开发板硬件设计 48

4.1 基于 F28335 的 DSP 最小系统板硬件设计 48
4.1.1 电源与复位电路 48
4.1.2 时钟电路 51
4.1.3 JTAG 接口电路 51
4.2 基于 F28335 的 DSP 开发板硬件设计 52
4.2.1 外扩 SRAM 以及 Flash 选型及硬件电路设计 52
4.2.2 RS232 通信接口的硬件设计 54
4.2.3 RS485 通信接口的硬件设计 56
4.2.4 CAN 通信接口的硬件设计 58
4.2.5 SD 卡以及 EEPROM 的硬件设计 59

		4.2.6 直流电机与步进电机的硬件设计	61
		4.2.7 A/D 与 D/A 硬件设计	63
		4.2.8 LED 灯、蜂鸣器与按键硬件设计	65
		4.2.9 供电电源硬件设计	67
	4.3	本章小结	68
	4.4	思考题与习题	68

第 5 章 TI DSP CCS 与 MATLAB 的混合编程 … 69

5.1	CCS 常用操作	69
	5.1.1 CCS 代码编辑常用操作	69
	5.1.2 CCS 代码调试常用操作	72
	5.1.3 基于 C 语言的 DSP 寄存器操作	73
	5.1.4 基于 C 语言的存储器及 cmd 文件操作	76
5.2	MATLAB 常用操作	78
	5.2.1 MATLAB 环境及基本操作介绍	78
	5.2.2 .m 文件代码编辑常用操作	80
	5.2.3 Simulink 常用操作	82
5.3	CCS 与 MATLAB 的混合编程设计	85
	5.3.1 Embedded IDE Link	85
	5.3.2 .m 文件转换成 C 代码	85
	5.3.3 Simulink 转换成 C 代码	89
5.4	本章小结	93
5.5	思考题与习题	93

第 6 章 公共建筑能耗监控系统的工程实例设计 … 94

6.1	系统功能说明	94
6.2	系统总体设计	95
	6.2.1 应用系统的结构设计	95
	6.2.2 相关模块选型	95
6.3	硬件设计	100
	6.3.1 能耗计量模块设计	100
	6.3.2 集中器载波传输模块设计	103
	6.3.3 数据存储模块设计	109
6.4	软件设计	109
	6.4.1 主程序流程设计	110
	6.4.2 定时抄读程序设计	111
	6.4.3 数据存储程序设计	113
6.5	本章小结	115
6.6	思考题与习题	115

第7章 地铁车厢振动信号滤波系统的工程实例设计 ……………………………………… 116
7.1 系统功能说明 …………………………………………………………………… 116
7.2 系统总体设计 …………………………………………………………………… 117
7.2.1 应用系统的结构设计 ……………………………………………………… 117
7.2.2 相关模块选型 ……………………………………………………………… 117
7.3 硬件设计 ………………………………………………………………………… 119
7.3.1 振动检测模块设计 ………………………………………………………… 119
7.3.2 串行数据传输模块设计 …………………………………………………… 121
7.3.3 数据显示模块设计 ………………………………………………………… 123
7.4 软件设计 ………………………………………………………………………… 125
7.4.1 软件结构设计 ……………………………………………………………… 125
7.4.2 模块驱动软件设计 ………………………………………………………… 125
7.4.3 系统程序 …………………………………………………………………… 127
7.5 系统集成与调试 ………………………………………………………………… 129
7.6 本章小结 ………………………………………………………………………… 129
7.7 思考题与习题 …………………………………………………………………… 129

第8章 生物特征识别系统的工程实例设计 …………………………………………… 130
8.1 系统功能说明 …………………………………………………………………… 131
8.2 系统总体设计 …………………………………………………………………… 131
8.2.1 应用系统结构设计 ………………………………………………………… 131
8.2.2 相关模块选型 ……………………………………………………………… 132
8.3 硬件设计 ………………………………………………………………………… 133
8.3.1 生物特征传感器模块设计 ………………………………………………… 133
8.3.2 信号处理模块设计 ………………………………………………………… 135
8.3.3 无线数据传输模块设计 …………………………………………………… 137
8.4 软件设计 ………………………………………………………………………… 138
8.4.1 软件结构设计 ……………………………………………………………… 139
8.4.2 模块驱动软件设计 ………………………………………………………… 140
8.4.3 上位机管理软件设计 ……………………………………………………… 142
8.4.4 系统程序 …………………………………………………………………… 145
8.5 系统集成与调试 ………………………………………………………………… 146
8.6 本章小结 ………………………………………………………………………… 147
8.7 思考题与习题 …………………………………………………………………… 147

第9章 环境参数采集与数据分析系统的工程实例设计 ……………………………… 148
9.1 系统功能说明 …………………………………………………………………… 148
9.2 系统总体设计 …………………………………………………………………… 148

	9.2.1 应用系统的结构设计	148
	9.2.2 相关模块选型	149
9.3	硬件设计	152
	9.3.1 系统硬件框架	152
	9.3.2 PM2.5检测模块设计和CO_2检测模块设计	152
	9.3.3 温湿度检测模块设计	156
	9.3.4 LCD模块设计	156
9.4	软件设计	156
	9.4.1 软件设计结构	156
	9.4.2 软件程序讲解	157
9.5	本章小结	161
9.6	思考题与习题	161

第10章 直流无刷电机驱动器系统的工程实例设计 162

10.1	系统功能说明	162
10.2	系统总体设计	162
	10.2.1 应用系统结构设计	162
	10.2.2 相关模块选型	162
10.3	硬件设计	165
	10.3.1 电源变换电路设计	165
	10.3.2 位置传感器接口设计	166
	10.3.3 电机控制电路设计	166
10.4	软件设计	169
	10.4.1 软件结构设计	169
	10.4.2 检测模块驱动软件设计	169
	10.4.3 数字PID控制模块驱动设计(有位置传感器)	170
	10.4.4 系统程序	173
10.5	系统集成与调试	175
10.6	本章小结	176
10.7	思考题与习题	176

第11章 室内人流量检测系统的工程实例设计 177

11.1	系统功能说明	177
11.2	系统总体设计	177
	11.2.1 应用系统的结构设计	177
	11.2.2 测量方案	177
	11.2.3 光电传感器测量原理以及选型	178
11.3	硬件设计	179
	11.3.1 系统硬件框架	179

11.3.2 光电传感器模块设计 ………………………………………………… 180
　　　11.3.3 LCD 显示模块设计 …………………………………………………… 181
　11.4 软件设计 ……………………………………………………………………… 181
　　　11.4.1 软件设计结构 ………………………………………………………… 181
　　　11.4.2 软件程序讲解 ………………………………………………………… 182
　11.5 系统集成与调试 ……………………………………………………………… 186
　11.6 本章小结 ……………………………………………………………………… 187
　11.7 思考题与习题 ………………………………………………………………… 187

第 12 章 空调控制系统的工程实例设计 ……………………………………………… 188
　12.1 系统功能说明 ………………………………………………………………… 188
　12.2 系统总体设计 ………………………………………………………………… 188
　　　12.2.1 应用系统的结构设计 ………………………………………………… 188
　　　12.2.2 低压电力线载波通信技术 …………………………………………… 189
　　　12.2.3 RS485 通信技术 ……………………………………………………… 190
　12.3 硬件设计 ……………………………………………………………………… 192
　　　12.3.1 电源模块设计 ………………………………………………………… 192
　　　12.3.2 载波通信模块设计 …………………………………………………… 193
　　　12.3.3 RS485 通信模块设计 ………………………………………………… 194
　　　12.3.4 数字隔离保护模块设计 ……………………………………………… 195
　12.4 软件设计 ……………………………………………………………………… 195
　　　12.4.1 主程序软件结构设计 ………………………………………………… 196
　　　12.4.2 低压电力线载波通信软件设计 ……………………………………… 196
　　　12.4.3 RS485 通信软件设计 ………………………………………………… 198
　　　12.4.4 系统程序 ……………………………………………………………… 198
　12.5 系统集成与调试 ……………………………………………………………… 200
　12.6 本章小结 ……………………………………………………………………… 200
　12.7 思考题与习题 ………………………………………………………………… 201

第 13 章 智能照明与吊扇系统的工程实例设计 ……………………………………… 202
　13.1 智能照明与吊扇系统的总体方案设计 ……………………………………… 202
　　　13.1.1 系统功能说明 ………………………………………………………… 202
　　　13.1.2 应用系统的结构设计 ………………………………………………… 202
　　　13.1.3 数据通信流程概述 …………………………………………………… 203
　13.2 照明和吊扇控制器设计 ……………………………………………………… 203
　　　13.2.1 微控制器 ……………………………………………………………… 204
　　　13.2.2 电源模块 ……………………………………………………………… 204
　　　13.2.3 继电器模块与照明和吊扇群 ………………………………………… 205
　　　13.2.4 ZigBee 通信模块 ……………………………………………………… 205

13.3 ZigBee 网络系统设计·····205
13.3.1 ZigBee 技术·····205
13.3.2 ZigBee 通信模块·····207
13.4 软件设计·····210
13.4.1 协调器软件设计·····210
13.4.2 ZigBee 网络程序设计·····211
13.4.3 照明和吊扇控制器软件设计·····212
13.4.4 系统程序·····214
13.5 本章小结·····216
13.6 思考题与习题·····217

第 14 章 基于 LabVIEW 的人机界面系统工程实例 DSP 设计·····218
14.1 系统功能说明·····218
14.2 系统总体设计·····218
14.3 LabVIEW 介绍·····219
14.3.1 LabVIEW 数据类型·····220
14.3.2 相关函数·····225
14.4 服务器与集中器通信协议设计·····229
14.4.1 通信协议简介·····229
14.4.2 通信协议设计·····230
14.5 服务器与集中器接口设计·····235
14.5.1 LabVIEW 串口及以太网通信实现·····235
14.5.2 DSP 串口及以太网通信实现·····241
14.6 数据存储设计·····244
14.6.1 服务器数据库存储设计·····244
14.6.2 集中器 SD 卡存储设计·····247
14.7 LabVIEW 人机界面设计·····250
14.8 基于 LabVIEW 的工程实例分析·····256
14.8.1 数据通信的实现·····256
14.8.2 协议成帧、解析及其操作实现·····258
14.8.3 数据库及其操作实现·····260
14.8.4 界面实例分析·····262
14.9 本章小结·····265
14.10 思考题与习题·····265

参考文献·····267

第 1 章　如何进行 DSP 的工程实例开发

1.1　DSP 基础知识

1.1.1　DSP 处理器基本概念

当前，信息社会已经进入了数字化时代，DSP 技术已成为数字化社会最重要的技术之一。DSP 可以代表数字信号处理(Digital Signal Processing)，也可以代表数字信号处理器(Digital Signal Processor)。前者是理论和计算方法上的技术，后者是指实现这些技术的通用或专用可编程微处理器芯片。随着 DSP 芯片的快速发展，DSP 这一英文缩写已被大家公认为数字信号处理器的代名词。

数字信号处理器是一种特别适合于进行数字信号处理运算的微处理器，主要用于实时快速地实现各种数字信号处理的算法。在 20 世纪 80 年代以前，由于实现方法的限制，数字信号处理的理论还不能得到广泛的应用。直到 20 世纪 80 年代初，世界上第一块可编程 DSP 芯片的诞生，才使理论研究成果得以广泛地应用到实际的系统中，并且推动了新的理论和应用领域的发展。可以毫不夸张地讲，DSP 芯片的诞生及发展对 30 多年来通信、计算机、控制等领域的技术发展起到了十分重要的作用。

1.1.2　DSP 系统特点

DSP 系统是以数字信号处理为基础的，因此具有数字信号处理的全部优点。

(1) 接口方便。DSP 系统提供了灵活的接口，可以与其他以现代数字技术为基础的系统或设备兼容，DSP 的优异接口特性，使得它比模拟系统在接口实现方面要容易得多。

(2) 编程方便。DSP 系统中的可编程 DSP 芯片可使设计人员在开发过程中灵活方便地对软件进行修改和升级，可以将 C 语言和汇编语言结合使用。

(3) 具有高速性。DSP 系统的运行速度较高，最新的 DSP 芯片运行速度高达 1000MIPS 以上。

(4) 稳定性好。DSP 系统以数字处理为基础，受环境温度以及噪声的影响较小，可靠性高，无器件老化现象。

(5) 精度高。16 位数字系统可以达到 10^{-5} 的精度。

(6) 可重复性好。模拟系统的性能受元器件参数性能影响比较大，而数字系统基本不受影响，因此数字系统便于测试、调试和大规模生产。

(7) 集成方便。DSP 系统中的数字部件有高度的规范性，便于大规模集成。

当然，数字信号处理也存在一定的缺点。例如，对于简单的信号处理任务，如与模拟交换线的电话接口，若采用 DSP 则使成本增加。DSP 系统中的高速时钟可能带来高频干扰和电磁泄漏等问题，而且 DSP 系统消耗的功率也较大。此外，DSP 技术更新速度快，开发和调试工具还不尽完善。虽然 DSP 系统存在着一些缺点，但其突出的优点已经使其在通信、语音、图像、雷达、生物医学、工业控制、仪器仪表等许多领域得到越来越广泛的应用。

1.1.3 可编程 DSP 芯片结构

DSP 芯片的结构取决于工业控制的需求和 DSP 算法的特点。

1) 采用哈佛总线结构

通用微处理器是为计算机设计的。传统的微处理器通常采用冯·诺依曼体系结构：统一的程序和数据空间、共享的程序和数据总线。这意味着，从硬件上，芯片内部只有一条总线，既可以当程序总线，也可当数据总线。由于总线的限制，微处理器执行指令时，取指令和存取操作数必须共享内部总线，因而程序指令只能串行执行。

随着 CPU 技术的发展，人们提出了新的哈佛总线结构和修正的哈佛总线结构。

哈佛总线结构具有独立的程序总线和数据总线，即具有 1 套程序总线和 1 套数据总线，程序空间和数据空间分别编址。

修正的哈佛总线结构具有 1 套程序总线和 2 套或 2 套以上的数据总线。

面向数字信号处理的 DSP 芯片不再采用传统的冯·诺依曼体系结构，而采用哈佛总线结构或修正的哈佛总线结构。这样，DSP 芯片就可以在一个时钟周期内同时读取程序和存取操作数，同时对程序空间和数据空间操作，从而大大提高了运行速度。其实，这种速度的提高是以硬件上采用多总线这一复杂性为代价的。

2) 流水线

DSP 芯片采用多组总线结构，允许 CPU 同时进行指令和数据的访问。因而，可在内部实行流水线操作。

执行一条指令，总要经过取指、译码、取数、执行运算的过程，需要若干个指令周期才能完成。流水线技术是将各个步骤重叠起来进行。即第一条指令取指、译码时，第二条指令取指；第一条指令取数时，第二条指令译码，第三条指令取指，以此类推。

3) 专用硬件乘法器

在数字信号处理的算法中，乘法和累加是基本的大量运算，占用绝大部分的处理时间。例如，数字滤波、卷积、相关、向量和矩阵运算中，有大量的乘法和累加运算。硬件乘法器是 DSP 区别于通用微处理器的一个重要标志。

4) 特殊 DSP 指令

采用特殊的寻址方式和指令。例如，TMS320 各系列中都有的位码倒置寻址方式，就是针对执行快速傅里叶变换(FFT)而设计的。此外，还有其他特殊指令。采用这些适合于数字信号处理的寻址方式和指令，进一步缩短了数字信号处理的时间。

5) 片内存储结构特殊

针对数字信号处理的数据密集运算的需要，DSP 对程序和数据访问的时间要求很高，为了减小指令和数据的传送时间，许多 DSP 内部集成了高速程序存储器和数据存储器，以提高程序和数据访问存储器的速度。

6) 专用寻址单元

DSP 面向数据密集型应用，伴随着频繁的数据访问，数据地址的计算也需要大量时间。

DSP 内部配置了专用的寻址单元,用于地址的修改和更新,它们可以在寻址访问前或访问后自动修改内容,以指向下一个要访问的地址。地址的修改和更新与算术单元并行工作,不需要额外的时间。

DSP 的地址产生器支持直接寻址、间接寻址操作,大部分 DSP 还支持位反转寻址(用于 FFT 算法)和循环寻址(用于数字滤波算法)。

1.1.4 DSP 芯片分类

随着近 30 年来 DSP 的发展,已有各种系列的 DSP 产品出现在市场上。这些芯片有如下三种分类方式。

1) 定点 DSP 芯片与浮点 DSP 芯片

这是根据 DSP 芯片工作的数据格式来分类的。数据以定点格式工作的 DSP 芯片称为定点 DSP 芯片,如美国德州仪器(Texas Instruments,TI)公司的 TMS320C1x/C2x、TMS320C2xx/C5x、TMS320C54x/C62xx 系列,AD 公司的 ADSP21xx 系列,AT&T 公司的 DSP16/16A,Motorola 公司的 MC56000 等。以浮点格式工作的 DSP 芯片称为浮点 DSP 芯片,如 TI 公司的 TMS320C3x/C4x/C8x、AD 公司的 ADSP21xxx 系列、AT&T 公司的 DSP32/32C、Motorola 公司的 MC96002 等。

不同浮点 DSP 芯片所采用的浮点格式不完全一样,有的 DSP 芯片采用自定义的浮点格式,如 TMS320C3x,而有的 DSP 芯片则采用 IEEE 的标准浮点格式,如 Motorola 公司的 MC96002、FUJITSU 公司的 MB86232 和 ZORAN 公司的 ZR35325 等。

2) 通用 DSP 芯片和专用 DSP 芯片

这两类芯片是按照 DSP 的用途进行分类的。通用型 DSP 芯片适合普通的 DSP 应用,如 TI 公司的一系列 DSP 芯片属于通用型 DSP 芯片。专用 DSP 芯片是为特定的 DSP 运算而设计的,更适合特殊的运算,如数字滤波、卷积和 FFT,如 Motorola 公司的 DSP56200,ZORAN 公司的 ZR34881 等就属于专用型 DSP 芯片。

3) 静态 DSP 芯片与一致性 DSP 芯片

这是根据 DSP 芯片的工作时钟和指令类型来分类的。如果在某时钟频率范围内的任何时钟频率上,DSP 芯片都能正常工作,除计算速度有变化外,没有性能的下降,这类 DSP 芯片一般称为静态 DSP 芯片。例如,日本 OKI 电气公司的 DSP 芯片、TI 公司的 TMS320C2xx 系列芯片属于这一类。如果有两种或两种以上的 DSP 芯片,它们的指令集和相应的机器代码及引脚结构相互兼容,则这类 DSP 芯片称为一致性 DSP 芯片。例如,美国 TI 公司的 TMS320C54x 就属于这一类。

1.1.5 DSP 发展历程

DSP 芯片诞生于 20 世纪 70 年代末,至今已经得到了突飞猛进的发展,并经历了以下 3 个阶段。

第 1 阶段,DSP 的雏形阶段(1980 年前后)。在 DSP 出现之前数字信号处理只能依靠微处理器(Micro-Processor Unit,MPU)来完成。但 MPU 较低的处理速度无法满足高速实时的要求。1978 年,AMI 公司生产出第一片 DSP 芯片 S2811。1979 年美国 Intel 公司发布了商用可编程 DSP 器件 Intel2920，由于内部没有单周期的硬件乘法器，芯片的运算速度、数据处理能力和运算精度受到了很大的限制。运算速度为单指令周期 200~250ns，应用领域仅局限于军事或航空航天部门。这个时期的代表性器件主要有 Intel2920(Intel)、PD7720(NEC)、TMS32010(TI)、DSP16(AT&T)、S2811(AMI)、ADSP-21(AD)等。

第 2 阶段，DSP 的成熟阶段(1990 年前后)。这个时期的 DSP 器件在硬件结构上更适合数字信号处理的要求，能进行硬件乘法、硬件 FFT 和单指令滤波处理，其单指令周期为 80~100ns。如 TI 公司的 TMS320C20，它是该公司的第二代 DSP 器件，因采用了 CMOS 制造工艺，其存储容量和运算速度可成倍提高，为语音处理、图像硬件处理技术的发展奠定了基础。20 世纪 80 年代后期，以 TI 公司的 TMS320C30 为代表的第三代 DSP 芯片问世，伴随着运算速度的进一步提高，其应用范围逐步扩大到通信、计算机领域。这个时期的器件主要有 TI 公司的 TMS320C20、TMS320C30、TMS320C40、TMS320C50 系列，Motorola 公司的 DSP5600、DSP9600 系列，AT&T 公司的 DSP32 等。

第 3 阶段，DSP 的完善阶段(2000 年以后)。这一时期各 DSP 制造商不仅使信号处理能力更加完善，而且使系统开发更加方便、程序编辑调试更加灵活、功耗进一步降低、成本不断下降。尤其是各种通用外设集成到片上，大大地提高了数字信号处理能力。这一时期的 DSP 运算速度可达到单指令周期 10ns 左右，可在 Windows 环境下直接用 C 语言编程，使用方便灵活，使 DSP 芯片不仅在通信、计算机领域得到了广泛的应用，而且逐渐渗透到人们日常消费领域。

目前，DSP 芯片的发展非常迅速。硬件方面主要是向多处理器的并行处理结构、便于外部数据交换的串行总线传输、大容量片上 RAM 和 ROM、程序加密、增加 I/O 驱动能力、外围电路内装化、低功耗等方面发展。软件方面主要是综合开发平台的完善，使 DSP 的应用开发更加灵活方便。

1.1.6　DSP 与 MCU、ARM、FPGA 的区别

1) DSP 与 MCU 的区别

MPU 在早期是用来构成通用计算机系统的，而后，随着嵌入式应用的发展及其庞大的市场潜力，众多的 MPU 生产厂家开始发展嵌入式微处理器。微控制器是从 Z80 微处理器发展而来的，国外称为 MCU(Micro-Controller Unit)，国内俗称单片机(Single Chip Microcomputer)。

DSP 在某种意义上说是在 MCU(或称单片机)基础上的演化和发展，是在 MCU 基础上功能的延伸和扩展。DSP 结构上的特征，包括哈佛总线结构、流水线、专用硬件乘法器、特殊 DSP 指令、片内存储特殊结构和专用寻址单元等特点都是相对于 MCU 而言的，故这些特征也是与 MCU 的区别。

2) DSP 与 ARM 的区别

ARM(Advanced RISC Machines)是一款以 RISC 为体系结构的微处理器，已遍及工业控制、消费类电子产品、通信系统、网络系统、无线系统等各类产品市场。ARM 最大的优势在于速度快、低功耗、芯片集成度高，多数 ARM 芯片都可以算作 SoC，基本上外围加上电源和驱动接口就可以做成一个小系统了。

ARM 具有比较强的事务管理功能，可以用来运行界面以及应用程序等，其优势主要体现在控制方面，它的速度和数据处理能力一般，但是外围接口比较丰富，标准化和通用性很好，而且在功耗等方面做得也比较好，所以适合用在一些消费电子品方面。而 DSP 主要是用来计算的，如进行加密解密、调制解调等，其优势是强大的数据处理能力和较高的运行速度。由于其在控制算法等方面很擅长，所以适合用在对计算机控制要求比较高的场合。如果只是着眼于嵌入式应用，ARM 和 DSP 的区别应该只是一个偏重控制、一个偏重运算。

由于两大处理器在各自领域的飞速发展，如今两者中的高端或比较先进的系列产品中，都在弥补自身缺点、扩大自身优势，从而使得两者之间的一些明显的区别已经不再那么明显了，甚至出现两者部分结合的趋势，即由 DSP 结合采样电路采集并处理信号，由 ARM 处理器作为平台，运行嵌入式操作系统，将经过 DSP 运算的结果发送给用户程序进行进一步处理，然后提供给图形化友好的人机交互环境完成数据分析和网络传输等功能，就会最大限度地发挥两者所长。

3）DSP 与 FPGA 的区别

DSP 与 FPGA 都具有数字信号处理的能力，但它们之间存在明显的差异。DSP 是通用的信号处理器，用软件实现数据处理；而 FPGA 用硬件实现数据处理。DSP 的成本低，算法灵活，功能强；而 FPGA 的实时性好，成本较高。FPGA 适合于控制功能、算法简单且含有大量重复计算的工程应用；而 DSP 适合于控制功能复杂且含有大量计算任务的工程应用。

1.2 DSP 芯片的选型概要

1.2.1 DSP 芯片选型原则

对于 DSP 应用系统的设计而言，选择 DSP 芯片是非常重要的一个环节。只有选定了 DSP 芯片，才能进一步设计其外围电路及系统的其他电路。总的来说，DSP 芯片的选择应根据实际的应用系统需要而定。由于应用场合、应用目的不尽相同，对 DSP 芯片的选择也是不同的。一般来说，选择 DSP 芯片时应考虑到如下诸多因素。

（1）DSP 芯片的运算速度。运算速度是 DSP 芯片的一个重要指标，也是选择 DSP 芯片时所需要考虑的一个主要因素。运算速度决定了 DSP 芯片的处理能力以及外围器件的速度。

（2）DSP 芯片的运算精度。一般的定点 DSP 芯片的字长为 16 位，如 TMS320 系列。但有的公司的定点芯片为 24 位，如 Motorola 公司的 MC56001 等。浮点芯片的字长一般为 32 位，扩展精度为 40 位。

（3）DSP 的硬件资源。不同的 DSP 芯片所提供的硬件资源是不同的，如片内 RAM、ROM 的大小，外部可扩展的程序和数据空间，总线接口，I/O 接口等。即使是同一系列的 DSP 芯片（如 TI 的 TMS320C54x 系列），不同型号的 DSP 芯片也具有不同的内部硬件资源，可以适应不同的需要。

（4）DSP 芯片的价格。DSP 芯片的价格也是选择 DSP 芯片所需考虑的一个重要因素。如果采用价格昂贵的 DSP 芯片，即使性能再高，其使用范围也会受到一定的限制，尤其是民用产品。因此根据实际系统的应用情况，需确定一个价格适中的 DSP 芯片，其中重要的是选择市场销售量较大的芯片，因为销售量大，产量也就大，成本就低。

(5) DSP 芯片的开发工具。在 DSP 系统的开发过程中，开发工具是必不可少的。如果没有开发工具的支持，要想开发一个复杂的 DSP 系统几乎是不可能的。如果有强大的开发工具的支持，则开发时间就会大大缩短。所以，在选择 DSP 芯片的同时必须注意其开发工具的支持情况，包括软件和硬件的开发工具，也包括开发工具的成本，有些公司的开发系统成本可能是另一些公司的 10 倍左右，其主要的影响因素是芯片的市场销售额。

(6) DSP 芯片的功耗。在某些 DSP 应用场合，功耗也是一个特别需要注意的问题。如便携式的 DSP 设备、手持设备、野外应用的 DSP 设备等都对功耗有特殊的要求。目前 3.3V 供电的低功耗高速 DSP 芯片已被大量使用。

(7) 其他。除了上述因素外，选择 DSP 芯片还应考虑到封装形式、质量标准、供货情况等。有的 DSP 芯片可能有 DIP、PGA、PLCC、LQFP 等多种封装形式。有些 DSP 系统可能最终要求的是工业级或军品级标准，在选择时需要注意所选择的芯片是否有工业级或军用级的同类产品。如果所设计的 DSP 系统不仅仅是一个实验系统，而是需要批量生产并可能有几年甚至十几年更长的生存周期，那么需要考虑所选择 DSP 芯片的供货情况，如是否已处于淘汰阶段。

总之，在设计 DSP 应用系统时，DSP 芯片的选择是一个非常重要的环节。只有选定了 DSP 芯片，才能进一步设计其外围电路及系统的其他电路。选择 DSP 芯片的过程是一个综合考虑各种因素的过程，应尽可能使系统的性价比高、结构简单、易于操作。

1.2.2　DSP 厂商产品特点介绍

DSP 是通信、计算机、网络、工业控制以及家用电器等电子产品中不可或缺的基础器件。随着 DSP 市场的蓬勃发展，市场竞争也非常激烈，最具影响力的有 TI、ADI、Motorola(Freescale/NXP)、ZiLOG 等厂商。

1) TI

TI 是世界上最知名的 DSP 芯片生产厂商，其产品应用也最广泛，TI 公司生产的 TMS320 系列 DSP 芯片广泛应用于各个领域。TI 公司在 1982 年成功推出了其第一代 DSP 芯片 TMS32010，这是 DSP 应用历史上的一个里程碑，从此，DSP 芯片开始真正得到广泛应用。由于 TMS320 系列 DSP 芯片具有价格低廉、简单易用、功能强大等特点，所以其逐渐成为目前最有影响、最为成功的 DSP 系列处理器。目前，TI 公司在市场上主要有以下三大系列产品。

(1) 面向数字控制、运动控制的 TMS320C2000 系列，主要包括 TMS320C24x/F24x、TMS320LC240x/LF240x、TMS320C24xA/LF240xA、TMS320C28xx 等。

(2) 面向低功耗、手持设备、无线终端应用的 TMS320C5000 系列，主要包括 TMS320C54x、TMS320C54xx、TMS320C55x 等。

(3) 面向高性能、多功能、复杂应用领域的 TMS320C6000 系列，主要包括 TMS320C62xx、TMS320C64xx、TMS320C67xx 等。

TI 公司现在主推四大系列的 DSP，其各自的特点如下。

（1）C5000 系列（定点、低功耗）：C54x、C54xx、C55x。相比其他系列的主要特点是低功耗，所以最适合个人与便携式上网以及无线通信应用，如手机、PDA、GPS 等应用。处理速度为 80～400MIPS。C54xx 和 C55xx 一般只具有 McBSP 同步串口、HPI 并行接口、定时器、DMA 等外设。

（2）C2000 系列（定点、控制器）：C20x、F20x、F24x、F24xx、C28X。该系芯片具有大量外设资源，如 A/D、定时器、各种串口（同步和异步）、WATCHDOG、CAN 总线/PWM 发生器、数字 I/O 引脚等，是针对控制应用最佳化的 DSP，在 TI 所有的 DSP 中，只有 C2000 有闪存（Flash），也只有该系列有异步串口可以和 PC 的 UART 相连。

（3）C6000 系列：C62xx、C67xx、C64x。该系以高性能著称，最适合宽带网络和数字影像应用。其中 C62xx 和 C64x 是定点系列，C67xx 是浮点系列。该系列提供 EMIF 扩展存储器接口。该系列只提供 BGA 封装，只能制作多层 PCB，且功耗较大。

（4）OMAP 系列。OMAP 处理器集成 ARM 的命令及控制功能，另外还提供 DSP 的低功耗实时信号处理能力，最适合移动上网设备和多媒体家电使用。

2）ADI

亚德诺半导体技术公司（Analog Devices, Inc.，纽约证券交易所代码：ADI），也称为美国模拟器件公司。ADI 公司在 DSP 芯片市场上也占有一定的份额，相继推出了一系列具有自己特点的 DSP 芯片，其定点 DSP 芯片有 ADSP2101/2103/2105、ADSP2111/2115、ADSP2126/2162/2164、ADSP2127/2181、ADSP-BF532 以及 Blackfin 系列，浮点 DSP 芯片有 ADSP21000/21020、ADSP21060/21062。

ADI 的 DSP 常被称为 ADSP，与 TI 的 DSP 相比较，具有浮点运算强、SIMD（单指令多数据）编程的优势，比较新的 Blackfin 系列比同一级别的 TI 产品功耗低。另外，ADSP 的 Linkport 数据传输能力强是一大特色，但是使用起来不够稳定，调试难度大。

3）Motorola

Motorola 公司推出 DSP 芯片比较晚。1986 年该公司推出了定点 DSP 处理器 MC56001；1990 年，又推出了与 IEEE 浮点格式兼容的浮点 DSP 芯片 MC96002；还有 DSP53611、16 位 DSP56800、24 位的 DSP563xx 和 MSC8101 等产品。Motorola 公司的 DSP 产品主要分为以下四个系列。

（1）StarCore 高性能数字信号处理器以 MSC8156 处理器为典型代表，该处理器是基于 SC3850 StarCore DSP 新内核技术，集成有 6 个最高达 1GHz 主频的内核，性能非常强劲，是为大幅提高无线宽带基站设备功能而设计的。该系列产品主要针对基带、航空、国防、医疗和测试与测量市场。

（2）Symphony 数字信号处理器是音频处理器系列，集成先进的音频外围设备，满足音频电子设备人员的需求。同时，可用以支持 Dolby、THX 和 DTS 等最新一代解码器。

（3）通用 DSP563xx 数字信号处理器是 24 位通用 DSP，提供可扩展、低成本性能，适用于包括网络和通信与工业控制等广泛应用领域。

（4）数字控制器 MCU 以 DSP56800/E 家族产品为代表，可提供 120MIPS 的处理器性能。

Motorola 于 2003 年 10 月宣布剥离半导体部门，2004 年，Freescale 宣布组建半导体部，即原 Motorola 的半导体部门，该部门在 2006 年以 176 亿美元的总价进行了私有化。2015

年3月，恩智浦（NXP Semiconductors）宣布收购 Freescale。恩智浦与 Freescale 均为车载芯片的主要供应商，并均通过车用电子产品的不断增加而受益。恩智浦前身为飞利浦半导体业务，这家公司此前也被私有化。Freescale 在组建了半导体部门后推出了 56300 DSP 系列的新成员——DSP56374，此系列一直延续到之后的恩智浦时代。DSP56374 的功能非常强大，在一个小小的封装里就能以较低的价格提供每秒超过 1.5 亿条指令的运算能力。

DSP56374 的设计是用来支持大量的数字信号处理应用的，这些应用通常要求在小型封装设备中实现强大的运算功能。DSP56374 的设计所拥有的灵活性可以支持各种不同类型的应用。其具备了强大的音频处理功能，包括各种内置音频外围设备和嵌入式软件，从而能够满足消费类产品和汽车音频应用的需求。DSP56374 提供丰富的音频处理功能，如各种均衡算法、动态范围压缩、信号发生器、音调控制、渐进渐弱/平衡、音量指示/频谱分析器以及其他众多功能。DSP56374 还支持各种环绕声矩阵译码器和音场处理的算法。

DSP56374 使用高性能、每指令周期单时钟 CMOS 可编程的 DSP56300 数字信号处理器核心，配以 Freescale 基于 Symphony™ DSP 系列的音频信号处理功能。在保留代码兼容性的同时，成倍提高了 DSP56300 系列的性能。

4）ZiLOG

ZiLOG 公司由工业先驱 Federico Faggin 和 Ralph Ungermann 于 1974 年共同创立。该公司生产的 Z80 系列控制器曾得到广泛的应用。该公司新推出的产品是 eZ80，它是在 Z80 的基础上嵌入了 Internet 和 DSP（数字信号处理）功能。

1.2.3　TI DSP 芯片型号含义

目前，TI 公司生产的 DSP 芯片有几十种，均按照一定的规则对它们命名，了解这种命名规则有助于用户选择器件。这里将以 TMS320VC33 浮点 DSP 处理器为例介绍 TI 公司的 DSP 芯片的命名规则。如对于浮点 DSP 芯片型号 TMS320VC33PGE-150，开始的三个字母表示芯片的级别，厂商规定的芯片级别如表 1-1 所示；随后的数字"320"为 TI 公司的系列代号；VC 表示低压供电的 CMOS 集成电路，与此类同的其他符号如表 1-2 所示；"33"表示该器件为 3x 系列中的第三代 DSP，与此类同的如 1x 系列中的 10、14、15、16、17，2x 系列中的 25、26，2xx 系列中的 203、204、206、209、240，3x 系列中的 30、31、32、33，4x 系列中的 40、44，5x 系列中的 50、51、52、53、56、57，54x 系列中的 541、542、543、545、546、548、549、5402、5410、5420，6x 系列中的 6201、6701 等；PGE 为封装代号，各代号的含义如表 1-3 和表 1-4 所示；封装代号后面的三位数字"150"表示浮点运算速度为 150M 次浮点操作，简记为 MFLOPS（Million Floating-Point Operations Per Second）。

表1-1　器件级别代号与含义

代号	含义
TMX	实验产品，技术性能参数不代表最终的性能
TMP	最终产品，但尚未进行质量和可靠性验证
TMS	经过全面检测的正式产品
SMJ	军品级产品，满足美军标 MIL-STD-883

表1-2 电压及集成电路代号与含义

代号	含义
C	CMOS
E	CMOS EPROM
F	CMOS 闪烁式 EEPROM(Electrically Erasable Programmable Read Only Memory)
LC	3.3V 低电压 CMOS
VC	3V、2.5V 或 1.8V 低电压 CMOS
UC	1.8V 或 1.5V 超低电压 CMOS

表1-3 电压及集成电路代号与含义(一)

代号	含义	代号	含义
N	塑料 DIP 封装	PZ	100 引脚的塑料 LQFP 封装
J	陶瓷 DIP 封装	PBK	128 引脚的塑料 LQFP 封装
JD	镀黄铜的 DIP 封装	PQ	132 引脚的塑料 QFP 封装
GB	陶瓷 PGA 封装	PGE	144 引脚的塑料 LQFP 封装
FZ	陶瓷 CC 封装	GGU	144 引脚的微型 BGA 封装
FN	镀铅的陶瓷 CC 封装	PGF	176 引脚的塑料 LQFP 封装
FD	无电镀的陶瓷 CC 封装	GGW	176 引脚的微型 BGA 封装
PJ	100 引脚的塑料 QFP 封装		

表1-4 电压及集成电路代号与含义(二)

代号	含义	英文注释(含义)
DIP	双列直插式封装	Dual-In-Line-Package
BGA	球形栅格阵列结构	Ball Grid Array
CC	芯片底座型封装	Chip Carrier
PGA	针式栅格阵列	Pin Grid Array
QFP	方形扁平封装	Quad Flat Package
LQFP	低凸起的小轮廓方形扁平封装	Low-Profile Quad Flat Package

虽然 TMS320VC33 与 TI 公司其他的 DSP 的命名规则相同，但封装形式局限于 144 引脚的 LPQF 封装，封装代号为 PGE，其速度的可选形式有两种，分别为 150MFLOPS 和 120MFLOPS，供电方式为双电源：电压分别为 3.3V 和 1.8V，常用的芯片等级为 TMS 和 SMJ。

1.3 DSP 开发工具及平台搭建

1.3.1 DSP 开发工具介绍

DSP 的软件、硬件的开发以及系统的集成，日益受到关注。如何提高开发速度、降低开发难度，是所有开发者共同关心的问题。除了必须了解 DSP 本身的结构和技术指标外，还需要花费大量的时间和精力在熟悉与掌握开发工具及环境上。DSP 的开发环境如何，开发工具的功能是否丰富，使用是否方便，是一件十分重要的事情。DSP 开发环境和工具主要包括以下 3 个方面。

(1) 代码生成工具（编译器、连接器、优化 C 编译器、转换工具等）；
(2) 系统集成和调试环境与工具；
(3) 实时操作系统。

一个 DSP 软件可使用汇编语言或 C 语言编写程序，通过编译、连接工具产生 DSP 执行代码；在调试阶段，可利用软件仿真在计算机上仿真运行，也可利用硬件调试工具将代码下载到 DSP 中，并通过计算机监控、调试运行该程序；当调试完成后，可将该程序代码固化到程序存储器中，以便 DSP 目标系统脱离计算机单独运行。

1.3.2　TI CCS 的版本与安装

CCS（Code Composer Studio）是一种集成开发环境（IDE），支持 TI 的微控制器和嵌入式处理器产品系列。CCS 包含一整套用于开发和调试嵌入式应用的工具。它包含了用于优化的 C/C++ 编译器、源码编辑器、项目构建环境、调试器、描述器以及多种其他功能。直观的 IDE 提供了单个用户界面，可帮助人们完成应用开发流程的每个步骤。熟悉的工具和界面便于用户快速入手。CCS 最初有 CCS1.1、CCS1.2 和 CCS2.0 三个版本，CCS2.2 又分成 4 个系列安装包，分别为 CCS6000、CCS5000、CCS2000、OMAP，它们都可以单独安装，一般 TI 建议安装在不同的分区。

后面出现了 CCS3.1，CCS3.1 只是一个过渡版本，再接着 TI 推出了 CCS3.2，最后推出了目前使用最广的 CCS3.3，其最大特色是将以前的 4 个独立的安装包全部进行整合。CCS3.3 不仅功能强大且方便易用，软件可一步安装完成，支持在统一会话中多个处理器运行。CCS3.3 的界面设置和用户使用体验与前代产品一致，尽可能缩短了用户熟悉使用的时间，且便于更新升级与维护。为了简化技术升级工作，CCS3.3 还能与软件的较老版本同时运行工作。

随着 TI 新产品的不断推出，TI 在 CCS 基础上推出了 CCS4.0、CCS4.1、CCS4.2、CCS4.x、CCS5、CCS6 系列开发环境，对 TI 最新推出的产品有着更好的支持。

本书以 CCS6.0 为例介绍其具体的安装过程。

(1) 双击 ccs_setup_6.0.0.00190.exe 文件，出现如图 1-1 所示界面。
(2) 选中 "I accept the terms of the license agreement" 单选按钮，单击 Next 按钮，进入如图 1-2 所示的界面。
(3) 单击 Browse 按钮，选择安装路径（注意：路径不可以有中文），但推荐默认路径，单击 Next 按钮，进入如图 1-3 所示的界面。
(4) 根据自己的需求选择索要安装的内容，这里选中 Select All 复选框，然后单击 Next 按钮，进入如图 1-4 所示的界面。
(5) 依旧根据自己的需求选择仿真设备驱动类型，这里选中 Select All 复选框，然后单击 Next 按钮，进入如图 1-5 所示的界面。

第 1 章 如何进行 DSP 的工程实例开发

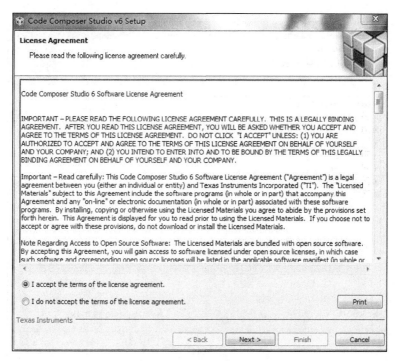

图 1-1 同意安装协议界面

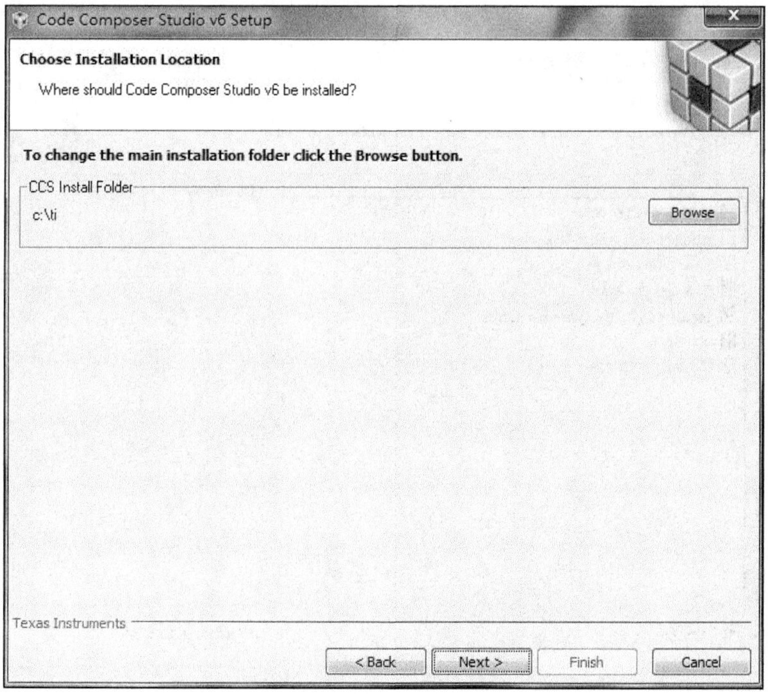

图 1-2 选择安装目录界面

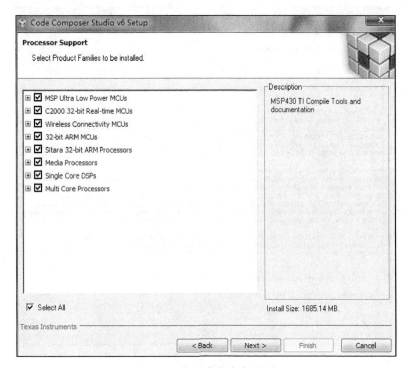

图 1-3　选择安装内容界面

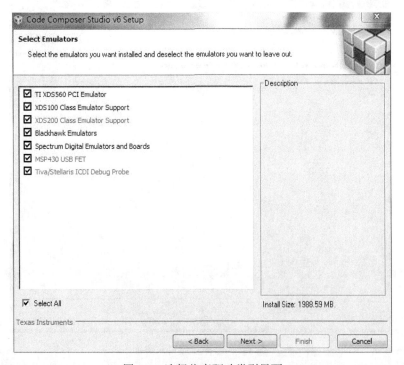

图 1-4　选择仿真驱动类型界面

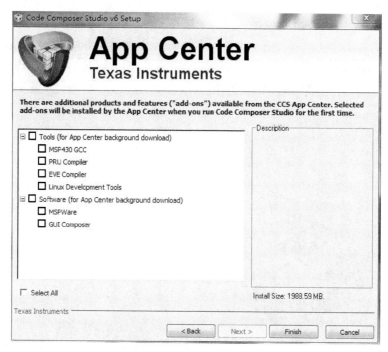

图 1-5　选择额外工具界面

（6）根据自己的需求选择，这里全不选，然后单击 Finish 按钮。安装过程中会弹出如图 1-6 所示的一些安装功能的界面，请勿单击 Cancel 按钮，否则在安装过程中就不会安装此功能。

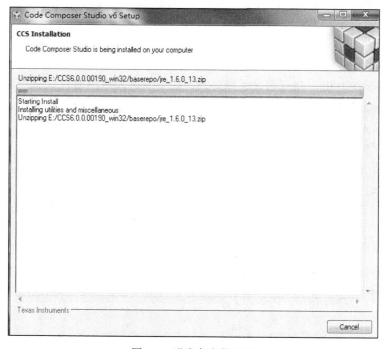

图 1-6　进度条安装界面

(7) 安装完成，单击 Finish 按钮，进入如图 1-7 所示的界面。

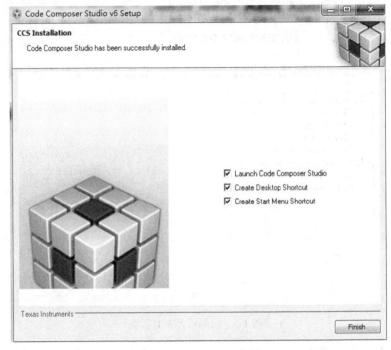

图 1-7　完成安装界面

(8) 安装完成后即可进行激活操作，把下载的"CCS6_License.lic"文件复制到 C:\ti\ccsv6\ccs_base\DebugServer\license 路径下即可完成激活。

1.3.3　硬件仿真器的驱动安装

1) 安装环境

为了安装 XDS100V1 仿真器，系统应满足如下所述的最小要求。

(1) Windows XP 专业版本；

(2) Code Composer Studio 3.3。

2) 安装步骤

(1) 双击安装程序，设置与 Code Composer Studio 软件相同的安装路径；

(2) 将 XDS100 仿真器与计算机主机和目标系统相连，上电；

(3) 计算机系统发现硬件，并开始自动安装，安装完成后如图 1-8 所示。

1.3.4　驱动程序的配置

(1) 选择 File→New→CCS Project 或 Project→New CCS Project 选项建立一个工程；选择开发的芯片的类型、文件名、路径以及建立工程的形式，如图 1-9 所示。

图 1-8　硬件仿真器安装结果界面

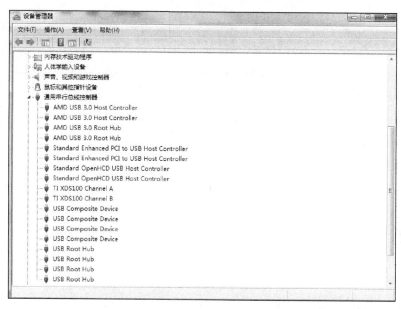

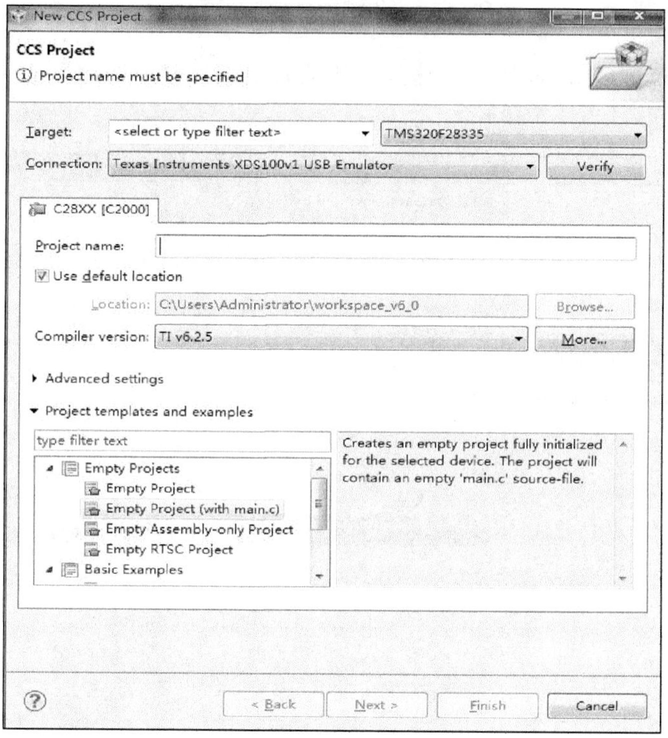

图 1-9　新建工程界面

(2)右击建立的工程选择 Properties 命令，在弹出对话框的左边栏选择 Processor Option 选项进行如下配置。主要注意 Specify floating point support(即支持的浮点库)一般按照默认不会有问题，如图 1-10 所示。

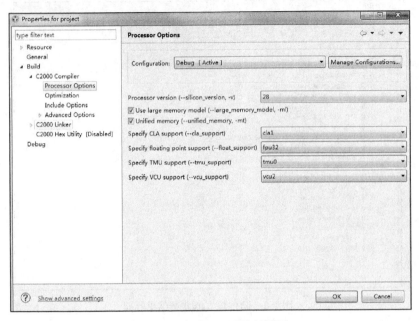

图 1-10　中央处理器选择界面

(3)选择 Include Options 选项，这里设置的就是编译时所需用到的头文件的路径，如图 1-11 所示。

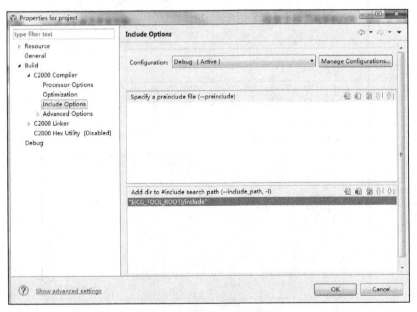

图 1-11　添加头文件路径界面

(4)还有 C2000 Linker 中 File Search Path 的配置，这里包括了要用的 cmd 文件和 lib 文件，如图 1-12 所示。

第 1 章　如何进行 DSP 的工程实例开发

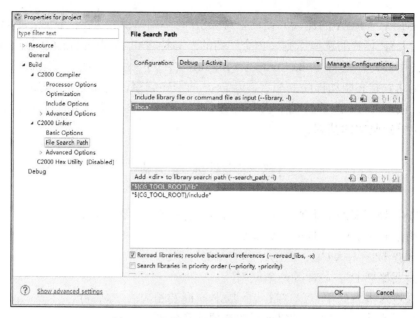

图 1-12　配置 cmd 文件和 lib 文件界面

然后在 Symbol Management 中的 Specify program entry point for the output module 中输入 code_start（确保是程序的起始点），即可完成驱动程序的配置，如图 1-13 所示。

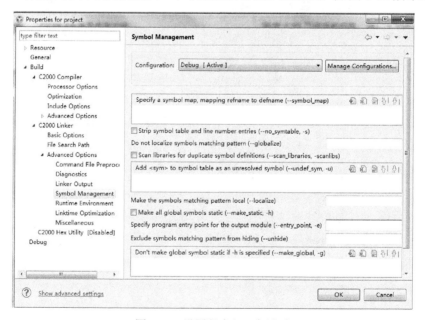

图 1-13　设置程序入口点界面

1.4　本 章 小 结

本章首先对 DSP 的基础知识、DSP 芯片结构及发展历程作了简要介绍，通过对 DSP

与 MCU、ARM、FPGA 的比较，使读者对 DSP 的基础知识有更深的认识；其次，比较详细地介绍了 DSP 芯片的选型原则、各个厂商的产品特点和 TI 公司的 DSP 芯片型号含义；最后，以使用最为广泛的 Code Composer Studio 软件为平台，介绍了其版本、安装方法、仿真器的驱动安装和驱动程序的配置，为 DSP 的程序编写、调试打下一定的基础。通过本章的学习，读者对 DSP 的基础知识、系统特点、选型将会有所了解，以此为将来的 DSP 学习和应用奠定坚实的基础。

1.5 思考题与习题

1.1 DSP 处理器的基本概念是什么？DSP 系统具有什么特点？
1.2 简要介绍 DSP 芯片的发展概况。
1.3 比较 DSP 与 MCU、ARM、FPGA 的区别。
1.4 简要概括 DSP 芯片的选型原则。
1.5 通过对本章的学习，列举几个 DSP 产商及相应的产品特点。
1.6 动手安装 CCS6.0，并概括说明需要注意的地方。
1.7 谈谈如何选择一款 DSP 芯片。

第 2 章　DSP 芯片结构及基本原理

TMS320F28335 的 CPU 是一种低功耗的 32 位定点数字信号处理器，集中了数字信号处理器和微处理器的诸多优秀特性。F2833x 在保持 150MHz 时钟速率不变的情况下，新型 TMS320F2833x 浮点控制器与 TI 前代领先数字信号控制器相比，性能平均提高了 50%。与作用相当的 32 位定点技术相比，快速傅里叶变换（FFT）等复杂计算算法采用新技术后性能提升了 1 倍多。

利用 CPU 的改进型哈佛结构可以并行地执行指令和读取数，CPU 可以在写数据的同时进行流水线中的单周期指令操作，还可同时读取指令和数据。CPU 通过 6 组独立的地址和数据总线完成这些操作。

2.1　TMS320F28335 芯片结构

TMS320F28335（简称 F28335）是 32 位浮点 DSP，它是在 2812 定点 DSP 的基础上推出的典型产品。TMS320F2833x（简称 F2833x）与 TMS320F281x（简称 F281x）同属于 2000 数字控制器家族，属于 TI 公司的 2000 系列。与 2812、2808 等大家熟悉的 DSP 相比，该款 DSP 性能指标如下。

(1) 工作频率为 150Hz，比 2808 高，与 2812 一致。
(2) 浮点运算协处理器（FPU）为高速运算特别准备。
(3) 12 位 A/D 精度，分辨率为 $1/(2^{12}-1)$，实际精度比 2812 高。
(4) DMA 控制器，可以提高 CPU 与外设的数据交互速度。
(5) Flash：512KB，比 2812 高 1 倍。
(6) RAM：68KB，比 2812 高 1 倍。
(7) 18 个 PWM 口（其中 6 个是定时器端口），比其他 DSP 多 6 个。

TMS320F28335 的完整功能框图如图 2-1 所示。

2.1.1　CPU 结构

F28335 的内部结构由 4 部分组成：中央处理器（CPU）（C28x+FPU）、存储器、系统控制逻辑及片上外设，如图 2-2 所示。F28335 的各部分通过内部系统总线有机地联系在一起，其组成结构决定了该款 DSP 在 CPU 数据处理能力、存储器的容量和使用灵活性、片上外设的种类和功能等方面具有优秀品质。

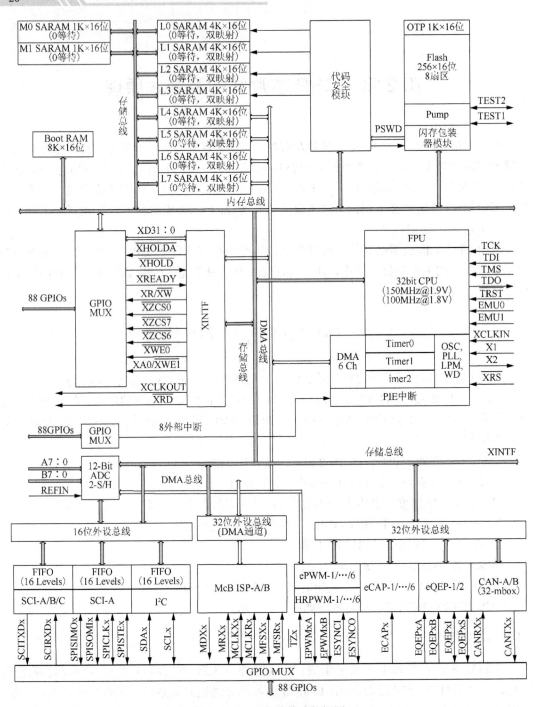

图 2-1 F28335 完整功能框图

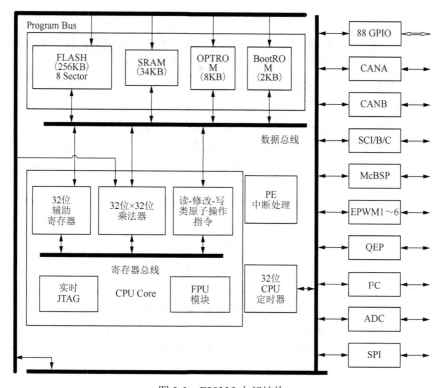

图 2-2　F28335 内部结构

1. 中央处理器单元 (C28x+FPU)

(1) 32 位 ALU，能快速高效地完成读-修改-写类原子操作（不中断）指令。
(2) 硬件乘法器，能够完成 32 位×32 位或双 16 位×16 位定点乘法操作。
(3) 辅助寄存器组，在辅助寄存器算术单元 (ARAU) 的支持下参与数据的间接寻址。
(4) 支持 IEEE 754 标准的单精度浮点运算单元 (FPU)，使得用户可快速编写控制算法而无须在处理小数操作上消耗过多的精力，从而缩短开发周期，降低开发成本。

F28335 中第一次将浮点运算单元加入 CPU 中。这种结构是 C28x 标准结构的延伸，也就意味着在 C28x 定点 CPU 下工作的代码与在 C28x+FPU 结构下完全兼容。

2. 系统控制逻辑

(1) 系统时钟产生与控制。
(2) 看门狗定时器。
(3) 3 个 32 位定时器，Timer2 用于实时操作系统，Timer0 和 Timer1 供用户使用。
(4) 外设中断扩展 (PIE) 模块，最多支持 96 个外部中断。
(5) JTAG 实时仿真逻辑。

3. 存储器

(1) Flash 存储器，共 256K×16 位，分成 8 个 32K×16 位区段，各区段可以单独擦写。Flash 存储器可以映射到程序空间，也可以映射到数据空间。

(2) SARAM 随机访问存储器，共有 34K×16 位。SARAM 也可以映射到数据空间，也可以映射到程序空间。

(3) 一次可编程(One Time Programmable, OTP)存储器，1K×16 位。

(4) Boot ROM 引导 ROM，共 8K×16 位。存有 TI 公司产品版本号等信息，以及一些数学表及 CPU 中断矢量表(用户仅使用上电复位矢量，其他矢量用于 TI 公司测试)。

4. 片上外设

(1) EPWM 模块，用于电机控制接口。

(2) 模/数转换器，12 位 16 路，最快转换时间为 80ns。

(3) 串行外设接口(Serial Peripheral Interface, SPI)，用于扩展其他存储器芯片、A/D 芯片、D/A 芯片等。

(4) 串行通信接口 SCI 模块用于与其他 CPU 等外设的异步通信。

(5) 增强型控制局域网 eCAN，抗干扰能力强，主要用于分布式实时控制。

(6) 多通道缓冲串行接口 McBSP，用于与其他外围器件或主机进行数据传输。

(7) 通用输入/输出接口 GPIO。

(8) I^2C 模块，一般用于读/写 EEPROM。

2.1.2 CPU 寄存器

1. 与运算器相关的寄存器

(1) 被乘数寄存器 XT(32 位)用于存放 MAC 的乘数，XT 可以分成两个 16 位的寄存器 T 和 TL：①XT，存放 32 位有符号整数；②TL，存放 16 位有符号整数，符号自动扩展；③T，存放 16 位有符号整数，另外还用于存放移位的位数。

(2) 乘积寄存器 P(32 位)用于存放 MAC 单元的输出结果，P 可以分成两个 16 位的寄存器 PH 和 PL：①存放 32 位乘法的结果(由指令确定是哪一半)；②存放 16 位或 32 位数据；③读 P 时要经过移位器，移位时由 PM(ST0)决定。

(3) 累加器 ACC(32 位)存放 ALU 结果：ACC 可以分为 AH 和 AL，还可分为 4 个 8 位的操作单元(AH.MSB、AH.LSB、AL.MSB 和 AL.LSB)，可以以 32 位、16 位及 8 位的方式访问。ACC 主要用于存放大部分算术逻辑的结果，其结果影响 ST0 状态寄存器某些位。

2. 辅助寄存器 XAR0~XAR7(32 位)

辅助寄存器 XAR0~XAR7(注意：低 16 位可单独访问，高 16 位不能单独访问)常用于间接寻址，主要用于：

(1) 操作数地址指针；

(2) 通用寄存器；

(3) 低 16 位 AR0～AR7，循环控制或 16 位通用寄存器(注意：高 16 位可能受影响)。

3. 与中断相关的寄存器

F28335 有 3 个寄存器用于控制中断，即中断标志寄存器(IFR)、中断使能寄存器(IER)和调试中断使能寄存器(DBGIER)。IFR 包含的标志位用于可屏蔽中断，当通过硬件或软件触发中断，IFR 相应位置位时，如果该中断被使能，中断就会被响应。DSGIER 用于禁止和使能 CPU 工作在实时仿真模式且被停止时产生的临时时间中断。可以用 IER 中的相应位禁止和使能中断。

4. 状态寄存器

F28335 有两个非常重要的状态寄存器：ST0 和 ST1。它们控制 DSP 的工作模式并反映 DSP 的运行状态，用户可通过 CCS 下的寄存器窗口观测该状态寄存器。

ST0 包含有指令操作使用或影响的控制位或标志位；ST1 包含有处理运行模式、寻址模式及中断控制位等。

2.1.3 CPU 中断

中断是 CPU 与外设之间传送的一种控制方式。利用中断可以有效地提高程序执行效率，实现应用系统的实时控制。F28335 的中断可由硬件(外中断引脚、片内外设)或软件(INTR、TRAP 及对 IFR 的操作指令)触发。发生中断后，CPU 会暂停当前程序，转去执行中断服务子程序(ISR)；如果在同一时刻有多个中断触发，CPU 则按照设置好的中断优先级来响应中断。

F28335 芯片具有多种片上外设，每种外设具有多个中断申请能力。为了有效地管理这些外设产生的中断，F28335 中断系统配置了高效的 PIE(Peripheral Interrupt Expansion，即外设中断扩展)管理模块。F28335 的中断系统采用了外设级、PIE 级和 CPU 级三级管理机制。

1. 外设级

外设级中断是指 F28335 片上各种外设产生的中断。F28335 片上的外设有多种，每种外设可以产生多种中断。目前这些中断共 58 个，包括 54 个典型外设中断、1 个看门狗和低功耗模式共享的唤醒中断、2 个外部中断(XINT1 和 XINT2)及 1 个定时器 0 中断。这些中断的屏蔽使能由各自的中断控制寄存器的控制位来实现。

2. PIE 级

PIE 模块将 96 个外设中断分成 INT1～INT12 共 12 组，以分组的形式向 CPU 申请中断，每组占用 1 个 CPU 级中断。例如，第 1 组占用 INT1 中断；第 2 组占用 INT2 中断……第 12 组占用 INT12 中断。注意：定时器 T1 和 T2 的中断及非屏蔽中断 NMI 直接连到了 CPU 级，没有经 PIE 模块的管理。目前，F28335 支持 58 个外设中断。

3. CPU 级

F28335 的中断主要是可屏蔽中断,它们包括通用中断 INT1~INT14,以及两个为仿真而设计的中断,即数据标志中断 DLOGINT 和实时操作系统中断 RTOSINT,可屏蔽中断能够用软件加以屏蔽或使能。

另外,F28335 还配置了一些非屏蔽中断,包括硬件中断 NMI 和软件中断。非屏蔽中断不能用软件进行屏蔽,发生中断时 CPU 会立即响应并转入相应的子程序。

2.1.4 总线结构和流水线

1. 总线结构

F28335 的总线有内存总线和外设总线两种,其总线功能框图如图 2-3 所示。与很多 DSC 类型器件一样,在内存和外设以及 CPU 之间使用多总线来移动数据。C28x 内存总线构架包含程序读取总线、数据读取总线和数据写入总线。此程序读取总线由 22 条地址线路和 32 条数据线路组成。数据读取总线和数据写入总线由 32 条地址线路和 32 条数据线路组成。32 位宽数据总线可实现单周期 32 位运行。多总线结构通常称为哈佛总线结构,使得 C28x 能够在一个单周期内取一条指令、读取一个数据值和写入一个数据值。所有连接在内存总线上的外设和内存对内存访问进行优先级设定,内存总线的访问优先级按照最高到最低依次是:数据写入、程序写入、数据读取、程序读取、取指令。

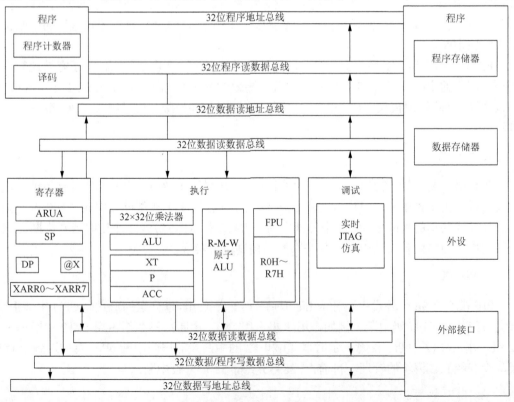

图 2-3 F28335 总线功能框图

为了实现 TI 公司不同 DSC 系列器件间的外设迁移，F2833x/F2823x 器件采用一个针对外设互连的外设总线标准。外设总线桥复用了多种总线，此总线将处理器内存总线组装进一条由 16 条地址线路和 16 条（或 32 条）数据线路与相关控制信号组成的单总线中。支持外设总线有三个版本，它们分别是：只支持 16 位访问（称为外设帧 2），支持 16 位和 32 位访问（称为外设帧 1），支持 DMA 访问和 16 位以及 32 位访问（称为外设帧 3）。

2. 流水线

流水线又称为 pipe line，就是在延时较长的组合逻辑（一般是多级组合逻辑）中插入寄存器，将较长的组合逻辑拆分为多个较短的组合逻辑，以提高设计的最大时钟频率。流水线设计是高速电路设计中的一种常用设计手段。如果某个设计的处理流程分为若干步骤，而且整个数据处理是"单流向"的，即没有反馈或者迭代运算，前一个步骤的输出是下一个步骤的输入，则可以考虑采用流水线设计方法来提高系统的工作效率。流水线的缺点是会在设计中引入流水线延时，插入一级寄存器带来的流水线延时是一个时钟周期。

F28335 还使用了一种特殊的 8 级保护管道，以最大限度地提高吞吐量。这里有一种特殊的保护机制，即不允许对同一位置进行读/写，以避免时序的冲突。这样的流水线还可以减小在运算过程中对高速缓存的需求，同时又可以做到最大限度地减少时序读/写的不确定性。

2.1.5 片内存储器和集成外设

1. 片内存储器

F28335 的存储器被分成了程序存储和数据存储，其中一些存储器既可以用于存储程序，也可以用于存储数据。F28335 DSP 芯片内的存储介质有以下几种。

（1）Flash 存储器。一般可以把程序写入 Flash，这样就不用带着仿真器调试；此外，Flash 烧写时可以把特定的加密位一起烧写，这样程序就有了知识产权的保障了。

（2）SARAM。注意，不要与单口 RAM（即 SRAM）混淆。

（3）OTP。只能写入一次的非挥发性内存一次编程，适合于工厂大批量烧写，普通开发者很少用到。

（4）Boot ROM。Boot ROM 与计算机上 BIOS 的功能有点类似，是厂家预先固化好的程序。

F28335 的 CPU 本身不包含专门的大容量存储器，但是 DSP 内部却集成了片内存储器，CPU 可以读取片内集成与片外扩展的存储。F28335 使用 32 位数据地址线及 22 位的程序地址线，从而寻址 4G 字（word，1word=16bit）的数据存储器与 4M 字的程序存储器。F28335 上的存储器模块都是统一映射到程序与数据空间的。

2. 集成外设

外设，简单地来讲，就是芯片上除了 CPU、存储单元之外的，可以与外部信号进行交互的单元；如果芯片内部没有这些外设，那么在实现相应的功能时，就需要在芯片外使用额外的芯片来处理；例如，AD 采样的模块，F28335 内部有 ADC 模块，可以直接利用其功能；F28335 内不集成 DAC 模块，如果想进行数模转换输出，就需要使用外部的独立芯片或者处理电路。作为一款面向高性能控制的 DSP，F28335 集成了控制系统中所必需的所有外设，其片上的主要外设如下。

(1) ePWM：6 个增强的 PWM 模块，包括 ePWM1、ePWM2、ePWM3、ePWM4、ePWM5、ePWM6；相对于 F2812 的两组 EV，这里可以单独控制各个引脚，功能更强大。

(2) eCAP：增强的捕捉模块，包括 eCAP1、eCAP2、eCAP3、eCAP4、eCAP5、eCAP6。

(3) eQEP：增强的正交编码模块，包括 eQEP1 和 eQEP2，测试更加方便。

(4) ADC：增强的 AD 采样模块，12 位精度、16 位通道，80ns 的转换时间（按照 data sheet 上的要求设计 AD 配置电路，实际发现 AD 的精度更高）。

(5) Watchdog Timer：1 个看门狗模块。

(6) McBSP：2 个多通道串行缓存接口（multichannel buffered serial port），包括 McBSP-A 和 McBSP-B；可以连接一些高速的外设，如音频处理模块等。

(7) SPI：1 个串行外设接口，可以连接许多具有 SPI 接口的外设芯片，如 DAC 芯片 TLC7724 等。

(8) SCI：3 个串行通信接口模块（serial communications interface modules），包括 SCI-A、SCI-B、SCI-C，主要完成 UART 功能。最常用的方法是外接一个 232 电平转换芯片就可以实现 RS232 通信了。

(9) I^2C：集成电路总线模块（inter-integrated circuit module），可以连接具有 I^2C 接口的芯片，只需要两根线就可以连接，很方便。

(10) CAN：两个增强的控制局域网功能，包括 eCAN-A 和 eCAN-B。

(11) GPIO：增强的通用 I/O 接口，F28335 的 GPIO 通过选择功能，可以在一只引脚上分别切换 3 种不同的信号模式。

(12) DMA：6 通道直接存储器存取（6-channel direct memory access），不经过 CPU，直接在外设、存储器间进行数据交换，减轻了 CPU 的负担，同时提高了效率。

2.2　F28335 芯片基本运算原理

2.2.1　CPU 的乘法运算与位移运算

1. 乘法运算

F28335 CPU 特有的 32 位硬件乘法器可以进行 16 位或 32 位定点乘法运算并且支持乘累加（MAC）功能。

(1) 16 位乘法运算。硬件乘法器可以对两个 16 位数进行乘法运算。其中一个 16 位数来自 T 寄存器，另一个 16 位数根据不同的乘法指令，可以来自数据存储器或指定的寄存器，也可以是指令中的立即数。根据不同的乘法指令，32 位的乘法结果可存储于寄存器 P 或者累加器 ACC 中，如图 2-4 所示。

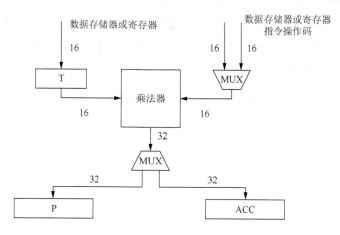

图 2-4 16 位 × 16 位乘法运算

（2）32 位乘法运算。硬件乘法器也支持 32 位乘法运算。其中，一个输入来自乘数寄存器（XT）或者从程序存储器读取，另一个输入则根据不同的指令，可以从数据存储器获得，也可以从寄存器读取。根据不同的乘法指令，64 位的乘法结果中的 32 位（低 32 位或高 32 位）存入寄存器 P。若要保存全部 64 位的运算结果，则可由两条 32 位乘法指令共同完成，如图 2-5 所示。

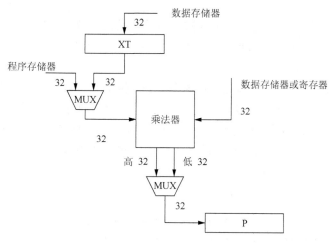

图 2-5 32 位 × 32 位乘法运算

2. 位移运算

移位器接收 16/32 或 64 位的输入值，保存 64 位的移位结果。当输入 16 位或 32 位数据时，数据装载到移位器的最低 16 位或 32 位。根据所使用的移位操作指令，移位器输出的结果可以是 64 位，也可以是 16 位最低有效位。

当完成向右移位 N 位操作时，最低 N 位将会丢失，而最高 N 位全部用 0 或 1 填充。如果确定了符号扩展位，则空置的位由符号位填充；如果没有确定符号扩展，则移位产生的空位全部填 0。

当左移 N 位时，移位产生的右侧位全部填充为 0。如果移位的值是 16 位且指定了符号扩展位，则左侧的位全部由符号位填充；如果没有确定符号扩展位，则用 0 填充所有的左侧位。如果是 32 位移位，则值的 N 个最高位会丢失，与符号扩展位无关。图 2-6 给出了典型移位操作指令的示意图。

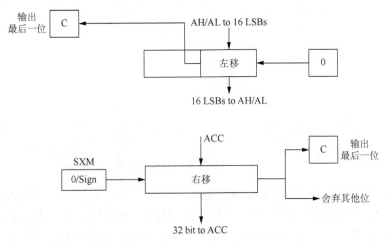

图 2-6　左移和右移操作示意图

2.2.2　DSP 定点运算基本原理

定点 DSP 芯片中，采用定点数进行数值运算，其操作数一般采用整数型来表示。一个整数型的最大表示范围取决于 DSP 芯片所给定的字长，一般为 16 位或 24 位。显然，字长越长，所能表示的数的范围越大。

对 DSP 芯片而言，参与数值运算的数就是 16 位的整型数。但在许多情况下，数学运算过程中的数不一定都是整数。那么，DSP 芯片是如何处理小数的呢？其中的关键就是由程序员来确定一个数的小数点处于 16 位中的哪一位，这称为数的定标。通过设定小数点在 16 位数中的不同位置，就可以表示不同大小和不同精度的小数了。数的定标有 Q 表示法和 S 表示法两种。表 2-1 列出了一个 16 位数的 16 种 Q 表示、S 表示及它们所能表示的十进制数值范围。

表2-1　Q表示、S表示及数值范围

Q 表示	S 表示	十进制数表示范围
Q15	S0.15	$-1 \leqslant X \leqslant 0.9999695$
Q14	S1.14	$-2 \leqslant X \leqslant 1.9999390$
Q13	S2.13	$-4 \leqslant X \leqslant 3.9998779$
Q12	S3.12	$-8 \leqslant X \leqslant 7.9997559$
Q11	S4.11	$-16 \leqslant X \leqslant 15.9995117$
Q10	S5.10	$-32 \leqslant X \leqslant 31.9990234$
Q9	S6.9	$-64 \leqslant X \leqslant 63.9980469$
Q8	S7.8	$-128 \leqslant X \leqslant 127.9960938$

续表

Q 表示	S 表示	十进制数表示范围
Q7	S8.7	−256≤X≤255.9921875
Q6	S9.6	−512≤X≤511.9804375
Q5	S10.5	−1024≤X≤1023.96875
Q4	S11.4	−2048≤X≤2047.9375
Q3	S12.3	−4096≤X≤4095.875
Q2	S13.2	−8192≤X≤8191.75
Q1	S14.1	−16384≤X≤16383.5
Q0	S15.0	−32768≤X≤32767

定点 DSP 芯片的数值表示是基于 2 的补码表示形式。每个 16 位数用 1 个符号位、i 个整数位和 $15-i$ 个小数位来表示。因此，数 00000010.10100000 表示的值为 $2^1+2^{-1}+2^{-3}=2.625$，这个数可用 Q8 格式(8 个小数位)来表示，它表示的数值范围为 −128～+127.9960968，一个 Q8 定点数的小数精度为 1/256=0.00390625。

简单地说，各种运算的原则就是先把待运算的数据放大一定的倍数，在运算的过程中使用的放大的数据在最终需要输出结果时再调整回去。

1. 乘法运算

1) 小数乘小数

$$Q15 \times Q15 = Q30$$

例 2.1 $0.5 \times 0.5 = 0.25$

$$0.100000000000000 = 0.5；\quad Q15$$
$$\times 0.100000000000000 = 0.5；\quad Q15$$
$$\overline{00.01000000000000000000000000000000 = 0.25；\quad Q30}$$

2 个 Q15 的小数相乘后得到 1 个 Q30 的小数，即有 2 个符号位。一般情况下相乘后得到的满精度数不必全部保留，而只需保留 16 位单精度数。由于相乘后得到的高 16 位不满 15 位的小数精度，为了达到 15 位精度，可将乘积左移 1 位。

2) 整数乘整数

$$Q0 \times Q0 = Q0$$

例 2.2 $17 \times (-5) = -85$

$$0000000000010001 = 17$$
$$\times 1111111111111011 = -5$$
$$\overline{1111111111111111111111111110101011 = -85}$$

3) 混合表示法

许多情况下，运算过程中为了既满足数值的动态范围又保证一定的精度，就必须采用 Q0 与 Q15 之间的表示法。例如，数值 1.2345，显然 Q15 无法表示，而若用 Q0 表示，则最接近的数是 1，精度无法保证。因此，数 1.2345 最佳的表示法是 Q14。

例 2.3 1.5×0.75=1.125

$$01.10000000000000=1.5; Q14$$
$$\times 00.11000000000000=0.75; Q14$$
$$0001.00100000000000000000000000=1.125; Q28$$

Q14 的最大值不大于 2，因此，2 个 Q14 数相乘得到的乘积不大于 4。一般，若一个数的整数位为 i 位，小数位为 j 位，另一个数的整数位为 m 位，小数位为 n 位，则这两个数的乘积为 $(i+m)$ 位整数位和 $(j+n)$ 位小数位。这个乘积的最高 16 位可能的精度为 $(i+m)$ 整数位和 $(15-i-m)$ 小数位。

2. 加法运算

乘的过程中，程序员可不考虑溢出而只需调整运算中的小数点。而加法则是一个更加复杂的过程。首先，加法运算必须用相同的 Q 点表示；其次，程序员或者允许其结果有足够的高位以适应位的增长，或者必须准备解决溢出问题。如果操作数仅为 16 位长，其结果可用双精度数表示。

2.2.3 DSP 浮点运算基本原理

1. 浮点数

简而言之，所谓浮点数就是小数点不固定的数。浮点数表达的方式是利用科学计数法来表达实数，即用一个尾数(Mantissa)、一个基数(Base)、一个指数(Exponent)以及一个表示正负的符号来表达实数。例如，123.45 用十进制科学计数法可以表达为 1.2345×10^2，其中 1.2345 为尾数，10 为基数，2 为指数。浮点数利用指数达到了浮动小数点的效果，从而可以灵活地表达更大范围的实数。

同样的数值可以有多种浮点数表达方式，如上面例子中的 123.45 可以表达为 12.345×10^1，0.12345×10^3 或者 1.2345×10^2。因为这种多样性，有必要对其加以规范化以达到统一表达的目标。

2. 浮点数的表示约定

单精度浮点数和双精度浮点数都是用 IEEE 754 标准定义的，其中有一些特殊约定，例如：

(1) 当 P=0，M=0 时，表示 0。
(2) P=255，M=0 时，表示无穷大，用符号位来确定是正无穷大还是负无穷大。
(3) 当 P=255，$M \neq 0$ 时，表示 NaN(Not a Number，不是一个数)。

3. 范围和精度

很多小数根本无法在二进制计算机中精确表示(如最简单的 0.1)，由于浮点数尾数域的位数是有限的，为此，浮点数的处理方法是持续该过程直到由此得到的尾数足以填满尾数域，之后对多余的位进行舍入。

换句话说，十进制到二进制的变换也并不能保证总是精确的，而只能是近似值。事实上，只有很少一部分十进制小数具有精确的二进制浮点数表达方式。再加上浮点数运算过程中的误差累积，结果是很多我们看来非常简单的十进制运算在计算机上却往往出人意料。这就是最常见的浮点运算的"不准确"问题。

4. 舍入

值得注意的是，对于单精度数，由于只有 24 位的尾数(其中一位隐藏)，所以可以表达的最大值为 $2^{24}-1=16777215$。特别的，16777216 是偶数，所以可以通过将它除以 2 并相应地调整指数来保存这个数，这样 16777216 同样可以被精确地保存。相反，数值 16777217 则无法被精确地保存。由此，可以看到单精度的浮点数可以表达的十进制数值中，真正有效的数字不高于 8 位。

事实上，对相对误差的数值分析结果显示有效的精度大约为 7.22 位。根据标准要求，无法精确保存的值必须向最接近的可保存的值进行舍入。这有点像我们熟悉的十进制的四舍五入，即不足一半则舍，一半以上(包括一半)则进。不过，对于二进制浮点数而言，还多一条规矩，就是当需要舍入的值刚好是一半时，不是简单地进，而是在前后两个等距接近的可保存的值中取其中最后一位有效数字为零者。从上面的示例中可以看出，奇数都被舍入为偶数，且有舍有进。我们可以将这种舍入误差理解为"半位"的误差。为了避免 7.22 位对很多人造成的困惑，有时以 7.5 位来说明单精度浮点数的精度问题。

5. 浮点数运算

1) 浮点数的乘法

一个浮点数 α 可用下面的公式表示：

$$\alpha = \alpha(\text{man}) \times 2^{\alpha(\text{exp})} \tag{2.1}$$

式中，$\alpha(\text{man})$ 为浮点数的尾数；$\alpha(\text{exp})$ 为浮点数的指数。

两个浮点数 a 和 b 相乘，其乘积结果为 c，则定义如下形式：

$$c = a \times b = a(\text{man}) \times b(\text{man}) \times 2^{(a(\text{exp}) \times b(\text{exp}))} \tag{2.2}$$

由此可看出：

$$c(\text{man}) = a(\text{man}) \times b(\text{man}) \tag{2.3}$$

$$c(\text{exp}) = a(\text{exp}) + b(\text{exp}) \tag{2.4}$$

浮点数在做乘法运算时，源操作数都假定为单精度浮点数格式。若源操作数都是短浮点格式，则它必须先被转换为单精度浮点数格式；若源操作数是扩展精度浮点数格式，则也必须先被转换为单精度浮点数格式。这些转换都在硬件中自动完成而无须花费更多时间。所有浮点数乘积的结果都为扩展精度浮点数格式，并且整个乘法运算是在单周期内完成的。

2) 浮点数的加法和减法

在浮点数加法和减法中，若两个浮点数 a 和 b 能定义为

$$a = a(\text{man}) \times 2^{a(\text{exp})}, \quad b = b(\text{man}) \times 2^{b(\text{exp})} \tag{2.5}$$

则 a 与 b 的和及差 c 可定义为

$$c = a \pm b$$
$$= \left(a(\text{man}) \pm b(\text{man}) \times 2^{-(a(\exp)-b(\exp))}\right) \times 2^{a(\exp)}, \quad a(\exp) \geqslant b(\exp) \tag{2.6}$$
$$= \left(a(\text{man}) \times 2^{-(b(\exp)-a(\exp))}\right) \pm b(\text{man}) \times 2^{b(\exp)}, \quad a(\exp) < b(\exp)$$

2.3 本章小结

本章首先以 TMS320F28335 为例，主要从 CPU 结构、寄存器、中断、总线结构、存储器和外设等方面进行详细论述，介绍了 DSP 的芯片结构和 DSP 的基本运算原理，运算原理包括 CPU 的乘法和移位运算、DSP 的定点和浮点运算，使读者对 DSP 的芯片有了更深的理解，对 DSP 的基本运算法则有了一定的认识，为 DSP 的编程奠定了一定的基础。

2.4 思考题与习题

2.1 结合 TMS320F28335 的结构框图，简要说明其 CPU 的结构。
2.2 DSP 芯片的特点有哪些？
2.3 什么是哈佛结构？阐述 TMS320F28335 的总线结构。
2.4 简要概括 DSP 定点、浮点运算基本原理。
2.5 指出浮点数的乘法、加减法运算方法。
2.6 简要概括 TMS320F28335 的几种寄存器，并说明其作用。
2.7 什么是流水线技术？

第 3 章 DSP 应用系统开发典型流程

3.1 需求分析

在面对一个待开发的 DSP 应用系统时，首先要对客户提出的设想，进行整体需求分析，或者说对这个任务进行详细分解，看看到底需要实现哪些功能。也就是说，首先要搞清楚到底要做什么，需要实现什么功能，最后达到什么样的要求，如果连做什么都没有弄清楚，那么开发就没有方向，也无从下手。

对于客户提出的需求，从他们的角度而言都是正确的，他们更多的是从自身情况考虑，对于产品的某个功能有自己的期望，但对于产品定位、设计的情况并不了解，所以作为一个研发人员要合理适时地对需求进行调整。

在此过程中，不仅需要研究用户对项目的要求，同时需要查阅大量的中外技术论文，看看类似的项目国内和国际上已经研究到什么程度，开发此项目需要什么技术，重点在哪，难点在哪，都要做到心中有数。了解了这些之后，再和用户进行沟通，不断地调整，确定最终意义上的需求，就可以大概估算一下难易程度以及完成此系统开发所需要的时间，这样才能使开发人员进行后续的方案设计、软硬件设计、调试、安装等一系列工程。

对于一个完整的系统，需求分析大致从以下几个方面考虑。

(1) 实时性要求。

(2) 系统处理精度。系统处理精度的不同决定了使用的 DSP 型号不同。

(3) 成本要求。在军事和航天用途中，为了提高性能、可靠性和留有发展余地，往往采用高性能 DSP 处理芯片，甚至不计成本。而在工业和消费领域中，为了保持最终产品在市场上的竞争力，往往要寻找性价比最好的产品。

(4) 可靠性要求。DSP 应用系统必须要考虑产品最后应用的场合，所选用的器件要考虑是否对应相应的级别。

需求分析是系统开发中很重要的环节，只有做好全面有针对性的分析，才能尽可能减少在项目开发过程中出现的很多意想不到的问题，缩短开发周期，最大限度地提高效率。

3.2 系统总体设计

3.2.1 设计方案描述

在弄清楚要做什么以后，就需要研究怎么做了，也就是需要设计一个项目可行的方案。首先，应该仔细查阅相关的论文，看看别人之前是怎么做的。通常接触到项目之前肯定已经有人做过，或者做过类似的研究，前人的方案和研究都可以拿来参考，这样有助于更快地投入到项目的开发中去。在考虑开发成本和产品成本的前提下，结合性能要求以满足功能为目标选择主处理器，然后绘制外围功能框图，完成方案的整体设计。这一步很重要，因为如果这一步设计错误，那么整个方案就得推翻重来，不仅浪费了资源，而且拖延了项目的开发周期。

在方案设计时，根据需求搭建相应的硬件电路，同时进行软件设计。在硬件设计时，查阅资料，了解需要什么元器件、传感器，可以采用何种通信方式等，从而可以实现自己的功能。在完成硬件设计后，利用相应的软件开发平台设计软件程序，实现每个模块的功能。

3.2.2 工作总框图绘制

对于一个基于微处理器的应用系统设计过程，其实就是一个系统不断修改、不断完善的软、硬件协同设计过程。DSP 系统的设计流程如图 3-1 所示。

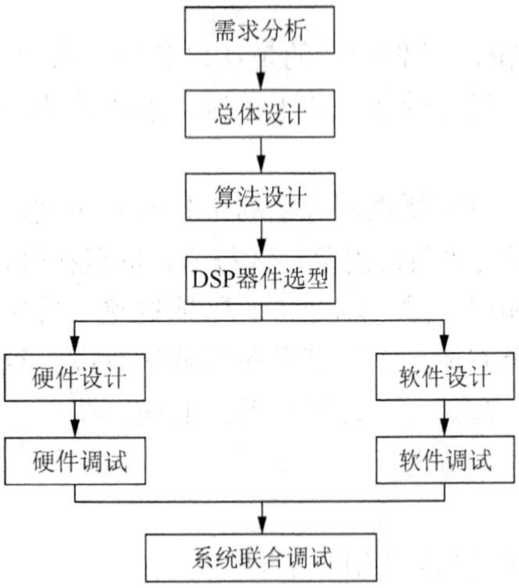

整个流程大致可以分成需求分析、DSP 器件选型、硬件设计、软件设计、硬件调试、软件调试、系统联合调试等几个大步骤。

需求分析主要明确系统设计的要求和确定相关的技术、指标，并将其转化为硬件设计和软件设计要求。DSP 器件选型即根据系统运算量的大小、对运算精度的要求、成本限制、体积和功耗等方面的要求选择合适的 DSP 芯片。硬件设计是指按照硬件指标要求选择合适的器件，从硬件上保证其性能实现的可行性。软件设计是根据软件实现的功能进行功能模块划分以及各模块开发。

图 3-1 DSP 系统的设计流程

整个调试过程可分为三部分：独立的硬件调试、软件调试以及系统联合调试。独立的硬件调试保证整个系统中信号的总体流向不发生错误，保证其电源、地以及信号传输的正确。独立的软件调试一般借助于 DSP 开发工具如软件模拟器、DSP 仿真器等，确保各软件模块功能的实现以及整个软件功能的实现。系统联合调试将硬件和软件结合起来调试，将软件脱离开发系统而直接在开发出的硬件系统上调试，从中发现问题并做出相应的修改。

3.2.3 总体结构设计

为了生产出满足要求的产品，必须进行结构设计。结构设计的任务是将原理设计方案结构化，确定机器各零部件的材料、形状、尺寸、加工和装配。因此结构设计是涉及材料、工艺、精度和设计计算方法、实验和检测技术、机械制图等许多学科领域的一项复杂、综合性的工作。

结构设计的内容包括：设计零部件形状、数量、相互空间位置、选择材料、确定尺寸，进行各种计算，按比例绘制结构方案总图。若有几种方案时，采用优化设计、计算机辅助设计、可靠性设计、有限元设计、反求工程等多种现代设计方法。结构设计的步骤如下。

(1)明确设计任务对结构设计的要求;
(2)主要功能载体初步结构设计;
(3)各分功能载体初步结构设计;
(4)检查各功能载体结构的相互影响和协调性;
(5)详细设计主、分功能载体结构;
(6)技术和经济评价;
(7)对设计进一步修改、完善。

其结构设计步骤如图 3-2 所示。

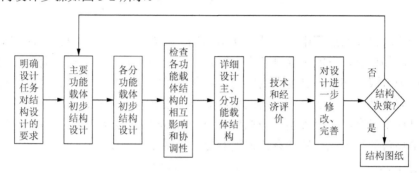

图 3-2 结构设计步骤

在机械结构设计时,通常会用到 Pro/E、SolidWork、AutoCAD 等电路设计软件。每种软件都有自己的特点,用户可以根据自己的喜好选择。

Pro/E 是美国 PTC 公司的产品,于 1988 年问世。Pro/E 是全方位的 3D 产品开发软件包,集合了零件设计、产品装配、模具开发、加工制造、钣金件设计、铸造件设计、工业设计、逆向工程、自动测量、结构分析、有限元分析、产品数据库管理等功能,从而使用户缩短了产品开发的时间并简化了开发的流程。

SolidWorks 是世界上第一个基于 Windows 开发的三维 CAD 系统。SolidWorks 有功能强大、易学易用和技术创新三大特点,这使得 SolidWorks 成为领先的、主流的三维 CAD 解决方案。SolidWorks 能够提供不同的设计方案、减少设计过程中的错误以及提高产品质量,对每个工程师和设计者来说,SolidWorks 操作更为简单方便、易学易用。

AutoCAD 是 Autodesk(欧特克)公司首次于 1982 年开发的自动计算机辅助设计软件,用于二维绘图、详细绘制、设计文档和基本三维设计,现已经成为国际上广为流行的绘图工具。AutoCAD 具有良好的用户界面,通过交互菜单或命令行方式便可以进行各种操作。它的多文档设计环境,让非计算机专业人员也能很快地学会使用。在不断实践的过程中更好地掌握它的各种应用和开发技巧,从而不断提高工作效率。AutoCAD 具有广泛的适应性,它可以在各种操作系统支持的微型计算机和工作站上运行。

3.2.4 设计工作筹备

前期的设计工作筹备主要包括团队的建立、资金的筹备和设备的选择。

首先,一个项目的背后都有着一个强大的团队支撑,团队的每一个成员都是很重要的组成部分，项目成功的背后是每一个团队成员的辛苦劳动，一个好的团队可以让整个项目工程更加快速、高效地完成。

其次，在设计系统结构时，要充分考虑成本问题，如果一个系统的实现基于昂贵的资金，那这样的设计并不符合实际项目的要求。所以，成本是衡量一个系统好坏的重要条件。

最后，在完成设计任务后，要选择合适的元器件及其设备，从而实现整个系统的每个功能。具体介绍请参考 3.3 节。

3.3 系统硬件设计

在电子产品设计的过程中，硬件设计是基础。一般来说，硬件设计的前期是不会出现混乱局面的，如果有，可能是项目负责人制定的方案不完善、不断修改而致，也可能是设计人员的能力有限。随着产品的现场应用，产品的维护是必然的，不管是改错性维护、功能性维护、完善性维护，还是预期性维护，如果在设计之前没有遵循一个好的技术规范，在维护的过程中就会产生很难避免的混乱，由此造成的维护难度和所付出的代价是很大的，过程上也是痛苦的。因此，硬件设计过程的控制显得尤为重要。

3.3.1 DSP 选型

在设计 DSP 应用系统时，DSP 芯片的选择是一个非常重要的环节。只有选定了 DSP 芯片，才能进一步设计其外围电路及系统的其他电路。在第 1 章，已经介绍了 DSP 选型的原则，面对不同系统的要求，可以使用不同的 DSP 芯片，在多个满足的前提下，可以选择价格合适、体积小巧的芯片。具体选型原则读者可以参考 1.2 节。

3.3.2 元器件选择

在设计硬件电路时，需要对不同的元器件有所了解，这样才能有助于我们的选择。面对各式各样的元器件，在选型时，一般遵循如下基本原则。

(1) 普遍性原则：所选的元器件要是被广泛使用验证过的，尽量少使用冷门、偏门芯片，减少开发风险。

(2) 高性价比原则：在功能、性能、使用率都相近的情况下，尽量选择性价比高的元器件，降低成本。

(3) 采购方便原则：尽量选择容易买到、供货周期短的元器件。

(4) 持续发展原则：尽量选择在可预见的时间内不会停产的元器件，禁止选用停产的器件，优选生命周期处于成长期、成熟期的器件。

(5) 可替代原则：尽量选择兼容芯片品牌比较多的元器件。

(6) 向上兼容原则：尽量选择以前产品用过的元器件。

(7) 资源节约原则：尽量用上元器件的全部功能和引脚。

(8) 便于生产原则：在满足产品功能和性能的条件下，元器件封装尽量选择表贴型、间距宽的型号，封装复杂度低的型号，降低生产难度，提高生产效率。

3.3.3 系统硬件电路设计

完整的硬件电路设计流程如下。

(1) 绘制原理图：绘制原理图在使用元件时，尽量使用标准库中的元件，同时注明元件的标号、内容(如有特殊要求，要包括具体参数，如耐压值等)、封装(必须与元件一一对应，确保其正确性)。

(2) 原理图绘制完成后要进行 ERC(电气规则检查)，确保原理图在语法上没有基本错误，去除如标号重复等问题。

(3) 生成 BOM 文件，检查有没有漏掉的元件封装，将其补充完整。

(4) 根据原理图生成相应的网络表(NetList)。

(5) 确定 PCB 图的 KeepOutLayer 边框，调入网络表。这时一般情况下会产生一些错误，修正这些错误要从原理图进行，而不要手工修改网络表或强行装入网络表，尤其注意检查元件与封装的一一对应性。在确认网络表正确无误后，装入 PCB 图。

(6) 装入网络表后，对元件进行自动布局，或进行手动布局，或者二者结合进行。这部分工作比较费时也很关键，要认真对待。布局过程中如果发现原理图有错误，要及时修改原理图、更新网络表，并重新将网络表装入 PCB。

(7) 布局完成后，根据要求设定布线的规则(Rules)。这部分要耐心操作，尤其注意线宽(Width Constraint)与安全间距(Clearance Constraint)。

(8) 如果需要，可以考虑对部分重要线路进行手工预布线，如高频晶振、锁向环、小信号模拟电路等，视个人习惯而定，也可等布线后再调整。

(9) 进行自动布线，如果已进行了预布线要选择 Lock All PreRoute 选项。

(10) 根据布线情况，选择 UnRoute All 选项撤销布线后调整元件位置，重新自动布线，直到布线基本符合要求。如果已进行了预布线，要使用 Undo 来撤销布线，防止预布线和自由焊盘、过孔被删除。

(11) 手工调整布线。地线、电源线、大功率输出等要加粗，走线回路太绕的线调整一下，布线过程中如果发现原理图有错误，要及时修改原理图、更新网络表，并重新将网络表装入 PCB。

(12) 完成后根据具体需要(如需要在地线和大地之间加装高压片容、部分安装螺丝要接地等)，在原理图中先进行修改，再生成网络表装入 PCB，确保原理图与 PCB 一一对应。原理图中无法修改的，手工修改 PCB 的网络表，但应尽量避免或尽量少地做手工改动。

(13) 布线完成后进行 DRC(设计规则检查)，确保线宽与安全间距等指标符合要求。

(14) 切换到单层模式下，对单层的走线稍作调整使其整齐美观，注意不要影响到其他层。

(15) 调整元件标号到合适位置，注意不要放到焊盘、过孔上和元件下方，防止焊盘看不到、失去指导意义。标号大小一般使用(40,8)mil。元件内容进行隐藏。

(16) 根据具体需要，加补泪滴焊盘(Tear Drops)，对于贴片板和单面板推荐加补。

(17) 进行 DRC，确保加补泪滴焊盘后不会造成焊盘、过孔与其他走线之间的距离过近。

(18) 根据具体需要，将安全间距暂时改为 40~60mil，进行敷地，敷地范围主要不要跨越不同的电源区域。再对敷地进行手工修整，去除不整齐和有凸起的地方。

(19)再进行一次 DRC，确保敷地不会影响设计规则。

3.3.4 系统硬件电路的计算机辅助设计

在工程和产品设计中，计算机可以帮助设计人员担负计算、信息存储和制图等各项工作。在设计中通常要对不同方案进行大量的计算、分析和比较，以决定最优方案；各种设计信息，无论是数字的、文字的或图形的，都能存储在计算机内，并能快速地检索；设计人员通常从草图开始设计，将草图变为工作图的繁重工作就可以交给计算机来完成；利用计算机可以进行图形的编辑、放大、缩小、平移和旋转等有关的图形数据加工工作。

在 DSP 系统硬件设计时，通常会使用到 Cadence、Protel DXP、Altium Designer 等电路设计软件。每种软件都有自己的特点，用户可以根据自己的喜好选择。

Cadence 作为流行的 EDA 工具之一，以其强大的功能受到广大 EDA 工程师的青睐。Cadence 可以完成整个 IC 设计流程的各个方面，如电路图输入、电路仿真、版图设计、版图验证、寄生参数提取以及仿真。此外，Cadence 开发了自己的编程语言 Skill 以及相应的编译器，整个 Cadence 可以理解为一个搭建在 Skill 语言平台上的可执行文件集。相较于 Altium Designer，它的功能更加强大，工具更为全面，适合高速布线，适用于做大量信号完整性分析的电路。

Protel DXP 是第一个将所有设计工具集于一身的板级设计系统，电子设计者从最初的项目模块规划到最终形成生产数据都可以按照自己的设计方式实现。Protel DXP 运行在优化的设计浏览器平台上，并且具备当今所有先进的设计特点，能够处理各种复杂的 PCB 设计过程。通过设计输入仿真、PCB 绘制编辑、拓扑自动布线、信号完整性分析和设计输出等技术融合，Protel DXP 提供了全面的设计解决方案。

Altium Designer 是原 Protel 软件开发商 Altium 公司推出的一体化的电子产品开发系统，主要运行在 Windows 操作系统中。这套软件通过原理图设计、电路仿真、PCB 绘制编辑、拓扑逻辑自动布线、信号完整性分析和设计输出等技术的完美融合，为设计者提供了全新的设计解决方案，使设计者可以轻松地进行设计，熟练使用这一软件必将使电路设计的质量和效率大大提高。

Altium Designer 除了全面继承 Protel DXP 在内的先前一系列版本的功能和优点外，还增加了许多改进和很多高端功能。该平台拓宽了板级设计的传统界面，全面集成了 FPGA 设计功能和 SOPC 设计实现功能，从而允许工程设计人员将系统设计中的 FPGA 与 PCB 设计及嵌入式设计集成在一起。Altium Designer 在继承先前 Protel 软件功能的基础上，综合了 FPGA 设计和嵌入式系统软件设计功能。与 Cadence 相比，Altium Designer 学起来要更容易，使用更自由，可以单独放置过孔、焊盘，且可以随意编辑。

无论是 Cadence、Protel DXP 还是 Altium Designer，都是硬件电路设计必不可少的计算机辅助工具，其主要完成：

(1)原理图设计；

(2)印刷电路板设计；

(3)FPGA 的开发；

(4)嵌入式开发；

(5) 3D PCB 设计。

3.3.5 系统硬件电路调试

在硬件电路设计完成、焊接 PCB 电路后需要电路的调试，但在此之前，我们需要先进行调试前的常规检测，以免发生短路等现象，影响调试。

(1) 观察有无短路或断路情况。

(2) 在调试 DSP 硬件系统前，应确保电路板的供电电源有良好的恒压恒流特性。一般供电电源使用开关电源，且电路板上分布有均匀的电解电容，每个芯片均带有 104 的独石或瓷片去耦电容，保证 DSP 的供电电压保持在 (3.3 ± 0.05) V。电压过低，通过 JTAG 接口向 Flash 写入程序时会出现错误提示；电压过高，会损坏 DSP 芯片。另外，由于调试时要频繁地对电路板开断电，若电源质量不好，则很可能在突然上电时因电压陡升而损坏 DSP 芯片，这样会造成经济损失，又将影响项目开发进度。因此，在调试前应该高度重视电源质量，保证电源的稳定可靠。

(3) 加电后，应用手感觉是否有些芯片特别热。如果发现有些芯片烫得特别厉害，需要立即关掉电源重新检查电路。

(4) 排除故障后，应检查晶体是否振荡，复位是否可靠；然后用示波器检查 DSP 的时钟引脚信号是否正常。

(5) 看仿真器能否与目标连接。把 PC 与仿真器连接，仿真器与目标电路板正确连接，目标板通电。这些硬件操作完成后，再启动 CCS。几秒后，如果已经正确连接，在 CCS 的左下角会出现"目标板已经链接"的提示。当然还有其他的提示方式，如弹出汇编语言窗口等。如果仿真器无法与目标板连接，就说明目标板故障。

(6) 如果不能检测到 CPU，则查看是否有遗漏元件未焊接，更换一个正常电路板检查 CCS 软件安装是否可用，检查电路原理图和 PCB 连接是否有误，元件选择是否有误，DSP 芯片引脚是否存在短路或断路现象，JTAG 接口的几条线上是否有短路或者断路，数据线、地址线上是否有短路或断路，是否有 READY 信号错误等。排除错误后则表明 DSP 本身工作基本正常。

在硬件调试时，DSP 最小系统的检测必须首先进行，这为以后的调试打下基础。

在调试过程中如果出现问题，不能完成要求的功能，则可以按照以下步骤进行。

(1) 关掉电源，用手感觉是否有些芯片特别热。若是，则需要检查元器件与设计要求的型号、规格和安装是否一致(可用替换方法排除错误)；重新检查这一功能模块的供电电源电路。

(2) 如果这一功能模块需要编写程序来配合完成，则更换确定正确的程序再调试，以此确定是软件问题还是硬件问题。

(3) 已知信号至输出的顺序，用示波器观察模块的每个环节是否都能输出所需波形，如果某一环节出错，则复查前一环节，这样便能找到是哪个环节出现错误，将问题锁定在一个较小范围内。

(4) 检查出错环节电路的原理图连接是否正确。

(5) 检查出错环节电路原理图与 PCB 图是否一致。

(6)检查原理图与器件datasheet上引脚是否一致。尤其是在电路图与PCB中,引脚与实际芯片不一致是初学者经常遇到的一个问题。

(7)用万用表检查是否有虚焊、引脚短路现象。

3.3.6 系统硬件可靠性设计

在PCB设计过程中,通常会考虑以下因素来提高硬件的可靠性。

(1)输入/输出标号:电源以及输入/输出要有标号,便于电路焊接和调试。对于插座,没有反插措施的需要明确标明顺序。具有正负极的元件要有标号,如极性电容、二极管等,防止元件焊反。

(2)输入电源保护:电路中电源一定要有指示灯,电源输入要有保护电路以免输入电源接反。

(3)手动复位,测试程序:在CPU电路中一定要有手动复位,要有程序测试引脚,例如,焊接一个二极管。

在DSP系统的电路板设计中,无论是否有专门的地层和电源层,都必须在电源和地之间加上足够的并且分布合理的电容。

一般在电源和地的接入端会放置多个不同容值的电容进行并联,再将其余的大电容均匀地分布在电源和地的主干线上。设计中时钟的供电电源与整个电路板的电源一般是分开的,二者的电源通过 $25\mu H$ 的电感相连,布板时可以将两个组件尽可能靠近并对称,当采用多层电路板时,时钟信号频率越高,其布线要求也就越高。

以电源为例,介绍电源硬件设计时需要注意的地方。设计DSP电源并不仅仅是设计电源本身,而是要设计实现一个DSP电源系统,确保噪声和辐射最小化,以实现更高的性能、更高的可靠性和更低的成本。以下列出了一些有助于提高设计成功率的建议。

(1)制定一个详细的系统框图,要反映出所有的器件(DSP、ADC、DAC、视频、音频、PLL、DDR等)对电源的需求。

(2)计算所需要的电流。建议在总电流预算的基础上增加50%的裕度,这有助于系统更好地处理动态过程。

(3)对噪声敏感电路要多加关注,如ADC、DAC、模拟视频/音频电路以及PLL等,如果有可能,最好用高电源抑制比的线性稳压器将这些电路隔离。避免用开关式稳压器为这些电路供电。

(4)做好布局规划。令开关电源远离模拟电路和高速电路。最好将噪声电源安放在PCB的一角。

(5)选择电源拓扑结构,并着手进行电路的设计和布局。

3.4 系统软件设计

3.4.1 软件方案设计

不同的系统将会有不同的设计方案。但对于DSP软件来说,它的软件编译遵循的流程与原则基本是相同的。与一般软件不同,DSP软件主要集中在数字信号处理领域,如语音压缩、语音和音频合成、图像处理等，具有算法复杂度高、实时性强的特点。通常要求在很短的时间内处理大量的数据。尽管 DSP 硬件的速度和容量在不断提升，但为了降低成本，开发商对 DSP 软件内存占用和 MIPS 消耗提出了更高的要求。

DSP 在实时和准时系统中使用非常普遍。在这类系统中，对计算机的实时性与准确性要求很高，而 DSP 有适合信号处理的片内结构，有专为数字信号处理所设计的指令系统，这些特点使其能迅速地执行信号处理操作。随着 DSP 应用的日趋复杂，汇编语言程序在可读性、可修改性、可移植性和可重用性上的缺点日益突现；同时汇编语言是一种非结构化的语言，已经逐渐难以胜任大型的结构化程序设计，这就要求我们采用更高级的语言去完成这一工作。而在高级语言中，C 语言无疑是最高效、最灵活的。在性能要求比较高的场合，必须对某些程序代码进行优化。用 C 语言编程时需要对算法的结构和程序的流程进行优化，这样才能在有限的资源条件下，提高算法的执行速度，提高算法的运行效率，满足实时性要求。

目前，DSP 软件的开发语言主要集中在 C 语言和汇编语言。C 语言具有开发效率高、代码可读性和可移植性好的特点，深受广大开发者青睐。然而在 DSP 平台上，C 编译器的编译效率还有待进一步提高，生成代码的执行效率还不能满足大多数系统的性能要求。因此，在 DSP 软件开发中，代码优化工作相当重要，直接影响到 DSP 软件能否满足系统需求。

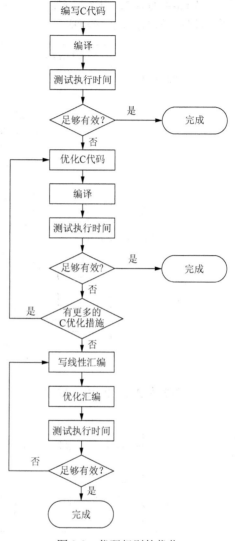

图 3-3　代码级别的优化

编译器的原理是通过特定的语法规则把高级语言书写的逻辑转化成特定硬件平台所认知的汇编语言。编译器的首要性能是依据一定的规则编译出逻辑正确的代码，这样在保证正确性的前提下，编译出的汇编代码冗余很难兼顾效率。在一些实时性要求比较高的场合，如在语音图像处理方面，必须对某些关键的算法进行优化，如图 3-3 所示。

3.4.2　驱动程序设计

在 DSP 芯片中，提供了很多外部存储器接口、串口、通用输入/输出(GPIO)、可编程数字锁相环(DPLL)、计时器、DMA 控制器、A/D 转换器等设备。对于不同的系统，需要设计不同的驱动模块，实现相应的功能。在此，以 A/D 转换器为例，介绍 A/D 驱动程序的设计。

图 3-4 为 ADC 内部结构框图,主要由通道选择、采样保持电路、时钟电路、比较器、电容器以及电阻阵列等组成。

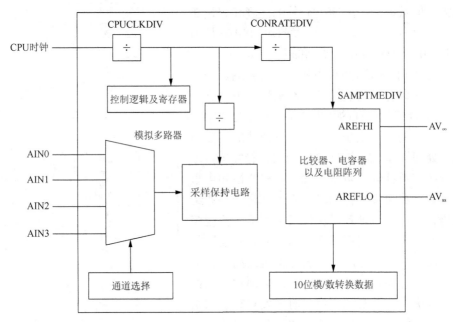

图 3-4 ADC 内部结构框图

图 3-5 为 ADC 的转换时序图。

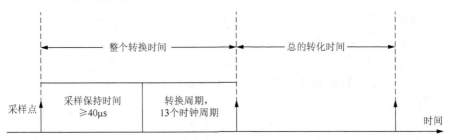

图 3-5 ADC 的转换时序

ADC 可编程时钟分频器之间的关系如下表示:

$$ADC时钟 = \frac{CPU时钟}{CPUCLKDIV + 1}$$

$$ADC转换时钟 = \frac{ADC时钟}{2 \times (CONRATEDIV + 1)} (必须 \leqslant 2MHz)$$

$$ADC采样保持时间 = \frac{1/ADC时钟}{2 \times CONVRATEDIV + 1 + SAMPTIMEDIY} (必须 \geqslant 40\mu s)$$

$$ADC总转换时间 = ADC采样保持时间 + 13 \times \frac{1}{ADC转换时钟}$$

ADC 不能工作于连续模式下。每次开始转换前,DSP 必须把 ADC 控制寄存器

(ADC-CTL)的 ADCSTART 位置 1，以启动模/数转换器转换。当开始转换后，DSP 必须通过查询 ADC 数据寄存器（ADCDATA）的 ADCBUSY 位来确定采样是否结束。当 ADCBUSY 位从 1 变为 0 时，标志着转换完成，采样数据已经被存放在数/模转换器的数据寄存器中。

ADC 外设需要设置以下两种基本的操作。

（1）设置 ADC 的采样时钟，包括：

$$ADC时钟 = \frac{CPU时钟}{CPUCLKDIV + 1}$$

$$ADC转换时钟 = \frac{ADC时钟}{2 \times (CONVRATEDIV + 1)}(必须 \leqslant 2MHz)$$

$$ADC采样保持时间 = \frac{1/ADC时钟}{2 \times CONVRATEDIV + 1 + SAMPTIMEDIY}(必须 \geqslant 40\mu s)$$

（2）读数据操作。这些操作通过 CSL 函数 ADC_setFreq() 和 ADC_read() 函数实现。通常先使用 ADC_setFreq() 配置采样率，然后使用 ADC_read() 读取 ADC 转换的数据。

```
CSLAPI void ADC_setFreq(int sysclkdiv,int convratediv,int sampletimediv)
```

ADC_setFreq() 函数设置系统时钟、转换时钟和采样保持时钟，这 3 个设置都在 ADC-CCR 寄存器中。

```
CSLAPI void ADC_read(int channelnumber,Uint16* data,int length)
```

channelnumber 设置 ADC 的转换通道，*data 指向 ADC 转换后存储数据的地址，length 是转换后数据的长度。

ADC 转换过程：首先启动 ADC 使能位 ADCStart，然后检测 ADCBusy 是否完成 ADC 转换，最后读取 ADC 转换后的数据。完整的程序如下。

```
#include<csl.h>
#include<csl_adc.h>                  /*包含 CSL 头文件*/
#include<stdio.h>
Uint16 samplestorage[2]={0,0};       /*初始化存储 ADC 转换数据的数组*/
int sysclkdiv = 2,convratediv= 0,sampletimediv = 79;
                                     /*初始化采样频率的参数*/
int counter = 0, index = 0;
int channel = 1,samplenumber = 2;    /*初始化采用通道数和采用数据大小*/
{
    Main();
    CSL_init();
    ADC_setFreq(sysclkdiv,convratediv,sampletimediv);
    ADC_read(channel,samplestorage,samplenumber);
}
```

3.4.3 软件抽象层设计

在系统软件框架中，抽象层负责应用层和驱动层的连接。抽象层主要以模块化的思想对数据包及协议报文进行预处理，对各个设备模块进行管理配置和监控，协调各模块间的功能接口。抽象层参与多个对象的管理，使用户能够跟踪到更底层的东西，对系统的适用

图 3-6 抽象层管理模块框图

性和管理效率都有所提高，而且可以提供丰富的调试手段和实时监控功能。

一般而言，抽象层任务模块主要包括：调度控制管理、通信接口管理、读写时钟管理和 I/O 接口管理等。在实现时主要考虑功能接口的实现，各个管理任务将底层驱动进一步封装，最终实现与应用层的友好接口连接。一般的抽象层管理模块框图如图 3-6 所示。

3.4.4 软件应用层设计

应用层主要完成采集器的各种功能任务，针对不同的需求，完成不同的系统要求。对于一个完整的系统来说，应用层任务一般包括系统状态指示、系统时钟管理、通信任务、查询任务、控制任务等。其中，所有的任务管理都是以系统时钟管理为基础的，故应用层任务管理的前提是管理好系统时钟。应用层任务模块及相关关系框图如图 3-7 所示。

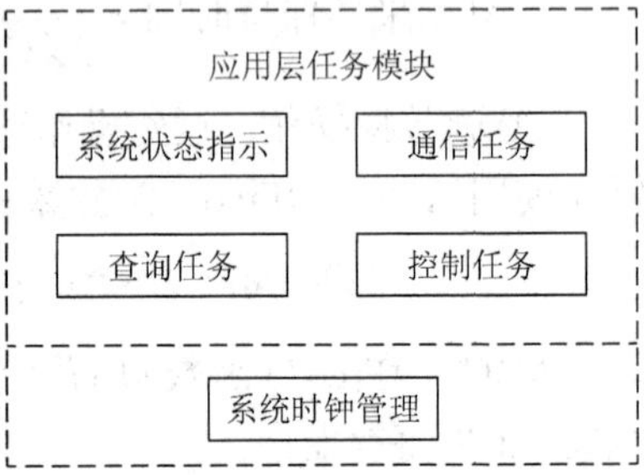

3.4.5 软件可靠性设计

图 3-7 应用层任务模块及相关关系框图

在常规的软件设计中，需要应用一定的方法和技术，使程序设计在兼顾用户的各种需求时，全面满足软件的可靠性要求。可靠性设计一般有四种类型：避错设计、查错设计、改错设计、容错设计。

1) 避错设计

避错设计使用的技术和方法如输入数据的滤波计数、未使用中断和存储器处理技术、选用经过分析测试和验证的商品软件及对自开发软件重用的确认。

避错设计必须遵循以下两条原则。

(1) 控制程序的复杂度：模块独立性、合理的层次结构和接口关系简单。

(2) 与用户保持紧密联系，按 PDCA (Plan Do Check Action) 循环法工作。了解任务、明确目标、制定计划，按计划执行，前进一步检查一步、自检评审，根据检查结果采取措施。PDCA 反复循环，可以有效提高产品质量。在软件研制流程中，概要设计以软件产品需求规格说明为依据，对产品的体系结构做出精确的描述。经验表明，概要设计引入的缺陷影响大，是可靠性设计的一个重要环节。

2) 查错设计

查错设计分为被动式检测和主动式检测。被动式检测在程序关键部位设置检测点，尽可能地在源头发现错误征兆，及时处理。例如，检纠错码、判定数据有效范围、检查累加和、识别特殊标记(如帧头、帧尾码)、口令应答(例如，在各个过程中设置标志，并与前一个过程的标志匹配检查，满足准则，可继续进行)、地址边界检查等方法；主动式检测如定时或低优先级巡检。嵌入式系统因受资源约束，一般较少采用主动式检测。

3)改错设计

改错设计的期望是具有自动改正错误的能力。这个目标需要较强的处理能力,目前更普遍的做法是限制软件错误的有害影响程度。例如,嵌入式系统通常采用的纠错码等。

4)容错设计

容错设计概念通常提及的是多数表决、N 版本、恢复块等方法。多数表决常在故障诊断准则复杂时采用,为实现多数表决,要求系统有奇数个并行冗余单元。并行冗余单元的数量随失效容限增加,例如,三取二表决可得一次故障失效容限,二次故障失效容限需五取三表决。N 版本程序设计指为达到非零失效容限,对于给定的同一软件需求,由 N 个不同设计组编制 N 个不同的程序,在 N 个独立的计算机上运行。N 版本法褒贬不一,争议颇多。相对 N 版本法,恢复块法对系统要求较宽松。本方法为对于关键过程的结果,用接收条件检测。如果结果与接收条件相符,则进入下一步程序,否则恢复关键过程的初始状态用替补过程(恢复块)重新处理后,再进行接收测试,重复上述步骤。恢复块的设计应独立,实时系统应有计时检测,接收测试条件是否充分必要是恢复块的关键之一。

3.5 DSP 系统仿真与联调

3.5.1 软件调试

软件调试是将编制的程序投入实际运行前,用手工或编译程序等方法进行测试,修正语法错误和逻辑错误的过程。这是保证计算机信息系统正确性的必不可少的步骤。编完计算机程序,必须送入计算机中测试。根据测试时所发现的错误,进一步诊断,找出原因和具体的位置进行修正。

软件调试有很多种方法。常用的有 4 种,即强行排错法、回溯排错法、归纳排错法和演绎排错法。

(1)强行排错法。这种方法需要动脑筋动的地方比较少,因此叫强行排错。

(2)回溯排错法。这是在小程序中常用的一种有效的调试方法。一旦发现错误,可以先分析错误现象,确定最先发现该错误的位置。然后,人工沿程序的控制流程追踪源程序代码,直到找到错误根源或确定错误产生的范围。

(3)归纳排错法。归纳法是一种从特殊推断一般的系统化思考方法。归纳法调试的基本思想是,从一些线索(错误的现象)着手,通过分析它们之间的关系来找出错误,为此可能需要列出一系列相关的输入,然后看哪些输入数据的运行结果是正确的,哪些输入数据的运行结果错误,然后加以分析、归纳,最终得出错误原因。

(4)演绎排错法。演绎法是一种从一般原理或前提出发,经过排除和精化的过程来推导出结论的思考方法。调试时,首先根据错误现象,设想及枚举出所有可能出错的原因作为假设。然后再使用相关数据进行测试,从中逐个排除不可能正确的假设。最后,再用测试数据验证余下的假设是否是出错的原因。

调试能否成功一方面在于方法,另一方面很大程度上取决于个人的经验。但在调试时,通常应该遵循以下一些原则。

（1）确定错误的性质和位置的原则。用头脑去分析思考与错误征兆有关的信息，避开死胡同。调试工具只是一种辅助手段。利用调试工具可以帮助思考，但不能代替思考。通常避免使用试探法，最多只能将它当作最后的手段，毕竟小概率事件有时也会发生。

（2）修改错误的原则。在出现错误的地方，很可能还有别的错误。修改错误的一个常见失误是只修改这个错误的征兆或这个错误的表现，而没有修改错误本身。在新修正一个错误的同时又引入新的错误。

3.5.2 系统仿真

在 DSP 系统中，进行系统仿真可以解决并行开发、跨平台、模块化等问题，是测试系统完备性的重要手段。下面为大家介绍两种常用的 DSP 仿真工具。

（1）软件模拟器。这是一种脱离硬件情况下的软件仿真工具。将程序代码加载后，在一个窗口工作环境中，可以模拟 DSP 的程序运行，同时对程序进行单步执行、设置断点，对寄存器/存储器进行观察、修改，统计某段程序的执行时间等。通常在程序编写完以后，都会在软件仿真器上进行调试，以初步确定程序的可运行性。

（2）硬件仿真器。硬件仿真器是将 DSP 目标系统和调试平台连接起来的在线仿真工具，它用 JTAG 接口电缆把 DSP 硬件目标系统和 PC 连接起来，用 PC 平台对实际硬件目标系统进行调试，能真实地仿真程序在实际硬件环境下的功能。TI 的 DSP 仿真器主要是 XDS510 系列和 XDS560 系列等。

3.5.3 软硬件联合调试

由于软件、硬件的耦合，在调试过程中，难免会遇到一些难题，不知该如何解决。本书提出了一些联合调试的方法，希望可以对读者有所帮助。

（1）理解系统。了解系统功能、芯片处理机制、模块划分等。

（2）重现失败。目的是观察它，找到原因，并检查修复是否成功。方法是进行内部预演、观察如何出错，如果出错会导致重大损失则必须改变一些地方，但是尽量少改动原来的系统和顺序。

（3）观察失败，找到足够多的细节。

（4）判断硬件是否存在问题。

（5）通过二分法，逐次缩小问题范围，在查找问题时，这个方法是唯一需要应用的规则，所有其他规则都是帮助你遵循这条规则。

（6）一次只改一个地方并测试。

（7）测试确保每一个 bug 都不存在。

3.6 本章小结

本章首先从 DSP 系统的需求展开，介绍了 DSP 应用系统开发所需要经过的系统整体设计、软硬件设计及调试等过程。对于初学者来说，本章介绍了很多方法步骤，需要大家去遵循效仿，这样才能在学习过程中少走弯路。面对一个新的 DSP 系统，首先需要知道系统功能是什么，这样才能完成总体设计，对系统的硬件进行设计，对软件进行开发。完成这一系列任务后，进行调试，最终才能实现系统的功能。以后的章节会为大家介绍很多实际的 DSP 系统，帮助读者更好地学习。

3.7　思考题与习题

3.1　简要说明需求分析的定义和原则。
3.2　画出 DSP 系统的设计流程，分别阐述每一部分的作用。
3.3　画出系统结构设计的流程图。
3.4　简要介绍硬件电路设计的步骤及软件调试方法。
3.5　如何进行元器件的选择？
3.6　简要概括软硬件联合调试方法。
3.7　系统硬件可靠性设计时，应注意哪些方面？
3.8　通过本章的学习，说明面对一个项目，如何完成整体的设计分析？

第4章 DSP最小系统板及开发板硬件设计

4.1 基于F28335的DSP最小系统板硬件设计

DSP最小系统硬件包括电源电路、复位电路、时钟电路以及JTAG接口电路,这些信号线分别与DSP的对应引脚相连接。

4.1.1 电源与复位电路

电源与复位电路的设计是硬件系统的基础和核心。F28335采用1.8V和3.3V的双电源供电,模拟与数字分离设计。F28335芯片有多种电源引脚,为了使系统能够可靠运行,它们分别需要按照标称值进行设计,F28335电源推荐值范围如表4-1所示。

表4-1 F28335电源推荐值范围

电气参考	参考条件	最小值/V	最大值/V	标称值/V
CPU核的电源:VDD	工作频率:150MHz	1.805	1.995	1.9
	工作频率:100MHz	1.71	1.89	1.8
I/O电源:VDDIO	—	3.135	3.465	3.3
电源地:VSS、VSSIO、VSSA2、VSSAIO、VSS1AGND、VSS2AGND	—	0	0	0
ADC模拟电源:VDDA2、VDDAIO	—	3.135	3.465	3.3
ADC核电源:VDD1A18、VDD2S18	工作频率:150MHz	1.805	1.995	1.9
	工作频率:100MHz	1.71	1.89	1.8
Flash程序电源:VDD3VFL	—	3.135	3.465	3.3

本设计采用具有双路电压输出功能的LDO芯片TPS767D301,通过该芯片来获得3.3V以及1.9V/1.8V的电压,如图4-1所示。

TPS767D301主要为C2000系列的DSP应用而设计,一路固定输出3.3V电压,而另一路可调节的LDO是通过外部电阻分压来获得1.9V/1.8V输出电压,输出电压满足:

$$V_\text{O} = V_\text{REF}\left(1+\frac{R50}{R53}\right) \tag{4.1}$$

式中,V_REF为芯片内部参考电压。

TPS767D301芯片每路输出电流最大可达1A,5V输入电源经过该芯片后进滤波器输出CPU内核电源(VDD)1.9V、I/O电源(VDDIO)3.3V以及Flash程序电源(VDD3VFL)3.3V。因为F28335芯片的1.9V/1.8V和3.3V电源可同时上电,所以直接将双路LDO的输入使能引脚接地,同时使能。TPS767D301自带复位功能,当输出电压降为正常值的95%时(DSP

第 4 章 DSP 最小系统板及开发板硬件设计

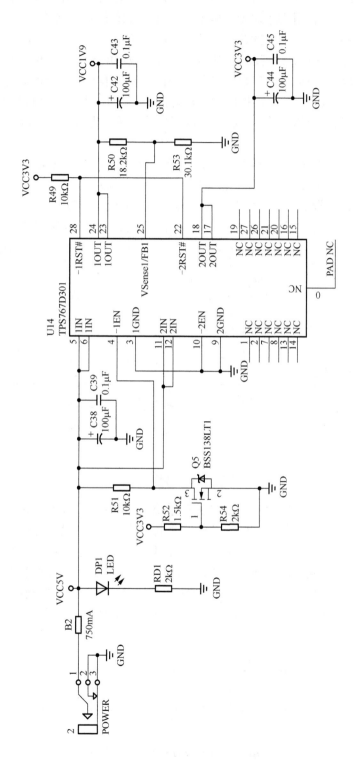

图 4-1 芯片 TPS767D301 基本电路

正常工作时的最小电源电压），复位引脚（1RESET、2RESET）输出低电平，另外电压恢复正常后，延时 200ms 复位引脚才跳为高电平，将该引脚接至 F28335 芯片的复位引脚（XRS），能保证 F28335 芯片上电、掉电以及欠电压时可靠复位。

由于模拟电路会引入各种高频干扰信号，会对数字电源产生干扰，所以在设计时应对信号进行滤波处理，模拟电源与数字电源要进行隔离。本最小系统板选用 BLM21P221SN 的铁氧体磁珠作为数字电源和模拟电源的隔离器件。它的特点在于对高频信号抑制能力强，对高频电流会产生很大的衰减，而在低频段对电流几乎不提供阻抗，因此可以有效地抑制高频信号。

数字电源 VCC3V3/VCC1V9 经过磁珠隔离，得到模拟电源 VDDA_3V3/VDDA_1V9。数字电源 VCC3V3/VCC1V9 和模拟电源 VDDA_3V3/VDDA_1V9 经过电容退耦后，直接接到 F28335 相应的电源引脚上。电源退耦电容一般就近放在 DSP 的每个电源引脚旁，用于抑制 DSP 工作时引起的"地弹"噪声，确保电源稳定。具体电路图如图 4-2 所示。

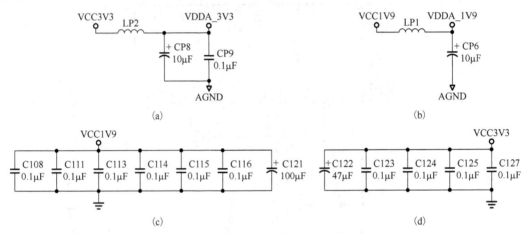

图 4-2 改为电源隔离电路

为了保护系统的正常启动，F28335 最小系统一般需要加入复位电路，复位可以分为上电复位、手动复位以及看门狗复位等。在考虑电路设计时，手动复位和上电复位主要考虑能够手动去抖、上电复位时间保证等方面。看门狗复位主要是完成对系统软件程序的检测，一般采用固定时间触发看门狗的定时器方式，使看门狗一直处于计数状态，一旦系统软件出现异常而在看门狗计数周期内没有对其进行清零操作，则认为系统软件故障，从而产生复位信号使 CPU 复位。上电复位以及手动复位电路图如图 4-3 所示。

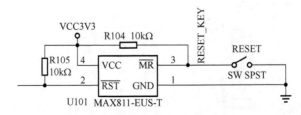

图 4-3 上电复位和手动复位电路

4.1.2 时钟电路

F28335 系列 DSP 提供了两种不同的产生时钟的方案。

1) 晶体振荡器方式

晶体振荡器方式允许使用 DSP 片上振荡器与外部晶体相连为芯片提供时钟,该晶体与 X1、X2 引脚相连,并且 XCLKIN 引脚拉低,如图 4-4 所示。

晶体振荡器分为有源和无源晶振两类,功能上没有本质区别。无源晶振通常是晶体,现在常用的是石英晶体作晶振;有源晶振是由一个完整的谐振电路构成的,F28335 内部集成晶振就是有源晶振的谐振电路,但没有晶体,所以 X1、X2 之间要接入一个晶体。典型接法是在 X1、X2 之间接入 30MHz 晶振,F28335 工作的最高主频为 150MHz。

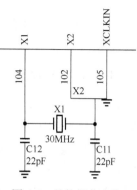

图 4-4 晶体振荡电路

2) 外部时钟源方式

若不使用 F28335 芯片上的振荡器,则外部时钟源方式允许内部振荡器被旁路,芯片时钟又来自 X1 引脚或者 XCLKIN 引脚的外部时钟源。当选择 X1 引脚作为外部时钟源输入时,其信号允许的电压值是 1.9V(150MHz)/1.8V(100MHz),且必须将 XCLKIN 引脚拉低并保持 X2 悬空;当选择 XCLKIN 引脚作为外部时钟源输入时,其信号允许的电压值是 3.3V,且必须将 X1 引脚拉低并保持 X2 悬空。

4.1.3 JTAG 接口电路

F28335 器件使用标准的 IEEE 1149.1 JTAG 接口。此外,器件支持实时运行模式,在处理器正在运行、执行代码并且处理中断时,可修改存储器内容、外设和寄存器位置。用户也可以通过非时间关键代码进行单步操作,同时可在没有干扰的情况下启用即将被处理的时间关键中断。此器件在 CPU 的硬件内执行实时模式。这是 F2833x 器件的独特功能,无须软件监控。此外,还提供了特别分析硬件断点或者数据/地址观察点的设置,当一个匹配发生时,生成不同的用户可选中断事件。考虑到 JATG 下载口的抗干扰性,与 DSP 相连的端口一般采用上拉设计。由于 JTAG 接口电路多用于调试和仿真,JTAG 的连接必须放在方便的位置,但距离数字信号控制器的引脚距离必须在 6in(1in=2.54cm)之内。具体电路图如图 4-5 所示。

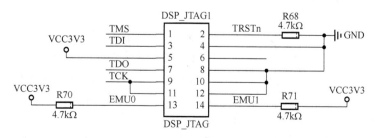

图 4-5 JTAG 接口电路

4.2 基于 F28335 的 DSP 开发板硬件设计

本书将配套以 F28335 为主控芯片的学习开发板，满足读者基本的使用以及开发要求。下面介绍此学习开发板的硬件设计方案。

4.2.1 外扩 SRAM 以及 Flash 选型及硬件电路设计

SRAM 是英文 Static RAM 的缩写，即静态随机存储器。它是一种具有静止存取功能的内存，不需要刷新电路即能保存它内部存储的数据。SRAM 的速度非常快，在快速读取和刷新时能够保持数据完整性。它的用途广泛，用于 CPU 内部的一级缓存以及内置的二级缓存，以及一些嵌入式设备，如网络服务器以及路由器等。

SRAM 的主要特点如下。

(1) 优点：速度快，不必配合内存刷新电路，可提高整体的工作效率。

(2) 缺点：集成度低，掉电不能保存数据，功耗较大，相同的容量体积较大，而且价格较高，少量用于关键性系统以提高效率。

SRAM 由晶体管组成。接通代表 1，断开代表 0，并且状态会保持到接收一个改变信号为止。SRAM 的高速和静态特性使它们通常被用来作为 Cache 存储器。

本书配套的 F28335 开发板中 SRAM 芯片使用 IS61LV25616，它的存储容量为 16×256KB，并具有高低选择信号，其特点如下。

(1) 高速访问时间 8ns、10ns、12ns、15ns。

(2) CMOS 低功耗操作。

(3) TTL 兼容的接口电平。

(4) 单电源 3.3V 供电。

(5) 无时钟、无刷新需求。

(6) 三态输出。

(7) 数据控制分为高、低字节。

在开发板中，IS61LV25616 与主控芯片 F28335 连接的硬件原理图如图 4-6 所示。

芯片 IS61LV25616 的片选位 CE 和 F28335 控制芯片的引脚 XZCS6n 连接；编程允许位 WE 和 F28335 芯片的引脚 XWEn 连接；输出允许位 OE 和 F28335 芯片的引脚 XRDn 连接；地址线与 F28335 的引脚 XA0～XA17 相连接；数据线与 F28335 的引脚 XD0～XD15 相连接。

闪存是一种长寿命的非易失性(在断电情况下仍能保持所存储的数据信息)的存储器，数据删除不是以单个的字节为单位而是以固定的区块为单位，区块大小一般为 256KB～20MB。闪存是 EEPROM 的变种，闪存与 EEPROM 不同的是，EEPROM 能在字节水平上进行删除和重写而不是整个芯片擦写，而闪存的大部分芯片需要块擦除。

NOR 和 NAND 是市场上两种主要的非易失闪存技术。

Flash 是非易失存储器，可以对称为块的存储器单元块进行擦写和再编程。任何 Flash 器件的写入操作只能在空或已擦除的单元内进行，所以大多数情况下，在进行写入操作之前必须先执行擦除。NAND 器件执行擦除操作是十分简单的,而 NOR 则要求在进行擦除前先将目标块内所有的位都写为 0。

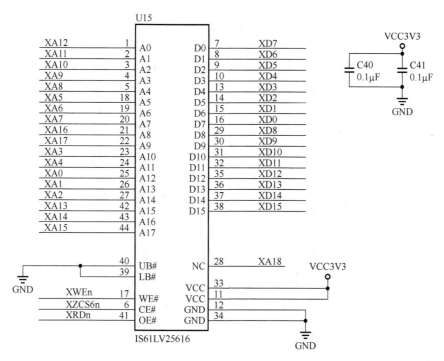

图 4-6　IS61LV25616 与主控芯片 F28335 连接的硬件原理图

由于擦除 NOR 器件时是以 64~128KB 的块进行的,执行一次写入/擦除操作的时间为 5s,与此相反,擦除 NAND 器件是以 8~32KB 的块进行的,执行相同的操作最多只需要 4ms。

执行擦除时块尺寸的不同进一步拉大了 NOR 和 NADN 之间的性能差距,统计表明,对于给定的一套写入操作(尤其是更新小文件时),更多的擦除操作必须在基于 NOR 的单元中进行。这样,当选择存储解决方案时,设计师必须权衡以下的各项因素。

在本书配套的 F28335 开发板中,Flash 芯片选用 SST39VF800A,它的数据总线宽度为 16bit,存储类型是 NOR,存储容量 8Mbit,访问时间为 70ns,电源电压表工作范围为 2.7~3.6V,最大工作电流为 30mA,工作温度范围为 0~70℃。

开发板中 SST39VF800A 与 F28335 芯片的硬件连接电路图如图 4-7 所示。

芯片 SST39VF800A 的片选位 CE 和 F28335 控制芯片的引脚 XZCS7n 连接;编程允许位 WE 和 F28335 控制芯片的引脚 XWEn 连接;输出允许位 OE 和 F28335 控制芯片的引脚 XRDn 连接;地址线与 F28335 的引脚 XA0~XA18 相连接;数据线与 F28335 的引脚 XD0~XD15 相连接。

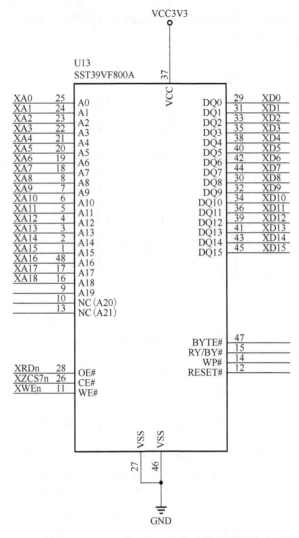

图 4-7　SST39VF800A 与 F28335 芯片的硬件连接电路图

4.2.2　RS232 通信接口的硬件设计

RS232 通信接口是个人计算机(PC)上的通信接口之一，是由美国电子工业协会(EIA)所制定的异步传输标准接口。通常 RS232 通信接口以 9 个引脚(DB-9)或是 25 个引脚(DB-25)的形态出现，一般个人计算机上会有两组 RS232 通信接口，分别称为 COM1 和 COM2。

RS232 总线标准设有 25 条信号线，包括一个主通道和一个辅助通道。在多数情况下主要使用主通道，对于一般双工通信，仅需几条信号线就可实现，如一条发送线、一条接收线及一条地线。

RS232 总线标准最初是远程通信连接数据终端设备 DTE 与数据通信设备 DCE 而制定的。这个标准的制定，并未考虑计算机系统的应用要求，但目前它又被广泛地用于计算机(更准确地说，是计算机接口与终端或外设之间的近端连接标准)。RS232 总线标准中所提到的"发送"和"接收"，都是站在 DTE 立场上，而不是站在 DCE 的立场来定义的。由于在计算机系统中，往往是 CPU 和 I/O 设备之间传送信息，两者都是 DTE，因此双方都能发送和接收。

RS232 通信接口的特点如下。

(1) 接口的信号内容。实际上 RS232 通信接口的 25 条引线中，有许多是很少使用的，在计算机与终端通信中一般只使用 3～9 条引线。

(2) 接口的电气特性。在 RS232 通信接口中任何一条信号线的电压均为负逻辑关系，即逻辑"1"，-15～-5V；逻辑"0"，+5～+15V。噪声容限为 2V，即要求接收器能识别高至+3V 的信号作为逻辑"0"，低至-3V 的信号作为逻辑"1"。

(3) 接口的物理结构。RS232 通信接口连接器一般使用型号为 DB-25 的 25 芯插头、插座，通常插头在 DCE 端，插座在 DTE 端。一些设备与 PC 连接的 RS232 总线接口，因为不使用对方的传送控制信号，只需三条接口线，即"发送数据"、"接收数据"和"信号地"。所以采用 DB-9 的 9 芯插头、插座，传输线采用屏蔽双绞线。

(4) 由 RS232 总线标准规定。在码元畸变小于 4%的情况下，传输电缆长度应为 50ft，其实这个 4%的码元畸变是很保守的，在实际应用中，约有 99%的用户是按码元畸变的10%～20%工作的，所以实际使用中最大距离会远超过 50ft，美国 DEC 公司曾规定容许畸变为 10%而得出下面的实验结果。其中 1 号电缆为屏蔽电缆，其外覆以屏蔽线。2 号电缆为不带屏蔽的电缆。

(5) RS232 与通信接口 TTL 转换。RS232 通信接口用正负电压来表示逻辑状态，与 TTL 以高低电平表示逻辑状态的规定不同。因此，为了能够同计算机接口或终端的 TTL 器件连接，必须在 RS232 通信接口与 TTL 电路之间进行电平和逻辑关系的转换。实现这种转换的方法可用分立元件，也可用集成电路芯片。MAX3232 芯片可完成 TTL↔EIA 双向电平转换，其芯片图如图 4-8 所示。

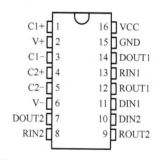

图 4-8 MAX3232 芯片接口定义

MAX3232 芯片具有二路接收器和二路驱动器，提供 1μA 关断模式，有效降低功效并延迟便携式产品的电池使用寿命。关断模式下，接收器保持有效状态，对外部设备进行监测，仅消耗 1μA 电源电流，MAX3232 的引脚、封装和功能分别与工业标准 MAX242 和 MAX232 兼容。即使工作在高数据速率下，MAX3232 仍然能保持 RS232 总线标准要求的±5.0V 最小发送器输出电压。

只要输入电压在 3.0～5.5V 范围以内，即可提供+5.5V(倍压电荷泵)和-5.5V(反相电荷泵)输出电压，电荷泵工作在非连续模式，一旦输出电压低于 5.5V，将开启电荷泵；输出电压超过 5.5V，即可关闭电荷泵，每个电荷泵需要一个电容器和一个储能电容，产生 V+ 和 V- 的电压。

MAX3232 在最差工作条件下能够保证 120Kbit/s 的数据速率。通常情况下，能够工作于 235Kbit/s 的数据速率，发送器可并联驱动多个接收器和鼠标。

F28335 开发板中 RS232 通信接口电路图如图 4-9 所示。

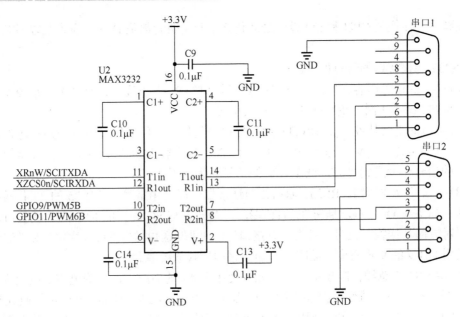

图 4-9　RS232 通信接口电路图

如图 4-9 所示，与 RS232 通信接口连接的芯片选用 MAX3232，其与 F28335 控制芯片的 SCIC（串行通信接口）进行连接。MAX3232 具有两路接收器和两路驱动器，其中 MAX3232 的接收数据输入引脚（R1in）连接串口 1 的引脚 3，接收数据输出引脚（R1out）连接 F28335 串行通信接收引脚 XZCS0n/SCIRXDA；MAX3232 的发送数据输入引脚（T1in）连接 F28335 串行通信发送引脚 XRnW/SCITXDA，发送数据输出引脚（T1out）连接串口 1 的引脚 2；第二路 MAX3232 的接收数据输入引脚（R2in）连接串口 2 的引脚 3，接收数据输出引脚（R2out）连接 F28335 串行通信接收引脚 GPIO11/PWM6B；MAX3232 的发送数据输入引脚（T2in）连接 F28335 串行通信发送引脚 GPIO9/PWM5B，发送数据输出引脚（T2out）连接串口 2 的引脚 2。

4.2.3　RS485 通信接口的硬件设计

485（一般称为 RS485/EIA-485）是隶属于 OSI 模型物理层的电气特性规定为 2 线、半双工、多点通信的标准。它的电气特性和 RS232 大不一样。用缆线两端的电压差值来表示传递信号。RS485 仅仅规定了接收端和发送端的电气特性。它没有规定或推荐任何数据协议。

RS485 通信接口的特点包括以下几方面。

（1）接口电平低，不易损坏芯片。RS485 的电气特性：逻辑"1"以两线间的电压差为 +（2～6）V 表示；逻辑"0"以两线间的电压差为 -（2～6）V 表示。接口信号电平比 RS232 降低了，不易损坏接口电路的芯片，且该电平与 TTL 电平兼容，可方便地与 TTL 电路连接。

（2）传输速率高。10m 时，RS485 的数据最高传输速率可达 35Mbit/s，在 1200m 时，传输速度可达 100Kbit/s。

（3）抗干扰能力强。RS485 通信接口是采用平衡驱动器和差分接收器的组合，抗共模干扰能力增强，即抗噪声干扰性好。

(4) 传输距离远,支持节点多。RS485 总线最长可以传输 1200m 以上(速率≤100Kbit/s)一般最大支持 32 个节点,如果使用特制的 RS485 芯片,可以达到 128 个或者 256 个节点,最大的可以支持 400 个节点。

RS485 推荐使用点对点、线型、总线型网络,不能是星形、环形网络。理想情况下 RS485 需要 2 个终端匹配电阻,其阻值要求等于传输电缆的特性阻抗(一般为 120Ω)。如果没有特性阻抗,当所有的设备都静止或者没有能量的时候就会产生噪声,而且线移需要双端的电压差。如果没有终接电阻,就会使得较快速的发送端产生多个数据信号的边缘,导致数据传输出错。

由于 RS485 具有传输距离远、传输速度快、支持节点多和抗干扰能力更强等特点,所以 RS485 有很广泛的应用。

开发板采用 MAX485 作为收发器,该芯片支持 5V 供电,最大传输速度可达 10Mbit/s,支持多达 32 个节点,并且有输出短路保护。该芯片的框图如图 4-10 所示。

图 4-10 中 A、B 总线接口位接线,用于连接 485 总线。RO 是接收数据输出端,DI 是发送数据输入端,$\overline{RE}$ 接收使能信号(低电平有效),DE 发送使能信号(高电平有效)。

F28335 开发板中 RS485 通信接口的硬件如图 4-11 所示。

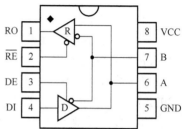

图 4-10 MAX485 芯片接口定义

如图 4-11 所示,与 RS485 通信的芯片选用 MAX485,其与 F28335 控制芯片的 SCIC(串行通信接口)进行连接。其中 MAX485 的接收数据输出引脚(R)连接 F28335 串行通信接收引脚 GPIO62/SCIRXDC,MAX485 的发送数据输入引脚(D)连接 F28335 串行通信发送引脚 GPIO63/SCITXDC,MAX485 的接收使能信号引脚(RE)以及发送使能信号引脚(DE)并联接到 F28335 的 GPIO61/LED2 引脚,在此处需要注意的是,F28335 的 GPIO61/LED2 引脚与 LED 灯显示部分使用了同一个 GPIO 口,因此在使用开发板时候,注意两个功能分时复用,不能同时使用;在芯片输入端,A、B 引脚连接到开发板上的 RS485 接线端子,从而将外部输入的 485 信号接入芯片。

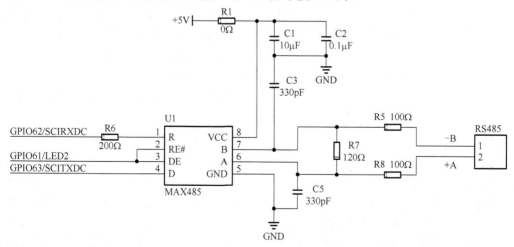

图 4-11 RS485 通信接口电路图

特别提醒读者，在进行 RS485 通信时，外部 485 输入信号线的 A 端必须接入接线端子的 A 端，外部 485 输入信号线的 B 端必须接入接线端子的 B 端，否则可能通信不正常。

4.2.4 CAN 通信接口的硬件设计

CAN 是控制器局域网络(Controller Area Network，CAN)的简称，是通过 ISO 国际标准化的串行通信协议(ISO11898)，是国际上应用最广泛的现场总线之一。CAN 的高性能和可靠性已被认同，并被广泛地应用于工业自动化、船舶、医疗设备、工业设备等方面。

CAN 的性能特点包括以下几方面。

(1)"多主"工作方式。网络上任一节点均可在任意时刻主动地向网络上的节点发送信息，不分主从。

(2)采用非破坏性总线仲裁技术。当多个节点同时向总线发送信息时，优先级较低的节点会主动退出发送，而最高优先级的节点可不受影响地继续传输数据，从而大大地节省了总线冲突仲裁时间。

(3)节点的个数主要取决于总线驱动电路。在标准"帧"的报文标识符(CAN2.0A)可达 2032 种，而在扩展帧的报文标识符(CAN2.0B)几乎不受限制。

(4)报文采用"短帧"结构。传输时间短，受干扰概率低，具有极好的检错效果。

(5)节点在错误严重的情况下具有自动关闭输出功能，以使总线上的其他节点的操作不受影响。

(6)较高的性价比。它结构简单，器件容易购置，每个节点的价格较低，而且开发技术容易掌握，适用于现有的开发工具。

由于采用了许多新技术和独特的设计，CAN 总线与一般的通信总线相比，它的数据通信具有突出的可靠性、实时性和灵活性。

开发板采用 SN65HVD230 作为收发器，该芯片支持 3.3V 供电，最大传输速度可达 1Mbit/s，适用于较高通信速率、良好抗干扰能力和高可靠性 CAN 总线的串行通信。该芯片的框图如图 4-12 所示。

图 4-12 中 D 为 CAN 发送数据输入端，R 为 CAN 发送数据输出端，RS 为方式选择端口，CANL 为低电平 CAN 电压输入/输出，CANH 为高电平 CAN 电压输入/输出，Vref 为参考电压输出。

F28335 开发板中 CAN 通信接口硬件连接电路图如图 4-13 所示。

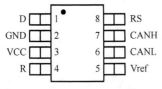

图 4-12 芯片 SN65HVD230 接口定义

如图 4-13 所示，为实现功能选用两个 SN65HVD230 芯片。其中编号为 U6 的 SN65HVD230 芯片数据输入端(D)接到 F28335 芯片的 GPIO 引脚 GPIO18/CANRXA，数据输出端(R)连接 28335 芯片的 GPIO 引脚 GPIO19/CANTXA；编号为 U7 的 SN65HVD230 芯片数据输入端(D)接到 F28335 芯片的 GPIO 引脚 GPIO13/TZ2n/CANRXB，数据输出端(R)连接 F28335 芯片的 GPIO 引脚 GPIO12/TZ1n/CANTXB，SN65HVD230 的方式选择端口(RS)通过跳线和一端接地的斜率电阻器连接，通过硬件方式可实现 3 种工作模式的选择。RS 接逻辑低电平，可以使收发器工作在高速模式，在该方式下最大速率的限制与电缆的长度有关。连接 RS 引脚上的串联斜率电阻器可以使收发器工作在斜率控制模式，增强抗电磁干扰能力。RS 接逻辑高电平，可以使收发器工作在等待模式，此时接收器对于总线来说是隐性的。SN65HVD230 芯片的 CANH 和 CANL 直接匹配 120Ω 阻值的电阻，并将它们分别接入开发板的 CAN 总线接线端子，当有外部的 CAN 总线信号输入时，便可以直接将信号接入芯片。

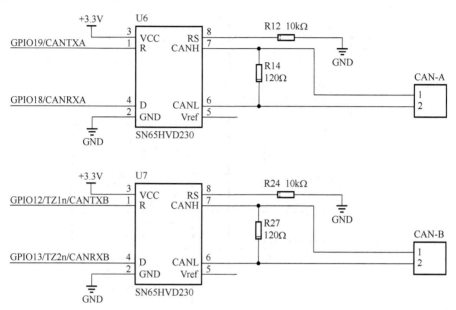

图 4-13　CAN 通信接口硬件连接电路图

4.2.5　SD 卡以及 EEPROM 的硬件设计

很多 DSP 和单片机系统都需要大容量存储设备以存储数据。目前常用的有 U 盘、Flash 芯片、SD 卡等。它们各有优点，综合比较，最适合单片机系统的莫过于 SD 卡了，它不仅容量可以做到很大（32GB 以上），支持 SPI 驱动，而且有多种体积的尺寸可供选择（标准的 SD 卡尺寸以及 TF 卡尺寸等），能满足不同应用的要求。

只需要少数几个 GPIO 接口即可外扩一个高达 32GB 以上的外部存储器，容量从几十兆到几十吉字节选择尺度很大，更换也很方便，编程也简单，是单片机大容量外部存储器的首选。

SD 卡是一种基于半导体快闪记忆器的新一代记忆设备，由于它体积小、数据传输速度快、可热插拔等优良的特性，它被广泛地在便携式装置上使用，如数码相机、个人数码助理（英文缩写为 PDA）和多媒体播放器等。

SD 卡上所有单元由内部时钟发生器提供时钟。接口驱动单元同步外部时钟的 DAT 和 CMD 信号到内部所用时钟，由 6 线 SD 卡接口控制，包括 CMD、CLK 和 DAT0～DAT3，其各自的功能如下。

CLK：每个时钟周期传输一个命令或数据位。频率可在 0～25MHz 变化。SD 卡的总线管理器可以不受任何限制地自由产生 0～25MHz 的频率。

CMD：命令从该 CMD 线上串行传输。一个命令是一次主机到从卡操作的开始。命令可以以单机寻址(寻址命令)或呼叫所有卡(广播命令)方式发送。回复从该 CMD 线上串行传输。一个命令是对之前命令的回答，回答可以来自单机或所有卡。

DAT0～DAT3：数据可以从卡传向主机或副 Versa。数据通过数据线传输。

本书配套的 F28335 开发板使用 SD 卡外设，硬件电路图如图 4-14 所示。

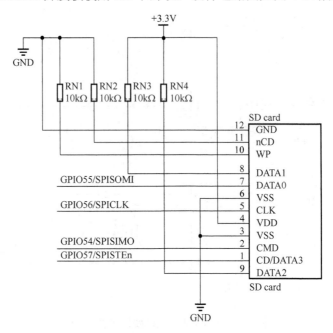

图 4-14　SD 卡硬件电路图

开发板使用 SPI 方式控制 SD 卡，其中引脚连接为：SD 卡的 CLK 引脚连接 F28335 芯片的 GPIO56/SPICLK 引脚，由 F28335 芯片为 SD 卡提供时钟；SD 卡的 DATA0 引脚连接 F28335 芯片的 GPIO55/SPISOMI 引脚；SD 卡的 CMD 引脚连接 F28335 芯片的 GPIO54/SPISIMO 引脚；SD 卡的 CD/DATA3 引脚连接 F28335 芯片的 GPIO57/SPISTEn 引脚。通过使用 SPI 总线来实现 SD 卡与 F28335 的通信与数据交互。

EEPROM，电可擦编程只读存储器——一种掉电后数据不丢失的存储芯片，是用户可更改的只读存储器，其可通过高于普通电压的电压来擦除和重编程(重写)。不像 EPROM 芯片，EEPROM 不需要从计算机中取出即可修改。在一个 EEPROM 中，当计算机在使用的时候可频繁地反复编程，因此 EEPROM 的寿命是一个很重要的设计考虑参数。EEPROM 是一种特殊形式的闪存，通常是由个人计算机中的电压来擦写和重编程的。

F28335 开发板中使用的 EEPROM 芯片为 AT24C08，其提供 8192 位的串行电可擦编程只读存储器(EEPROM)，组织形式为 1024 字×8 位字长。适用于许多要求低功耗和低电压操作的工业级或商业级应用。可选节省空间的 8 引脚 PDIP、8 引脚 JEDEC SOIC、8 引脚 Ultra Lead Frame Land Grid Array (ULA)、5 引脚 SOT23、8 引脚 TSSOP 和 8 触点 dBGA2 封装，并通过 2-wire 串行接口存取。开发板中 EEPROM 部分硬件电路原理图如图 4-15 所示。

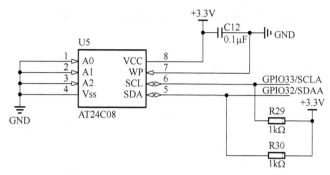

图 4-15　EEPROM 部分硬件电路原理图

AT24C08 芯片与 F28335 之间通过 I²C 总线方式进行通信和数据交互,其中 AT24C08 的地址选择信号 A0～A2 同时接地,数据线 SDA 引脚连接 F28335 的 GPIO32/SDAA 引脚,时钟线 SCL 引脚连接 F28335 的 GPIO33/SCLA 引脚。

4.2.6　直流电机与步进电机的硬件设计

步进电机是将电脉冲信号转换为角位移或线位移的开环控制的一种电机。在非超载的情况下,电机的转速、停止的位置只取决于脉冲信号的频率和脉冲数,而不受负载变化的影响,当步进驱动器接收到一个脉冲信号时,它就驱动步进电机按设定的方向转动一个固定的角度,称为"步距角",它的旋转是以固定的角度一步一步运行的。可以通过控制脉冲个数来控制角位移量,从而达到准确定位的目的;同时可以通过控制脉冲频率来控制电机转动的速度和加速度,从而达到调速的目的。

工作原理:通常电机的转子为永磁体,当电流流过定子绕组时,定子绕组产生一个矢量磁场。该磁场会带动转子旋转一个角度,使得转子的一对磁场方向与定子的磁场方向一致。当定子的矢量磁场旋转一个角度时,转子也随着该磁场转一个角度。每输入一个电脉冲,电动机转动一个角度前进一步。它输出的角位移与输入的脉冲数成正比、转速与脉冲频率成正比。改变绕组通电的顺序,电机就会反转。所以可用控制脉冲数量、频率及电动机各相绕组的通电顺序来控制步进电机的转动。

步进电机的主要特性如下。

(1)步进电机必须加驱动才可以运转,驱动信号必须为脉冲信号,没有脉冲的时候,步进电机静止,如果加入适当的脉冲信号,就会以一定的角度(称为步角)转动。转动的速度和脉冲的频率成正比。

(2)三相步进电机的步进角度为 7.5°,一圈 360°,需要 48 个脉冲完成。

(3)步进电机具有瞬间启动和急速停止的优越特性。

(4)改变脉冲的顺序,可以方便地改变转动的方向。

本书配套的 F28335 开发板中,F28335 芯片控制 ULN2003 驱动步进电机的硬件电路原理图如图 4-16 所示。

ULN2003 是高耐压、大电流复合晶体管阵列,由七个硅 NPN 复合晶体管组成。ULN2003 的每一对达林顿管都串联一个 2.7kΩ 的基极电阻,在 5V 的工作电压下它能与 TTL 和 CMOS 电路直接相连,可以直接处理原先需要标准逻辑缓冲器来处理的数据。ULN2003 工作电压高、工作电流大、灌电流可达 500mA，在关态时承受 50V 的电压，可以在高负载电流环境下正常运行。

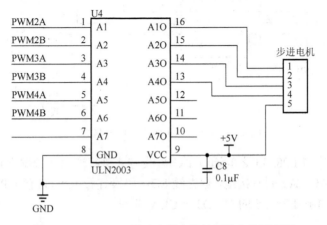

图 4-16　ULN2003 驱动步进电机的硬件电路原理图

在 F28335 开发板中，芯片 ULN2003 的输入引脚 1～6 分别接 F28335 芯片的脉冲引脚 PWM2A、PWM2B、PWM3A、PWM3B、PWM4A 和 PWM4B，输出引脚 13～16 分别和步进电机相连，进而控制步进电机。

直流电机是指能将直流电能转换成机械能(直流电动机)或将机械能转换成直流电能(直流发电机)的旋转电机。它是能实现直流电能和机械能互相转换的电机。当它作为电动机运行时是直流电动机，将电能转换为机械能；作为发电机运行时是直流发电机，将机械能转换为电能。

在 F28335 开发板中，直流电机控制电路图如图 4-17 所示。

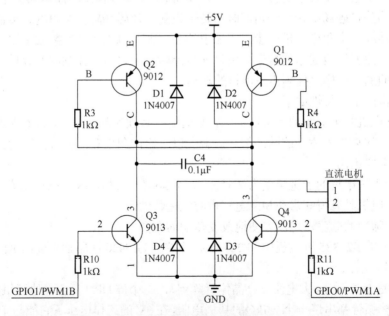

图 4-17　直流电机控制电路图

三极管、电阻和二极管组成的电路驱动,实现对直流电动机可调速正反转驱动。四个二极管起保护三极管的作用,防止感性元件(电机)产生的负感应电动势对三极管的冲击。

当 GPIO1/PWM1B 输出端为低电平时,Q3、Q4 截止,Q1、Q2 导通,GPIO0/PWM1A 输出为高电平。当 GPIO1/PWM1B 输出端为高电平时,Q1、Q2 截止,Q3、Q4 导通,GPIO0/PWM1A 输出为低电平。

4.2.7 A/D 与 D/A 硬件设计

A/D 转换就是模数转换。顾名思义,就是把模拟信号通过一定的电路转换成数字信号。模拟量可以是电压、电流等电信号,也可以是压力、温度、湿度、位移、声音等非电信号。但在 A/D 转换前,输入到 A/D 转换器的输入信号必须经各种传感器把各种物理量转换成电压信号。A/D 转换后,输出的数字信号可以有 8 位、10 位、12 位、14 位和 16 位等。

A/D 转换的主要方法有以下三种:
(1)积分型;
(2)主次比较型;
(3)并行比较型/串并行比较型。

积分型 A/D 转换器的工作原理是将输入电压转换成时间(脉冲宽度信号)或频率(脉冲频率),然后由定时器/计数器获得数字值。其优点是用简单电路就能获得高分辨率,缺点是由于转换精度依赖于积分时间,因此转换速率极低。

逐次比较型 A/D 转换器由一个比较器和 D/A 转换器通过逐次比较逻辑构成,顺序地针对每一位,将输入电压与内置 D/A 转换器输出进行比较,经 n 次比较而输出数字值。其优点是速度较高、功耗低,在低分辨率(<12 位)时价格便宜,但高精度(>12 位)时价格很高。

并行比较型 A/D 转换器采用多个比较器,仅作一次比较而实行转换,又称 Flash(快速)型。由于转换速率极高,n 位的转换需要 $2n-1$ 个比较器,因此电路规模极大,价格也高,只适用于视频 A/D 转换器等速度特别高的领域。

串并行比较型 A/D 结构上介于并行型和逐次比较型之间,最典型的是由 2 个 $n/2$ 位的并行型 A/D 转换器配合 D/A 转换器组成,用两次比较实行转换,所以称为 Half Flash(半快速)型。这类 A/D 转换器速度比逐次比较型高,电路规模比并行型小。

F28335 自带 A/D 转换模块,但输出信号较弱,故采用 TLC2741 作为信号放大芯片,TLC2741 为四运算放大器,支持 3~16V 电源电压,该芯片的框图如图 4-18 所示。

图 4-18 中,1IN+、2IN+、3IN+、4IN+为四运算放大器同相端,1IN−、2IN−、3IN−、4IN−为四运算放大器反相端,1OUT、2OUT、3OUT、4OUT 为四运算放大器输出端。

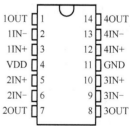

图 4-18 TLC2741 芯片接口定义

F28335 开发板中 A/D 信号放大模块的硬件电器如图 4-19 所示。

如图 4-19 所示,A/D 转换器的电压输入范围为 0~3V,A/D 转换器输入端 ADCA0、ADCA1、ADCB0 分别连接放大器 TLC2741 的三个同向端 3IN+、2IN+、1IN+,放大器 TLC2741 的三个反向端 1IN−、2IN−、3IN−通过 0Ω电阻与 ADCINB0、ADCINA0、ADCINA1

连接，放大器 TLC2741 的三个输出端 1OUT、2OUT、3OUT 直接与 ADCINB0、ADCINA0、ADCINA1 连接。

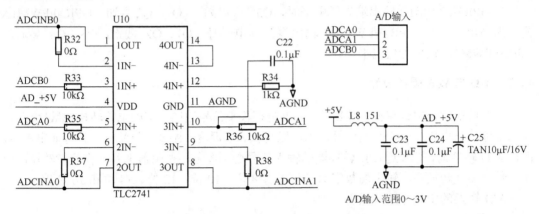

图 4-19　A/D 信号放大模块的硬件电路

D/A 转换就是将离散的数字量转换为连接变化的模拟量。D/A 转换器的内部电路构成无太大差异，一般按输出是电流还是电压、能否作乘法运算等进行分类。大多数 D/A 转换器由电阻阵列和 n 个电流开关（或电压开关）构成。按数字输入值切换开关，产生比例于输入的电流（或电压）。

D/A 转换的主要方法有以下三种：
(1) 电压输出型；
(2) 电流输出型；
(3) 乘算型。

电压输出型 D/A 转换器虽有直接从电阻阵列输出电压的，但一般采用内置输出放大器以低阻抗输出。直接输出电压的器件仅用于高阻抗负载，由于无输出放大器部分的延迟，故常作为高速 D/A 转换器使用。

电流输出型 D/A 转换器很少直接利用电流输出，大多外接电流-电压转换电路得到电压输出，后者有两种方法：一是只在输出引脚上接负载电阻而进行电流-电压转换，二是外接运算放大器。

D/A 转换器中有使用恒定基准电压的，也有在基准电压输入上加交流信号的，后者由于能得到数字输入和基准电压输入相乘的结果而输出，因而称为乘算型 D/A 转换器。乘算型 D/A 转换器一般不仅可以进行乘法运算，而且可以作为使输入信号数字化衰减的衰减器及对输入信号进行调制的调制器。

开发板采用 TLV5620 作为 D/A 转换芯片，TLV5620 是一个四通道 8 位 D/A 转换器，3V 单电源供电，串行输入接口。该芯片的框图如图 4-20 所示。

图 4-20 中，REFA、REFB、REFC、REFD 用来设定基准电压，决定对应输出通道的电压范围，DATA 为串行数据端，

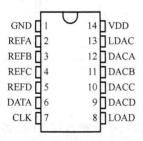

图 4-20　TLV5620 芯片接口定义

CLK 为串行时钟端，LDAC 为转换结果锁存控制端，DACA、DACB、DACC、DACD 为四通道模拟数据输出端，LOAD 为数据输入通道选择与数据输入锁存控制端。

F28335 开发板中 D/A 转换模块的硬件电路如图 4-21 所示。

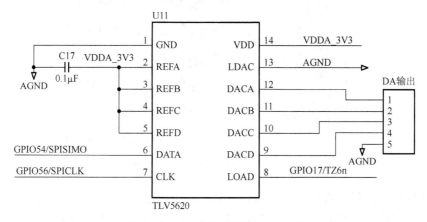

图 4-21　D/A 转换模块的硬件电路

如图 4-21 所示，D/A 转换芯片选用 TLV5620。串行数据端 DATA 连接 F28335 的主机输出、从机输入端 GPIO54/SPISIMO，串行时钟端 CLK 连接 F28335 的串行时钟引脚 GPIO56/SPICLK，数据输入通道选择与数据输入锁存控制端 LOAD 连接 F28335 的 GPIO17/TZ6n 引脚，转换结果锁存控制端 LDAC 接模拟地，REFA、REFB、REFC、REFD 接 3.3V 电源。

4.2.8　LED 灯、蜂鸣器与按键硬件设计

对于任何一款 DSP 芯片或者单片机，最简单的外设莫过于 GPIO 口的高低电平控制，因此设计了针对控制 GPIO 口的这部分硬件，LED 灯、蜂鸣器与按键部分为 F28335 开发板的最基本模块，方便读者能够快速熟悉、及时掌握 F28335 芯片 GPIO 口的使用以及功能实现。

LED 灯显示部分硬件设计了 8 个贴片 LED 灯，采用共阳式连接，每个 LED 正极通过 10kΩ 阻值的电阻连接 3.3V 电源，负极分别连接 F28335 芯片的 GPIO 引脚。具体硬件连接电路图如图 4-22 所示。

当每个 LED 灯所连接的 GPIO 口被置高时，LED 作为一个二极管器件，无法满足导通条件，从而无法导通，故 LED 等不会点亮发光；而当所连接的 GPIO 口被置低时，LED 两端的电压满足导通条件，因此 LED 被导通，有电流流过，从而使得 LED 灯被点亮发光。因此，通过控制 F28335 芯片的 GPIO 口的电平，从而实现了控制 LED 灯的亮灭。此处特别提醒读者，LED 灯部分连接 F28335 芯片的 GPIO 口存在复用的情况，请读者注意分时复用。

蜂鸣器是一种一体化结构的电子讯响器，采用直流电压供电，广泛应用于计算机、打印机、复印机、报警器、电子玩具、汽车电子设备、电话机、定时器等电子产品中作发声器件。蜂鸣器主要分为压电式蜂鸣器和电磁式蜂鸣器两种类型。

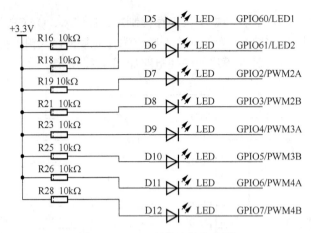

图 4-22　LED 硬件连接电路图

在 F28335 开发板上板载的蜂鸣器是电磁式的有源蜂鸣器，这里的有源不是指电源，而是指有没有自带振荡电路，有源蜂鸣器自带了振荡电路，一通电就会发声；无源蜂鸣器则没有自带振荡电路，必须外部提供 2～5kHz 的方波驱动才能发声，如图 4-23 所示。

开发板中蜂鸣器硬件连接电路图如图 4-24 所示。

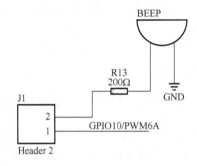

图 4-23　蜂鸣器　　　　　　　图 4-24　蜂鸣器硬件连接电路图

将蜂鸣器的负极接地，正极串联一个 200Ω 电阻接到 2 位排针的其中一位上面，排针的另外一位连接 F28335 的引脚 GPIO10/PWM6A。所以 F28335 的引脚 GPIO10/PWM6A 与其他外设复用，所以当使用蜂鸣器时，需要将两个排针通过短路帽连接，而不使用蜂鸣器的时候，保证了蜂鸣器与 F28335 芯片没有直接连接，从而避免了因为使用其他外设复用了引脚 GPIO10/PWM6A 而造成蜂鸣器工作。当使用蜂鸣器时，将短路帽接上，同时控制 F28335 芯片的引脚 GPIO10/PWM6A 为高电平，从而驱动蜂鸣器发出响声。

F28335 开发板中按键模块分为两个部分：一部分为按键输入，另一部分为按键复位，硬件连接电路图如图 4-25 所示。

在 F28335 开发板中，标号为：S_RESET 的按键为系统复位按键，其一端接地，另一端连接 F28335 芯片的引脚 RESET_KEY，当系统出现故障时，按下复位按键，使得开发板重新复位启动。

另外四个按键在 F28335 开发板上分别标号 S1、S2、S3 和 S4，一端采用共地连接，另一端分别连接 F28335 的 GPIO 引脚，并上拉 10kΩ 电阻。当有外部输入将按键按下时，对应的 F28335 芯片的 GPIO 引脚将被拉低,从而实现了外部控制 GPIO 引脚的功能。

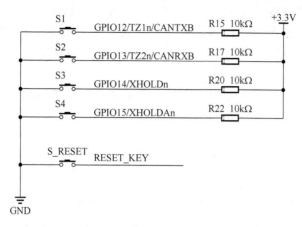

图 4-25　按键硬件连接电路图

4.2.9　供电电源硬件设计

对于任意一款电子产品,电源部分是最为关键的,是整个系统正常工作的关键部分,电源模块设计的好坏直接影响系统的稳定性和性能。设计合理可靠的电源,便可以充分发挥 CPU 芯片的强大功能。此书配套的 F28335 开发板提供了 3.3V、5V 以及 12V 三种电源输出,能够满足一般的外设使用。

在 F28335 开发板中,供电电源硬件设计电路图如图 4-26 所示。

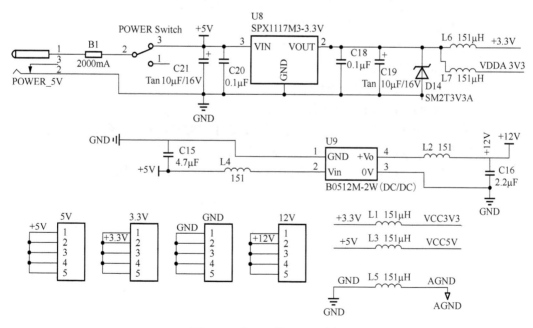

图 4-26　电源硬件设计电路图

开发板选择 5V 稳压电源作为输入,通过保险丝以及开关按键的保护,将 5V 电源一路输入电源芯片 SPX1117M-3.3V 中，通过此电源模块，输出 3.3V 电压；5V 电源另一路输入 DC/DC 电源模块 B0512M-2W，通过此电源模块，输出 12V 电压。B0512M-2W 为超小型定电压输入，隔离非稳压单路输出的电源模块，专门针对线路板上分布式电源系统中需要产生一组与输入电源隔离的电源的应用场合而设计。与此同时，开发板将数字电源与模拟电源通过磁珠连接，从而进行滤波。

开发板分别将供电电源模块中的 3.3V、5V 以及 12V 三种电源通过排针引出，方便开发板使用者外接外设传感器使用。

4.3 本章小结

本章基于 F28335 最小系统板和开发板，对 DSP 的相关硬件进行设计，通过对最小系统板的电源、复位模块、时钟、下载端口的介绍，使读者对 DSP 的硬件组成有了基本的认识，并对其进行了电路设计，供读者参考；另外，对 DSP 开发板的存储器、通信模块（RS232 通信、RS485 通信、CAN 通信）、SD 卡、模数/数模转换模块、LED 灯、蜂鸣器及其按键的相关知识和硬件电路进行了介绍与设计。读者通过本章的学习，对 DSP F28335 的相关硬件知识及其电路将有所了解，为将来的 DSP 学习奠定了坚实的基础。

4.4 思考题与习题

4.1 根据本章所学知识，设计一个最小系统班板。
4.2 简述电源隔离电路的原理及作用。
4.3 简述 DSP 两种时钟电路大的原理。
4.4 比较 NOR 和 NADN 的区别。
4.5 简要概括 RS232 通信的特点。
4.6 简要概括 RS485 通信的特点，并与 RS485 通信比较。
4.7 说明步进电机的原理和基本特性；通过使用 F28335，阐明如何对其实现控制。
4.8 概述 A/D 的工作原理，并比较 3 种转换方法的优缺点。
4.9 说明数字电源和模拟电源的区别，两者连接时应该怎样处理。

第 5 章 TI DSP CCS 与 MATLAB 的混合编程

5.1 CCS 常用操作

CCS 是一种针对 TMS320 系列 DSP 的集成开发环境，在 Windows 操作系统下采用图形接口界面，提供环境配置、源文件编辑、程序调试、跟踪和分析等工具。CCS 集成了代码的编辑、编译、链接和调试等诸多功能，而且支持 C/C++ 和汇编的混合编程，本书以 CCS6.0 版本为例进行介绍，其主要功能如下。

拥有集成可视化代码编辑界面，用户可以通过其界面直接编写 C 语言源程序、汇编语言源程序、cmd 文件等；含有集成代码生成工具，包括汇编器、优化 C 编译器、链接器等，将代码的编辑、编译、链接和调试等诸多功能集成到一个软件环境中；高性能编辑器支持汇编文件的动态语法加亮显示，使用户很容易阅读代码，发现语法错误；工程项目管理工具可对用户程序实行项目管理。在生成目标程序和程序库的过程中，建立不同程序的跟踪信息，通过跟踪信息对不同的程序进行分类管理；基本调试工具具有装入执行代码、查看寄存器、存储器、反汇编、变量窗口等功能，并支持 C 源代码级调试；断点工具能在调试程序的过程中完成硬件断点、软件断点和条件断点的设置；探测点工具可用于算法的仿真、数据的实时监视等；分析工具包括模拟器和仿真器分析，可用于模拟和监视硬件的功能、评价代码执行的时钟；数据的图形显示工具可以将运算结果用图形显示，包括显示时域/频域波形、眼图、星座图、图像等，并能进行自动刷新；提供 GEL 工具。利用 GEL，用户可以编写自己的控制面板/菜单，设置 GEL 菜单选项，方便直观地修改变量、配置参数等；支持多 DSP 的调试；支持 RTDX 技术，可在不中断目标系统运行的情况下，实现 DSP 与其他应用程序的数据交换。CCS 支持图 5-1 所示的开发周期的所有阶段。

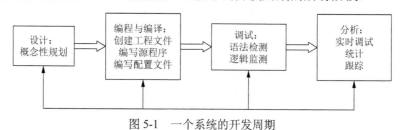

图 5-1 一个系统的开发周期

5.1.1 CCS 代码编辑常用操作

在使用 CCS 对代码进行编辑时，主要包含如下几个操作：创建新的工程、打开已经存在的工程、新建文件、向工程中添加文件以及移除文件等，下面将为读者逐一进行介绍。

1) 创建新的工程

在对 DSP 进行软件编程时，首先需要建立一个工程，并将所有需要的文件和程序加入工程中，在该工程中，主要涉及以下几种文件类型。

(1).lib：TI 库文件，提供了目标 DSP 芯片的运行支持。
(2).c：工程中的源码文件。
(3).h：头文件。
(4).pjt：工程文件，包含工程编译和配置的各种信息。
(5).asm：汇编指令文件。
(6).cmd：存储器映射文件。

在工具栏选择新建工程后，会弹出一个名为 New CCS Project 的对话框，如图 5-2 所示，在 Project name 文本框内输入需要创建的新工程的名字，如 ti dsp，即创建一个名为 ti dsp 的工程；在 Target 一栏中选择使用的芯片型号，图中选择的是 2833x Delfino 系列的 TMS320F28335 型号芯片。然后在 Connection 一栏选择下载器型号，图中选择的是 Texas Instruments XDS100v3 USB Emulator。显示的路径默认将 ti dsp.pjt 创建在 CCS6.0 的工作空间 workspace_v6_0 文件夹内，也可以根据自己的喜好及需求选择该工程要保存的位置，但是需要注意的是，请确保工程所在的路径是全英文的。

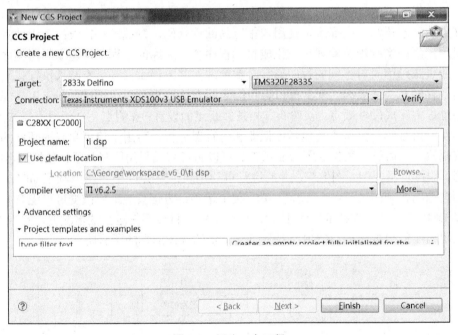

图 5-2　新建一个工程

2）打开已经存在的工程

打开已经存在的工程的方法和创建新工程类似，选择 Project→Import CCS Projects 命令，然后可以看到 CCS6.0 弹出一个名为 Import CCS Eclipse Projects 的对话框，根据工程所在的路径找到其工程文件夹，然后选择需要打开的工程。然后就能在项目管理窗口内看到已经被打开的工程了。

3）新建文件

在菜单栏选择 File→New→Source File 命令来新建一个新的文件，如图 5-3 所示。在新建一个文件之后，进行保存，并确定保存路径应该在该文件对应的工程路径下，之后便于在该文件中进行代码的编写。

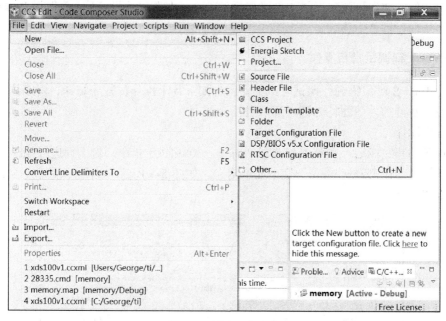

图 5-3　新建一个文件

4）向工程中添加文件

要向项目添加现有源文件，如图 5-4 所示，在选项卡中右击项目名称，并选择 Add Files…（将文件添加到…）选项，将源文件添加到项目目录。

图中向 ti dsp 工程中添加了 main.c 源文件。

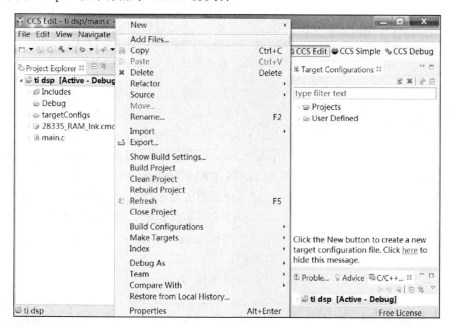

图 5-4　向工程中添加源文件

5) 移除文件

移除文件的操作步骤和添加文件类似，在选项卡中右击项目名称，并选择 Delete 选项，将源文件从项目目录中移除。

5.1.2 CCS 代码调试常用操作

在使用 CCS 对代码进行调试时，主要包含如下几个操作：程序编译、程序仿真、程序烧写、设置断点等，下面将为读者逐一进行介绍。

1) 程序编译

在程序编写完成后，在菜单栏选择 Project→Build All 命令，对工程进行编译，若程序有错误，软件会在 Description 一栏中显示错误，如图 5-5 所示。当程序没有错误后，即可进行仿真或者烧写。

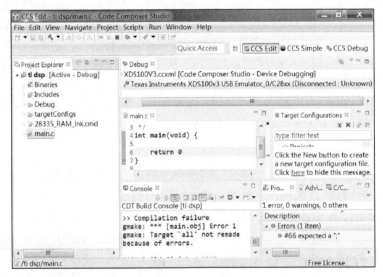

图 5-5　程序编译

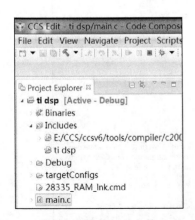

图 5-6　修改 cmd 文件

2) 程序仿真

如图 5-6 所示，将导入工程的 cmd 文件从"28335.cmd（烧写所用 cmd 文件）"替换成"28335_RAM_lnk.cmd（仿真所用 cmd 文件）"（注意：28335.cmd 和 28335_RAM_lnk.cmd 两者只能选择其一参与编译，否则编译器将无法识别具体的操作空间而出错）。

cmd 文件更改过后，将视图切换到 CCS Debug 视图下，选择 Run→Load→Load Program 命令进行工程的加载。

3) 程序烧写

在烧写之前，展开工程下的 Debug 文件夹，双击带有 .map 后缀的文件，出现如图 5-7 所示的内容。

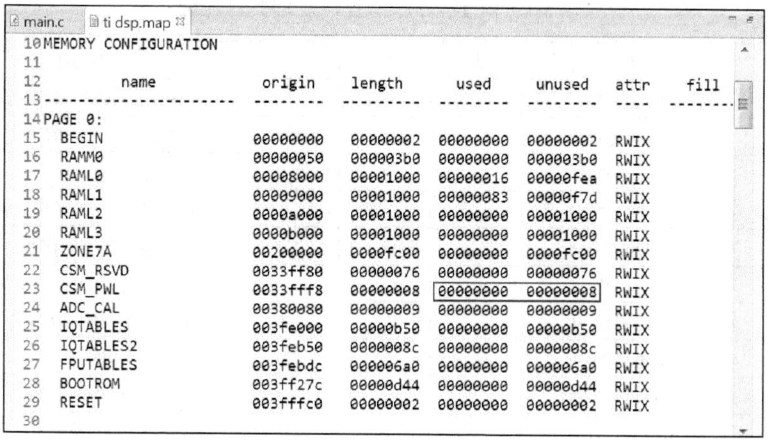

第 5 章 TI DSP CCS 与 MATLAB 的混合编程

图 5-7 查看.map 文件

图 5-7 中方框处一行为密码区域使用情况，如果在 used 和 unused 一栏下分别为 00000000 和 00000008 就表示密码区域未使用，否则密码区域可能已经被使用，不可以烧写，若强行烧写将导致芯片锁死，此时可以自己新建工程编译。

CCS6.0 的烧写操作与仿真操作一样，只不过将导入的工程的 cmd 文件从 28335_RAM_lnk.cmd 替换成 28335.cmd，28335.cmd 和 28335_RAM_lnk.cmd 两者只能选择其一参与编译，否则编译器将无法识别具体的操作空间而出错。编译没有错误后会在工作区间的工程文件夹下的 Debug 文件夹里产生一个.out 后缀的文件，如图 5-8 所示，加载这个.out 后缀的文件即可，不需要单击 "运行" 按钮。

图 5-8 加载.out 文件

5.1.3 基于 C 语言的 DSP 寄存器操作

在嵌入式软件的开发过程中，常用的语言主要是汇编语言和 C 语言。相比汇编语言，C 语言更贴近编程者的语言习惯。在 DSP 的开发过程中，C 语言依然是主要的开发语言，这其中最常用的操作是对于 DSP 各个寄存器的控制。由于 DSP 的寄存器能够实现对系统和外设功能的配置与控制，因此在 DSP 的开发过程中，对于寄存器的操作是极为重要的，也是很频繁的，也就是说对寄存器的操作是否方便会直接影响到 DSP 的开发是否方便。对 DSP 内部寄存器的访问和控制有两种方式：一种是传统宏定义的方式，另一种是位定义和寄存器结构体的方式。

1. 传统宏定义方法

传统的 C/C++编程访问处理器的硬件寄存器主要采用#define 宏的方式。为了说明宏定义方法，下面以 SCI 接口的编程为例进行介绍。表 5-1 和表 5-2 给出了 SCI-A 和 SCI-B 的寄存器文件及相关的地址。

表5-1 SCI-A寄存器文件及相关的地址

寄存器名称	地址	大小(×16位)	功能描述
SCICCR	0x00007050	1	SCI-A 通信控制寄存器
SCICTL1	0x00007051	1	SCI-A 控制寄存器1
SCIHBAUD	0x00007052	1	SCI-A 波特率寄存器,高位
SCILBAUD	0x00007053	1	SCI-A 波特率寄存器,低位
SCICTL2	0x00007054	1	SCI-A 控制寄存器2
SCIRXST	0x00007055	1	SCI-A 接收状态寄存器
SCIRXEMU	0x00007056	1	SCI-A 接收仿真数据缓冲器寄存器
SCIRXBUF	0x00007057	1	SCI-A 接收数据缓冲器寄存器
SCITXBUF	0x00007059	1	SCI-A 发送数据缓冲器寄存器
SCIFFTX	0x0000705A	1	SCI-A FIFO 发送寄存器
SCIFFRX	0x0000705B	1	SCI-A FIFO 接收寄存器
SCIFFCT	0x0000705C	1	SCI-A FIFO 控制寄存器
SCIPRI	0x0000705F	1	SCI-A 优先级控制寄存器

表5-2 SCI-B寄存器文件及相关的地址

寄存器名称	地址	大小(×16位)	功能描述
SCICCR	0x00007750	1	SCI-B 通信控制寄存器
SCICTL1	0x00007751	1	SCI-B 控制寄存器1
SCIHBAUD	0x00007752	1	SCI-B 波特率寄存器,高位
SCILBAUD	0x00007753	1	SCI-B 波特率寄存器,低位
SCICTL2	0x00007754	1	SCI-B 控制寄存器2
SCIRXST	0x00007755	1	SCI-B 接收状态寄存器
SCIRXEMU	0x00007756	1	SCI-B 接收仿真数据缓冲器寄存器
SCIRXBUF	0x00007757	1	SCI-B 接收数据缓冲器寄存器
SCITXBUF	0x00007759	1	SCI-B 发送数据缓冲器寄存器
SCIFFTX	0x0000775A	1	SCI-B FIFO 发送寄存器
SCIFFRX	0x0000775B	1	SCI-B FIFO 接收寄存器
SCIFFCT	0x0000775C	1	SCI-B FIFO 控制寄存器
SCIPRI	0x0000775F	1	SCI-A 优先级控制寄存器

第一步,定义各寄存器的符号及其对应的入口地址。

```
#define Uint16 unsigned int
#define Uint32 unsigned long
#define SCICCRA (volatile Uint16*)0x7050    //0x7050 SCI-A 通信控制寄存器
#define SCICTL1A (volatile Uint16*)0x7051   //0x7051 SCI-A 控制寄存器1
```

第二步,采用宏定义的方法访问寄存器(采用指针形式)。

```
...
*SCICTL1A=0x0003;        //写整个控制寄存器1
*SCICTL1B|=0x0001;       //使能 RX
```

传统的宏定义方法简单、快捷、容易分类，而且直接采用集训期的名字进行定义，易于操作。但是传统宏定义方法不能直接在 CCS 中显示各个位的定义，不能直接对寄存器的位进行读写，为了独立地操作寄存器中的某些位，必须屏蔽其他位，对于相同的外设，不方便外设的重复使用。

2. 位定义和寄存器结构体的方法

相对于传统的宏定义方法，位定义和寄存器结构体的方法更加灵活，可有效提高编程效率。

1) 位域定义及用位域方法定义寄存器

在使用处理器的外设时，经常需要直接操作寄存器中的某些位，而采用位域定义的方法实现寄存器的直接操作对编程来讲十分方便。位域定义可以为寄存器内的特定功能位分配一个相关的名字和相应的宽度，允许采用位域定义的名字直接操作寄存器中的某些位。

通俗地讲，位域就是把一个字节中的二进制位划分为几个不同的区域，并说明每个区域的位数。每个区域都有一个域名，允许在程序中按域名进行操作。位域的定义和位域变量的说明同结构体定义和其成员说明类似，其语法格式如下：

```
struct 位域结构名
{
    类型说明符 位域名1: 位域长度
    类型说明符 位域名2: 位域长度
    ...
    类型说明符 位域名n: 位域长度
};
```

需要注意的是，位域的定义在存储空间中必须按由右向左的顺序，从最低位开始定义。也就是说寄存器的低有效位或者是第 0 位存放在定义区的第一个位置；一个位域必须存储在同一个字节中，不能跨两个字节。如果一个字节不够，存放另一个位域时，应该从下一个单元起存放该位域；位域长度不能大于一个字节的长度，也就是说位域不能超过 8 位；位域可以无位域名，这时，它只用作填充或调整位置。无名的域位不能使用。

2) 声明共同体

使用位定义方法可以方便地对寄存器功能位进行操作，但有时还是需要将整个寄存器作为一个值操作。为此引入共同体，使寄存器的各位可以作为一个整体操作。

```
union SCICCR_REG
{
    Uint16 all;                //可实现对寄存器整体操作
    struct SCICCR_BITS bit;    //可实现位操作
};

union SCICCR_REG SCICCR;
SCICCR.all=0x007F;
SCICCR.bit.SCICHAR=5;
```

通过位域和共同体，已经可以对单个寄存器的功能位或整体进行访问。而 SCI 模块除了寄存器 SCICCR 还包括很多寄存器。因此，为了便于管理，需要创建一个结构体文件，用来包含 SCI 模块所有的寄存器。寄存器结构体文件实际上是将某些外设的所有寄存器采用一定的结构体在一个文件中定义，其成员为某外设的所有寄存器。下面即为 SCI 寄存器的结构体文件。

```
struct SCI_REGS
{
    union SCICCR_REG        SCICCR;         //通信控制寄存器
    union SCICTL1_REG       SCICTL1;        //控制寄存器1
    Uint16                  SCIHBAUD;       //波特率寄存器(高字节)
    Uint16                  SCILBAUD;       //波特率寄存器(低字节)
    union SCICTL2_REG       SCICTL2;        //控制寄存器2
    union SCIRXST_REG       SCIRXST;        //接收状态寄存器
    Uint16                  SCIRXEMU;       //接收仿真缓冲寄存器
    union SCIRXBUF_REG      SCIRXBUF;       //接收数据寄存器
    Uint16 rsvd1;                           //保留
    Uint16                  SCITXBUF;       //发送数据缓冲寄存器
    union SCIFFTX_REG       SCIFFTX;        //FIFO发送寄存器
    union SCIFFRX_REG       SCIFFRX;        //FIFO接收寄存器
    union SCIFFCT_REG       SCIFFCT;        //FIFO控制寄存器
    Uint16 rsvd2;                           //保留
    Uint16 rsvd3;                           //保留
    union SCIPRI_REG        SCIPRI;         //FIFO优先级控制寄存器
};
extern volatile struct SCI_REGS SciaRegs;
extern volatile struct SCI_REGS ScibRegs;
```

SCI 寄存器结构体 SCI_REGS 中，有两种形式的成员，即 union 形式和 Unit16 形式，定义为 union 形式的成员既可以实现对寄存器整体的操作，也可以实现对寄存器的位操作；而定义为 Unit16 形式的成员只能直接对寄存器进行操作。

表 5-1 和表 5-2 列出的寄存器位于存储器的外设帧内，是在物理上实际存在的存储单元。实际上，这些寄存器就是定义了具体功能的存储器单元，系统会根据这些存储单元中具体的配置来进行工作。无论是 SCIA 或 SCIB，在寄存器的存储空间中，有 3 个存储单元是被保留的，在对 SCI 寄存器进行结构体定义时，也要将其保留。保留的寄存器空间采用变量代替，但是该变量不会被调用，如 rsvd1、rsvd2、rsvd3。

定义了结构体 SCI_REGS 后，需要声明 SCI_REGS 型变量 SciaRegs 和 ScibRegs，分别代表外设 SCIA 和外设 SCIB 的寄存器。声明中的关键字 extern（外部的），只能说明变量，不能定义变量，表明这个变量在外部文件中被调用，是一个全局变量。volatile 表明变量能够被外部代码改变，例如，可以被外部硬件或中断任意改变。结构体定义时寄存器名字出现的顺序要与存储空间安排的顺序一致。

5.1.4 基于 C 语言的存储器及 cmd 文件操作

值得注意的是，之前所做的工作只是寄存器按照 C 语言中位域定义和寄存器结构体的方式组织了数据结构，当编译时，编译器会把这些变量分配到存储空间中，但是还要解决的就是寄存器文件的空间分配问题，因此我们需要了解分配存储空间的 cmd 文件。

1. 分配存储空间的 cmd 文件

链接命令文件(Linker Command Files)，后缀为.cmd，简称 cmd 文件。其作用就是为程序代码和数据分配存储空间。在 DSP 程序设计时，编写的程序代码首先经过编译器编译产生几个代码块和数据块，也就是前面所提到的段，然后需要编写 cmd 文件，也就是链接命令文件，来指示链接器将编译器产生的这些段进行链接，分配到目标存储器中，也就是硬件存储器。程序存储器包含可执行的代码和常量、变量初值；数据存储器包含外部变量、静态变量和系统堆栈。

2. cmd 文件的编写

cmd 文件支持 C 语言中的块注释符 "/*" 和 "*/"，但不支持行注释符 "//"。cmd 文件会使用到为数不多的几个关键字，下面会根据需要来介绍一些常用的关键字。

cmd 文件的两大主要功能是指示存储空间和分配段到存储空间，cmd 文件也是由这两部分内容构成的。在编写 cmd 文件时，主要采用 MEMORY 和 SECTIONS 两条伪指令。在调试时，可以将程序代码链接到 Flash 或者 RAM，因此对应两种 cmd 文件。cmd 文件编写一般分为以下两步。

1) 通过 MEMORY 伪指令来指示存储空间

MEMORY 伪指令语法如下：

```
MEMORY
{
   PAGE0: name0[(attr)]:origin=constant,length=constant
   PAGEn: namen[(attr)]:origin=constant,length=constant
}
```

PAGE 用来标识存储空间的关键字。PAGEn 的最大值为 PAGE255。X281x 的 DSP 中用到是 PAGE0、PAGE1，其中 PAGE0 为程序空间，PAGE1 为数据空间(实际应用中一般分为 2 页)。

name 代表某一属性或地址范围的存储空间名称。名称可以是 1~8 个字符，在同一页内名称不能相同，不同页内名称可以相同。

attr 用来规定存储空间的属性。共有 4 个属性：只读 R，只写 W，该空间可包含可执行代码 X，该空间可以被初始化 I。实际应用为了简化，通常会忽略此选项，表示存储空间具有所有的属性。

origin 用来定义存储空间的起始地址。

length 用来定义存储空间的长度。

2) 通过 SECTIONS 伪指令来将段分配到存储空间

```
SECTIONS
{
    name:[property,property,property,…]
    name:[property,property,property,…]
    …
}
```

name 为输出段的名称；property 为输出段的属性。

5.2 MATLAB 常用操作

MATLAB 是美国 MathWorks 公司出品的商业数学软件，用于算法开发、数据可视化、数据分析以及数值计算的高级技术计算语言和交互式环境，主要包括 MATLAB 和 Simulink 两大部分。

MATLAB 由一系列工具组成。这些工具方便用户使用 MATLAB 的函数和文件，其中许多工具采用的是图形用户界面，包括 MATLAB 桌面和命令窗口、历史命令窗口、编辑器和调试器、路径搜索和用户浏览帮助、工作空间、文件的浏览器。随着 MATLAB 的商业化以及软件本身的不断升级，MATLAB 的用户界面也越来越精致，更加接近 Windows 的标准界面，人机交互性更强，操作更简单。而且新版本的 MATLAB 提供了完整的联机查询、帮助系统，极大地方便了用户的使用。简单的编程环境提供了比较完备的调试系统，程序不必经过编译就可以直接运行，而且能够及时地报告出现的错误及进行出错原因分析。本书以 MATLAB R2015b 为例进行介绍。

5.2.1 MATLAB 环境及基本操作介绍

MATLAB R2015b 版的界面操作非常方便，提供了多文档管理，是数据分析和算法的交互式开发环境。MATLAB R2015b 版启动后的运行界面称为 MATLAB 操作窗口，默认的操作窗口如图 5-9 所示。

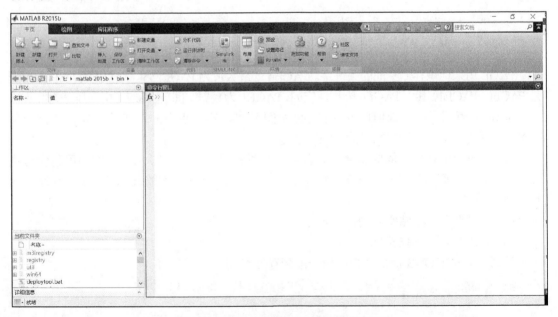

图 5-9　MATLAB R2015b 默认操作窗口

软件在主页的工具栏中提供了一系列的菜单和工具按钮，工具栏根据不同的功能分了六个区，分别是"文件"、"变量"、"代码"、"SIMULINK"、"环境"和"资源"。

工作区窗口（又称为内存窗口）默认地出现在 MATLAB 界面（图 5-9）的左边，用于显示所有 MATLAB 工作区中的变量名、数据结构、类型、大小和字节数。在该窗口中，还可以对变量进行观察、编辑、提取和保存。

在命令窗口右侧单击图标，出现对命令行窗口操作的快捷菜单，如图 5-10 所示。MATLAB 运行时，命令行窗口中的每个命令行前会出现提示符"＞＞"。命令行窗口内显示的字符和数值采用不同的颜色，在默认情况下，输入的命令、表达式及计算结果等采用黑色字体；字符串采用赭红色；"if"、"for"等关键词采用蓝色。由于 MATLAB 把命令行窗口中输入的所有命令都记录在内存中专门的"历史命令(Command History)"空间中，因此MATLAB 命令窗口不仅可以对输入的命令进行编辑和运行，而且还可以对已输入的命令进行回调、编辑和重运行。

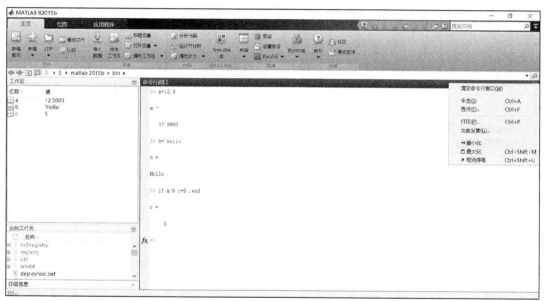

图 5-10　命令窗口快捷菜单

在命令行窗口中，默认情况下数值计算结果的显示格式为：当数值为整数，以整数显示；当数值为实数，以小数后 4 位的精度近似显示，即以"短"格式显示；如果数值的有效数字超出了这一范围，则以科学计数法显示结果。

命令行窗口编辑常用操作键如表 5-3 所示。

表5-3　命令行窗口编辑常用操作键

键名	作用	键名	作用
↑	向前调回已输入的命令行	Home	使光标移到当前行的开头
↓	向后调回已输入的命令行	End	使光标移到当前行的末尾
←	在当前行中左移光标	Delete	删去光标右边的字符
→	在当前行中右移光标	Backspace	删去光标左边的字符
PageUp	向前翻阅当前窗口中的内容	Esc	清除当前行的全部内容
PageDown	向后翻阅当前窗口中的内容	Ctrl+C	中断 MATLAB 命令的运行

5.2.2 .m 文件代码编辑常用操作

MATLAB 可以直接在命令里输入代码并可以直接运行,但是在代码较多的情况下,不适宜直接在命令行窗口里编写代码,为实现复杂代码的运行,需要编写.m 文件。

如图 5-11 所示,建立新的.m 文件,启动 MATLAB 文本编辑器有两种方法,分别是:
(1) 在命令行窗中输入"edit"并按 Enter 键打开.m 文件编辑器。
(2) 菜单栏选择"新建"→"脚本"选项进入文件编辑器。

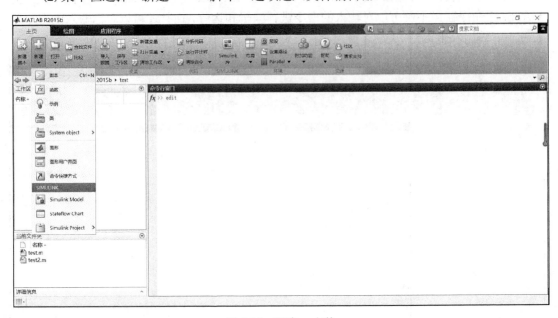

图 5-11 新建.m 文件

MATLAB 中的.m 文件有两种,即.m 脚本文件和.m 函数文件。

.m 脚本文件相当于批处理文件,是一个 MATLAB 命令集合,可以单击"运行"按钮来执行里面的 MATLAB 命令。如图 5-12 所示,在文件编辑器内输入

```
a=[3 4]
b=[5 6];
c=[4;5]
d=b*c
```

保存后单击"运行"按钮,即可在命令行窗口内看到运行结果。

.m 函数文件的建立方法与.m 脚本文件相同,在编写时要注意对 function 的运用,如图 5-13 所示,在文件编辑器内输入

```
function c=test2(a,b)
c=a+b;
end
```

保存时注意保存文件名称要和函数名相同。然后在命令行窗口输入"test2(3,5)"就可以调用函数了。注意函数文件一般不能直接单击"运行"按钮运行，除非函数没有输入参数。

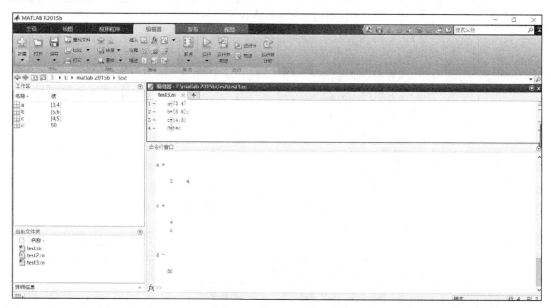

图 5-12　编写.m 脚本文件

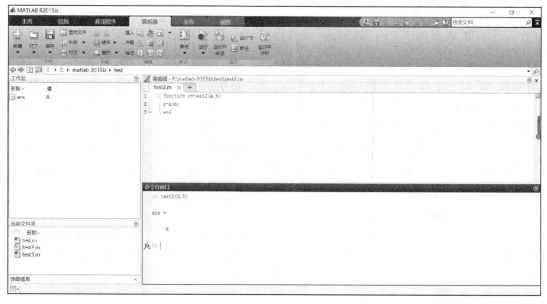

图 5-13　编写.m 函数文件

MATLAB 常用标点符号的功能如表 5-4 所示。

表5-4 常用标点符号功能表

名称	符号	功能
空格		作为输入变量之间的分隔符及数组行元素之间的分隔符
逗号	,	作为要显示计算结果的命令之间的分隔符；作为输入变量之间的分隔符；作为数组元素之间的分隔符
点号	.	作为数值中的小数点
分号	;	作为不显示计算结果命令行的结尾；作为不显示计算结果命令行之间的分隔符；作为数组元素之间的分隔符
冒号	:	用于生成一维数值数组，表示一维数组的全部元素或多维数组的某一维的全部元素
百分号	%	用于注释的前面，在它后面的命令不需要执行
单引号	' '	用于括住字符串
圆括号	( )	用于引用数组元素；用于函数输入变量列表；用于确定算术运算的先后次序
方括号	[ ]	用于构成向量和矩阵；用于函数输出列表
花括号	{ }	用于构成元胞数组
下划线	_	用于1个变量、函数或文件名中的连字符
续行号	...	用于把后面的行与该行连接以构成一个较长的命令
"At"号	@	用于放在函数名前形成函数句柄；用于放在目录名前形成用户对象类目录

5.2.3 Simulink 常用操作

Simulink 中的"Simu"一词表示可用于计算机仿真，而"Link"一词表示它能进行系统连接，即把一系列模块连接起来，构成复杂的系统模型。作为 MATLAB 的一个重要组成部分，Simulink 由于它所具有的上述的两大功能和特色，以及所提供的可视化仿真环境、快捷简便的操作方法，而使其成为目前最受欢迎的仿真软件。

利用 Simulink 进行系统仿真的步骤是：启动 Simulink，打开 Simulink 模块库；打开空白模型窗口；建立 Smulink 仿真模型；设置仿真参数，进行仿真；输出仿真结果。下面对各操作分别进行介绍。

1）启动 Simulink

单击 MATLAB Command 窗口工具条上的 Simulink 图标，或者在 MATLAB Command 命令行窗口输入"Simulink"，即弹出如图 5-14 所示的模块库窗口界面(Simulink Library Browser)。该界面右边的窗口给出 Simulink 所有的子模块库。

2）打开空白模型窗口

在菜单栏选择 New→Simulink Model 命令打开空白模型窗口，如图 5-15 所示。

3）建立 Smulink 仿真模型

根据仿真需求将模块库中的模型拖入模型窗口，建立仿真模型，如图 5-16 所示。

第 5 章　TI DSP CCS 与 MATLAB 的混合编程

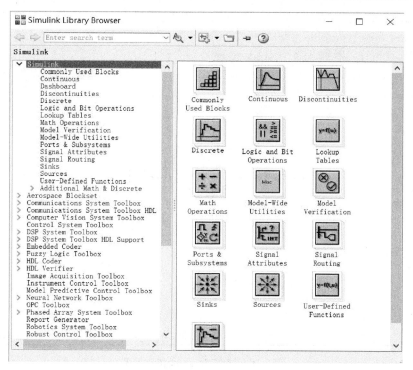

图 5-14　模块库窗口界面

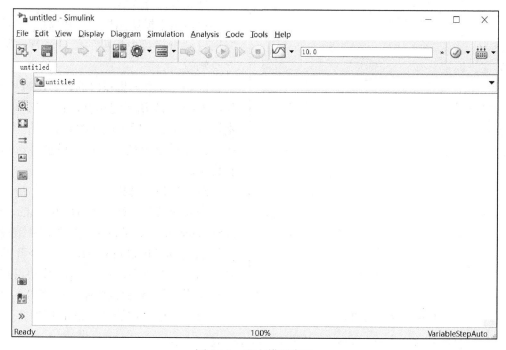

图 5-15　空白模型窗口

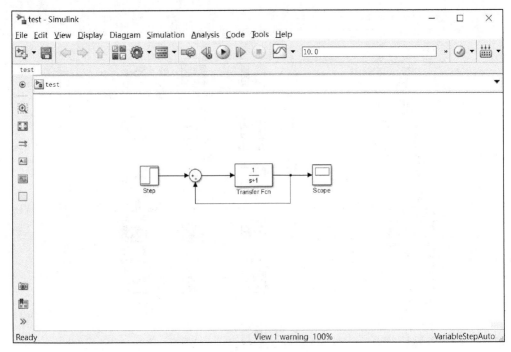

图 5-16 建立 Smulink 仿真模型

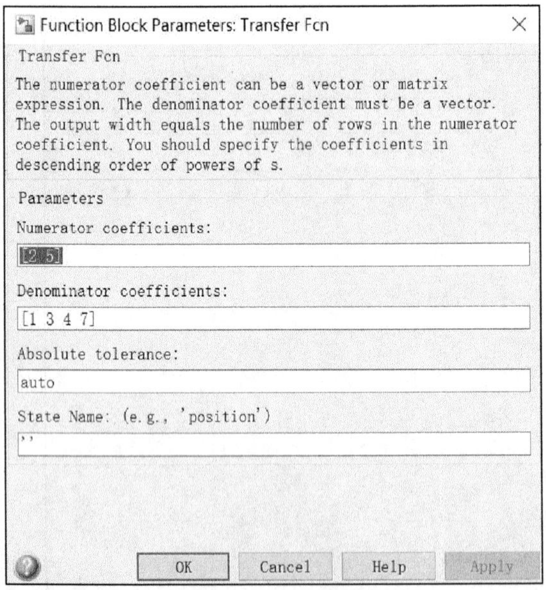

4) 设置仿真参数

双击指定模块图标，打开模块对话框，根据对话框栏目中提供的信息进行参数设置或修改。

例如，双击模型窗口的传递函数模块，弹出如图 5-17 所示对话框，在对话框中分别输入分子、分母多项式的系数，单击 OK 按钮，完成该模型的设置，设置完成后保存模型。

5) 输出仿真结果

在模型窗口菜单选择 Simulation→Parameters 命令，设置仿真参数，参数设定完毕后选择 Simulation→Run 命令开始仿真，当仿真结束后双击 Scope 模块可观察仿真结果。在 MATLAB 命令行窗口下可直接运行一个已存在的 Simulink 模型：

图 5-17 模型参数设置

[t, x, y]=sim('model', timespan, option, ut)

其中，t 为返回的仿真时间向量；

x 为返回的状态矩阵；

y 为返回的输出矩阵；

model 为系统 Simulink 模型文件名；

timespan 为仿真时间；

option 为仿真参数选择项，由 simset 设置；

ut 为选择外部产生输入，ut=[T,u1,u2,…,un]。

5.3 CCS 与 MATLAB 的混合编程设计

CCS 是 TI 公司为方便广大 DSP 开发者而推出的一款具有强大 DSP 产品调试和开发功能的实时软件开发工具，DSP 开发者的所有软件操作和开发，都是基于 CCS 的环境下做出的。CCS 不仅集成了 DSP 工程文件的管理工具，而且还集成了 DSP 工程中的代码修改编译和调试等工具，同时它还具有可以为第三方提供接入的开放式的结构。因此 CCS 几乎可以胜任 DSP 开发过程中的代码编写、工程建立、工程编译调试的各个环节。

5.3.1 Embedded IDE Link

Embedded IDE Link 是一款连接 MATLAB/Simulink 和嵌入式软件开发环境的工具，可以帮助完成代码的生成、编译、测试和优化。使用 Embedded IDE Link，可以在实际的硬件或者仿真器上自动完成项目的生成、调试、代码的验证等。

在 MATLAB 中，Embedded IDE Link 通过使用 MATLAB/Simulink 访问自动生成或手写的代码，使程序的调试、验证、分析自动化，其具有如下功能。

(1) 允许自动生成的代码在编译后进行处理器在环(PIL)测试，此时，原有的 Simulink 模型成为一个交互式的软件测试平台；

(2) 对于一些 Embedded IDE Link，支持实时运行监控功能、堆栈使用特技、自定义缓存配置、存储器映射等；

(3) 提供针对特定目标的代码优化库，这些库还可以自定义扩展；

(4) 针对嵌入式处理器，可以生成一个完全独立的工程或者一个编译后的函数库；

(5) 帮助完成代码覆盖分析，MISRA C 代码检测，以及其他的由 Embedded IDE Link 提供的分析功能；

(6) 支持第三方厂商的 Embedded IDE Link 和处理器：Altium、Analog Devices、ARM、Freescale、Green Hills Software、Infineon、Renesas、STMicroelectronics、Texas Instrumens。

5.3.2 .m 文件转换成 C 代码

MATLAB 使用的是.m 格式的文件，而 CCS 编辑器使用的是.c 格式的文件，两者若能自如的转换，可以大大提高工作效率。在 MATLAB 中，经过多种版本的发布，为客户提供了这个功能。 2004 年 MATLAB 在 Simulink 中添加了 Embeded MATLAB Function 模块；2007 年在 Real-Time Workshop 中添加了 emlc 函数，现在称为 MATLAB Coder，用于生成独立的 C 代码；2011 年 4 月 MathWorks 公司将 MATLAB 的 MtoC 语言生成功能作为一个独立的产品推出，这个功能是可以从 MATLAB 算法生成可读的、端口模块化的、订制的 C 代码。

在 MATLAB R2015b 中，通过一个简单的例程，为读者详细地讲述如何将.m 文件转换成.c 文件。

第一步，打开 MATLAB R2015b 软件，选择"新建"→"脚本"选项，进入.m 文件的编辑界面，输入以下程序，如图 5-18 所示。

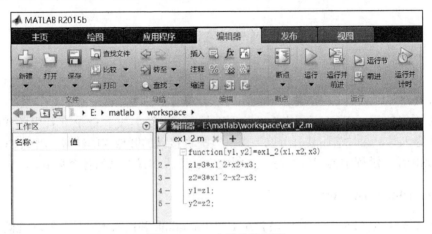

图 5-18 .m 文件编辑界面

单击"保存"按钮，保存在与 Current Folder 中显示一样的文件夹下。此处保存的文件名应是 ex1_2，与 Function 后的定义函数名保持一致。

第二步，在命令行窗口中运行该函数得到结果，如图 5-19 所示。

第三步，在命令行窗口下输入"mex –setup"。

第四步，在命令行窗口下输入"Coder"，出现如图 5-20 所示的对话框，在 Entry-PointFunctions 后面添加刚才保存的 ex1_2.m 文件，然后单击右下角的 Next 按钮。

需要注意的是，在 MATLAB 2012b 版本中，可以在菜单栏的应用程序中找到 MATLAB Coder，不用输入 Coder 这句命令。

图 5-19 运行函数

这是因为 MATLAB 2012b 以上版本都添加了 APPS 这一模块。

第五步，设置自变量类型，如图 5-21 所示，在这里设置成 int 8（1×1）类型，根据具体需求选择自变量是否为全局变量。

图 5-22 所示的运行检查窗口如无特殊需要可直接进行下一步。

第 5 章　TI DSP CCS 与 MATLAB 的混合编程

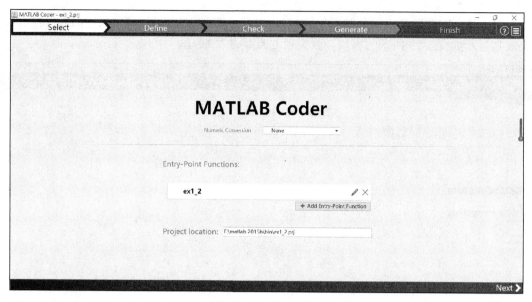

图 5-20　添加 .m 文件

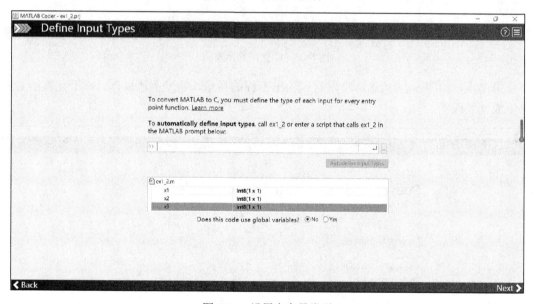

图 5-21　设置自变量类型

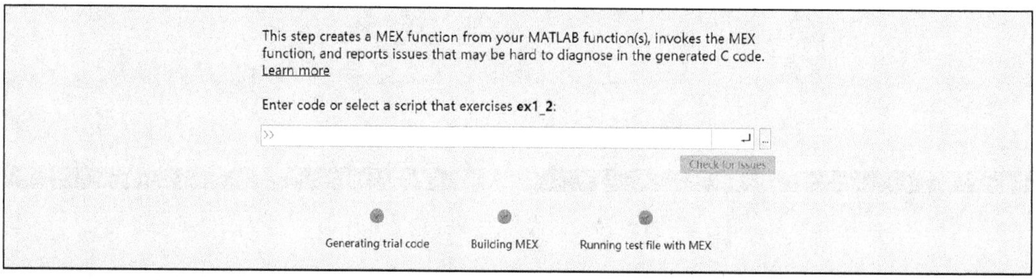

图 5-22　运行检查窗口

第六步，完成设置后单击右下角的 Next 按钮，在弹出的界面上单击 Generate 按钮，如果成功显示如图 5-23 所示的窗口，就表示 C 代码生成成功。

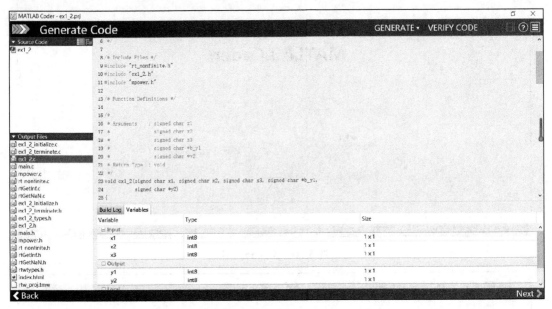

图 5-23　C 代码显示窗口

第七步，如图 5-24 所示，可以看到输出工程的目录，通过上述操作，一个完整的 C 代码生成就完成了。

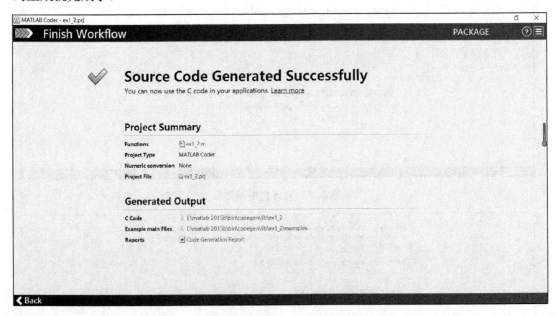

图 5-24　C 代码生成完成窗口

5.3.3 Simulink 转换成 C 代码

Simulink 工具箱在控制领域有着非常广泛的应用,但是该工具箱是图形化模块化编程,形象直观但并不能看到实际的代码,因此将 Simulink 转换成 C 代码,也具有极其重要的应用。

本书中利用 Simulink 建立一个模型,输出一个高低交替的电平。

第一步,在 MATLAB 菜单栏中建立一个新模型,命名为 led_28335。

第二步,在模块浏览器中找到 Simlink→Sources→Constan 模块、Simlink→Logic and Bit Operations→Logical Operator 模块、Simlink→Discrete→Unit Delay 模块,并且添加到模型中,如图 5-25～图 5-27 所示。

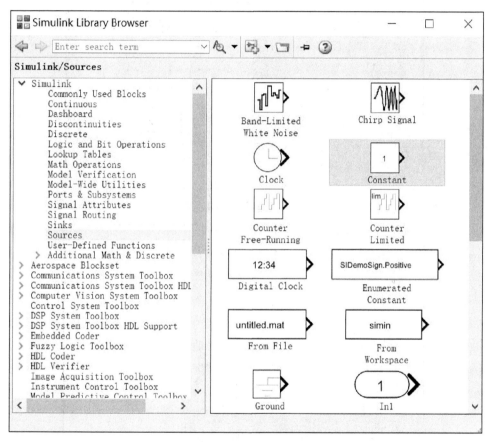

图 5-25 选择常量模块

然后双击 Logical Oparetor 模块,将 Operator 项选择为 XOR,如图 5-28 所示。

第三步,选中 Uint Delay 模块并按下 Ctrl+I 键转换该模块,在模块浏览器中找到 Simlink→Sinks→Scope 模块,然后按图 5-29 连接这些模块。

设置仿真时间为 inf,单击"仿真"按钮,可以从 Scope 中看到如图 5-30 所示的波形。

第四步,如图 5-31 所示,依次选择 Code→C/C++ Code→Build Model 选项。此时 Simulink 已经开始编译了,等到 MATLAB 的 Command Window 进入就绪状态,这时就已经编译成功了。

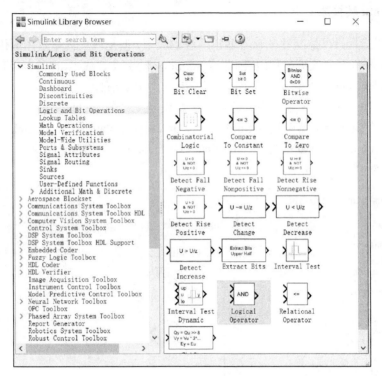

图 5-26　选择逻辑运算符模块

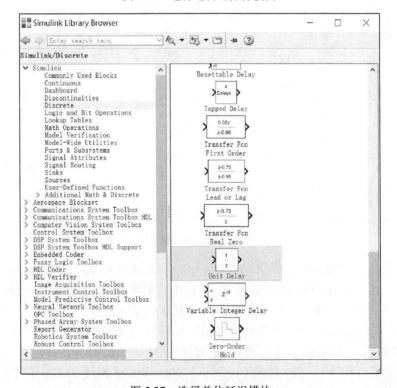

图 5-27　选择单位延迟模块

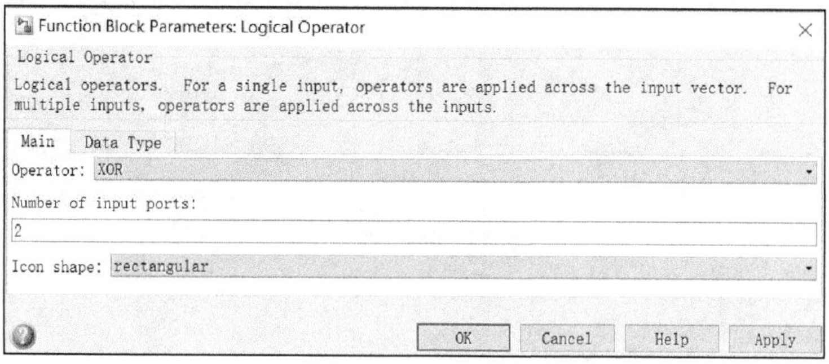

第 5 章 TI DSP CCS 与 MATLAB 的混合编程

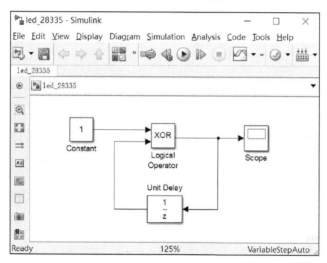

图 5-28 设置逻辑运算符模块

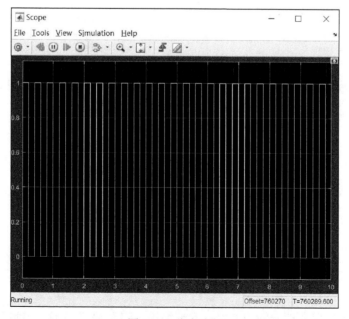

图 5-29 连接各个模块

图 5-30 仿真波形

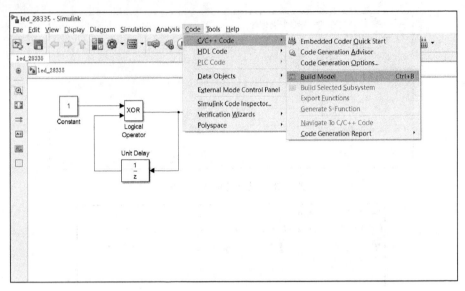

图 5-31 编译模型

注意，工作空间文件夹不能放在 MATLAB 的安装目录下，否则会报错，编译完成后，如图 5-32 所示，可以在工作文件下看到生成的各种主函数以及头文件，至此就完成了 Simulink 转成 C 代码的工作。

名称	修改日期	类型	大小
buildInfo	2017/7/28 12:59	Microsoft Access Ta...	10 KB
builtin_typeid_types.h	2017/7/28 12:59	C/C++ Header File	2 KB
codedescriptor.dmr	2017/7/28 12:59	DMR 文件	145 KB
codeInfo	2017/7/28 12:59	Microsoft Access Ta...	4 KB
defines.txt	2017/7/28 13:05	文本文档	1 KB
led_28335.bat	2017/7/28 12:59	Windows 批处理文件	1 KB
led_28335.c	2017/7/28 12:59	C Source File	5 KB
led_28335.h	2017/7/28 12:59	C/C++ Header File	5 KB
led_28335.mk	2017/7/28 12:59	MK 文件	11 KB
led_28335_data.c	2017/7/28 12:59	C Source File	1 KB
led_28335_private.h	2017/7/28 12:59	C/C++ Header File	1 KB
led_28335_ref.rsp	2017/7/28 12:59	RSP 文件	0 KB
led_28335_types.h	2017/7/28 12:59	C/C++ Header File	1 KB
modelsources.txt	2017/7/28 12:59	文本文档	1 KB
multiword_types.h	2017/7/28 12:59	C/C++ Header File	17 KB
rt_nonfinite.c	2017/7/28 12:59	C Source File	2 KB
rt_nonfinite.h	2017/7/28 12:59	C/C++ Header File	2 KB
rtGetInf.c	2017/7/28 12:59	C Source File	4 KB
rtGetInf.h	2017/7/28 12:59	C/C++ Header File	1 KB
rtGetNaN.c	2017/7/28 12:59	C Source File	3 KB
rtGetNaN.h	2017/7/28 12:59	C/C++ Header File	1 KB
rtmodel.h	2017/7/28 12:59	C/C++ Header File	1 KB
rtw_proj.tmw	2017/7/28 12:59	TMW 文件	1 KB
rtwtypes.h	2017/7/28 12:59	C/C++ Header File	1 KB
rtwtypeschksum	2017/7/28 12:59	Microsoft Access Ta...	2 KB

图 5-32 工作文件目录

由于 CCS 的工程文件一般由 C/C++和汇编语言混合编写，而这两种语言是面向过程的语言，需要使用者对 C/C++比较熟悉和有比较久的学习周期和编程经验。同时 C 语言是连接底层的语言，没有模块化的东西，因此在编程过程中就显得烦琐、难以理解。此外，CCS 的数据处理功能并不完善，只能进行简单的数据存储、图像显示等功能。

MATLAB 对于初级编程者而言是一种极易上手的编程软件，同时它还具有十分强大的数学运算能力、图形绘制能力和数据处理能力，能满足一般数据处理和自动控制领域研究者的使用。它易学易用、编码方便的特点可以使软件开发者不须再进行烦琐的底层语言的代码编写，就可以方便快速地建立自己的模型，并进行验证和分析。随着 MATLAB 的版本不断更新，功能不断完善，作为一种解释性的语言，与 C 语言等相比，还是存在着访问硬件能力差的问题。

由于上述原因，MATLAB 难以作为通用的软件开发平台，而常见的通用编程平台 C/C++编程效率比较低。因此，在实际的工程中，将 MATLAB 与 C 语言进行互补，就可同时发挥 MATLAB 和 C/C++语言各自的优势，以降低开发难度，缩短编程时间。

5.4 本章小结

本章主要介绍了 CCS 与 MATLAB 混合编程的方法。首先介绍了 CCS6.0 的常用操作，包括建立工程文件、编写代码、下载程序和调试程序等，让读者可以快速上手使用 CCS 软件；同时以 C 语言为基础介绍了的 DSP 寄存器、存储器和 cmd 文件的操作，方便读者深刻地理解程序的基本配置。同时，还介绍了 MATLAB 中.m 文件代码编辑和 Simulink 功能的常用操作。最后，重点介绍了 CCS 与 MATLAB 的混合编程设计，阐述了混合设计的优点与意义，并从实例出发分别介绍了.m 文件转换 C 代码、Simulink 转换 C 代码的方法，对两种方法进行了详细的描述，便于读者学习。

5.5 思考题与习题

5.1 简述 CCS 代码编辑的常用操作。
5.2 简述 CCS 代码调试的常用操作。
5.3 简要说明 DSP 寄存器名称、地址和功能。
5.4 简要说明 DSP 存储器及 CMD 文件操作。
5.5 概述 MATLAB 中.m 文件代码编辑的常用操作。
5.6 概述 Simulink 常用操作。
5.7 简要概括.m 文件转换 C 代码的方法。
5.8 概述 Simulink 转换 C 代码的方法

第6章 公共建筑能耗监控系统的工程实例设计

据统计，在整个国民经济中，建筑使用过程中的运行能耗约占国民经济能耗的24%，特别指出，大型公共建筑(建筑面积在 $10^4 m^2$ 以上，一般采用中央空调)，每年用电量为普通居民住宅建筑用电量的10倍以上(不包括供暖)，能耗最为严重。随着城市的发展，建筑能耗在逐年的大幅度上升，特别是随着大型公共建筑的增加，建筑能耗占社会总能耗的比例也在逐年增加。我国大型公共建筑的能耗监控和优化工作起步较晚，并且该类建筑在运行和管理上，都存在着很大的能源浪费。因此，对大型公共建筑进行能耗监控和优化、提高能源使用效率及降低能源浪费，已显得尤为重要。

目前，我国不少大型公共建筑的运营仍处于一种能源消耗浪费状态，人们对建筑的能耗状况了解甚少，设备也存在运行不合理状况。公共建筑能耗监控平台的引入，对于了解建筑能耗结构、加强人们的节能意识、发现不合理的能源使用状况和优化设备的运行等方面，都具有非常积极的作用。显而易见，对大型公共建筑建立能耗监控系统，进而采取相应的节能措施将大大节约整个国民经济的能耗。因此，提高大型公共建筑的运行能效，特别是其中用电、采暖、燃气系统的运行能效，便成为减少能源消耗，提高能源利用率的关键。

6.1 系统功能说明

公共能耗监控系统负责监控楼宇各用电器的分类能耗和分项能耗。楼宇功能不同，用能的系统和设备也有所差别，消耗的能源种类有电、水、天然气、燃油和煤等。这些能源中，电和水的消耗最大。由于楼宇内使用的能源主要是电和水，而用电设备的用途比用水设备更为复杂多样，为了加强节能降耗的效果，根据用途将电量能耗分为四个分项能耗指标。图6-1列出所有六项分类能耗的数据采集指标和电量的四个分项能耗数据指标。

本章所设计的公共建筑能耗监控系统主要是监控公共楼宇内各楼层的总能耗以及各层各用电器的分项能耗，包含照明用电、空调用电、办公用电以及其他设备用电等；同时监控楼宇内各层的用水量。系统主要包含如下几个方面。

(1)电量采集。电量采集主要包括公共楼宇总能耗的计量、各楼层分层能耗的计量、各楼层用电器分项能耗的计量以及各办公室用电器分项能耗等。通过对各种能耗的分项计量，能够实时监控楼宇内各用电设备的用能情况，从而能够使得楼宇管理者根据数据作出楼宇设备用能决策方案。

(2)水流量采集。水流量采集主要负责采集楼宇内总用水量、各楼层的总用水量以及各用水点的用水量等。通过对公共楼宇内各用水点的用水量进行实时监测，楼宇管理者根据各用水点的数据进行分析，及时掌握用水浪费情况。

第 6 章　公共建筑能耗监控系统的工程实例设计

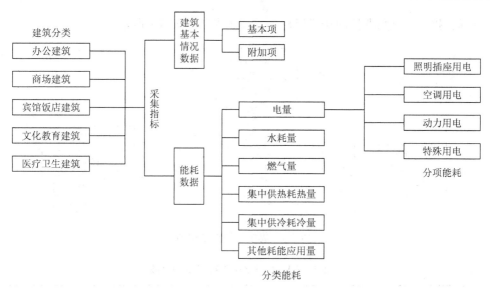

图 6-1　建筑分类与能耗数据采集指标

(3) 载波通信传输。载波通信传输的作用是将所有采集上来的电量和水量数据传输到集中器(即数据采集传输装置)，利用低压电力线载波通信方式，能够将所有数据上传。

(4) 数据存储。通过低压电力线载波通信方式，所有电量和水量的数据上传至集中器后，将所有的数据存储在集中器中。

6.2　系统总体设计

6.2.1　应用系统的结构设计

根据 6.1 节系统整体的功能介绍，公共建筑能耗需要完成楼宇内用电量以及用水量的数据采集，同时要完成数据传输和数据存储功能。整个系统的整体设计结构图如图 6-2 所示。

图 6-2　整体设计结构图

6.2.2　相关模块选型

本系统选购单相电表和三相电表来采集用电量，选购水表采集用水量，采用 TI 公司的高性能低功耗芯片 TMS320F28335 作为集中器的核心。集中器包括微控制器(MCU)、电源部分、通信部分、数据存储模块以及其他电子元器件，其硬件结构图如图 6-3 所示。

根据本系统的整体结构设计，考虑到成本以及精度等问题，需要对系统的各个模块选择合适的功能部件，从而完成整个系统的硬件搭建。下面将分别介绍几个重要部分的选型。

1. 电表

根据整个系统的指标选择合适的电能表，其中单相电表选用北京富根电气有限公司生产的 DDZY33-Z 型单相电表，其主要用途为执行分时或阶梯计费功能，适用于通过载波组网进行远程抄表、远程费控的居民用户。其技术参数如表6-1所示。

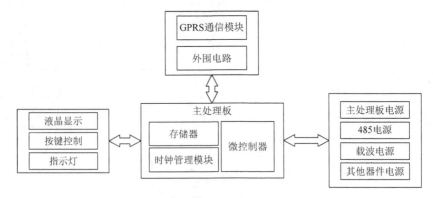

图6-3 集中器硬件结构图

表6-1 DDZY33-Z型单相电表的参数

等级	有功电能1.0级、2.0级
额定电压	220V
工作电压范围	规定工作范围为80%U_n～110%U_n；扩展工作范围为70%U_n～115%U_n
标准(最大)电流	5(20)A、5(40)A、10(40)A、5(60)A、20(80)A、10(100)A、30(100)A
功耗电压线路	≤1.5W/10VA
工作温度	规定工作温度范围为−25～60℃；极限工作温度范围为−40～70℃
相对湿度	≤95%(无凝霜)
参比频率	50Hz
时钟误差	≤0.5s/d，带温补
MTTF	≥10年
设计寿命	10年
外形尺寸	160mm×112mm×71mm

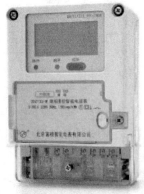

图6-4 DDZY33-Z型单相电表

该单相电表具有如下功能，其实物图如图6-4所示。

(1)具有正向有功电能、反向有功电能计量功能，能存储其数据，并可以据此设置组合有功。

(2)应采用具有温度补偿功能的内置硬件时钟电路，内置百年日历，具有时钟、闰年、闰月自动转换功能。

(3)具有两套费率时段表，可在约定的时刻自动转换；每套费率应至少支持4个费率。

(4)费控功能：远程方式通过载波等虚拟介质和远程售电系统实现。

(5)能测量、记录、显示当前电能表的电压、电流(包括零线电流)、功率、功率因数等运行参数。

(6)电表能记录最近10次编程、需量清零、校时、远程控制拉闸、远程控制合闸、开表盖、电能表清零。

(7)具有定时冻结、瞬时冻结、约定冻结和日冻结功能。

(8) 通过固态介质或虚拟介质对电能表进行参数设置、预存电费、信息返写和下发远程控制命令操作时,通过严格的密码验证或 ESAM 模块等安全认证,确保数据传输安全可靠。

(9) 具有一路调制型红外通信接口、一路完全隔离的 RS485 通信接口,方便现场维护和远程数据采集。在载波集中器和主站系统的配合下,可通过载波,按设定的采集方案定时采集数据,并可实时监测电表运行状态。

三相电表选用正泰集团的 DTZY666 型三相远程费控智能电能表,其技术参数如表 6-2 所示。

表6-2 DTZY666型三相远程费控智能电能表的参数

参数	描述
准确度等级	有功 1 级,无功 2 级
电压规格	3×220/380V
电流规格	1.5(6)A、5(60)A、10(100)A
频率	50Hz
工作电压范围	$0.8U_n \sim 1.1U_n$
工作温度范围	−25～+55℃
功耗	<1.5W/6VA
计度范围	−799999.99～799999.99kW·h
显示方式	LCD 显示,6 位整数,2 位小数
通信规约	DL/T 645—2007
RS485 通信波特率	默认 2400bit/s,可设 1200bit/s、4800bit/s、9600bit/s

该三相电表具有如下功能,其实物图如图 6-5 所示。

(1) 具有正反向有功、四象限无功电能计量功能,并可以据此设置组合有功和组合无功电能。

(2) 具有分时计量功能,可按相应的时段分别累计与存储总、尖、峰、平、谷有功和无功电能。

(3) 具有分相有功电能计量功能。

(4) 测量双向最大需量、分时段最大需量及其出现的日期和时间,并存储带时标的数据。

(5) 时段费率功能:具有两套费率时区、时段表和 254 个公共假日,可在约定的时刻自动转换。

(6) 具有电压、电流、功率、功率因数、当前需量等实时参量测量功能。

(7) 具有定时、瞬时、约定、整点及日冻结功能,冻结数据模式可设。

(8) 具有红外通信、RS485 通信接口,方便与外界交换数据。

(9) 电费计算在远程售电管理系统中完成,电能表可以通过 RS485 接收远程售电管理系统下发的拉闸、合闸、ESAM 数据抄读指令,指令需通过严格的密码验证及安全认证。

(10) 具有电压异常、电流异常、掉电、清零、校时、编程、开表盖、开端钮盖等事件记录功能。

(11) 具有负荷曲线记录功能,可按用户设定的时间间隔对选定的六类数据内容进行滚动记录,间隔时间可在 1～60min 任意设置。

2. 水表

水表选用宁波福佳出品的 DN40 智能电子远程水表，采用 Modbus 技术模块和 RS485 接口二次显示，其采集后的用水量数据通过 RS485 通信方式传输到集中器。其中 Modbus 计数模块主要用于计量开关量的个数，与电子远传水表配套，可计量远程水表的用量，实现用水量的远程监控，其实物图如图 6-6 所示。

图 6-5　DTZY666 型三相电表

图 6-6　远程水表

水表的重要参数指标如下。

电池电压：3.6V。

外部输入电压：12 V。

工作电流：3mA。

静态电流：小于 5μA。

开关滤波时间：200ms。

通信方式：RS485。

通信协议：Modbus（RTU 模式）。

波特率：9600bit/s。

校验：无校验。

数据位：8 位。

停止位：1 位。

3. 单相载波模块

因为系统采用低压电力线载波通信方式，所以在进行数据传输时，需要使用载波模块。其中单相电表使用单相载波模块，三相电表使用三相载波模块。

所有的单相表内均使用北京福星晓程电子科技股份有限公司生产的 GWD-M011 国网单相表载波模块，GWD-M100 载波通信模块为电能表窄带载波 MODEM，可以完成载波信道到 TTL 串口信道的网络层规约格式解析，负责载波接收、发送、中继转发应答；载波 MODEM 采用模块式设计，载波模块从电力线上接收数据并进行处理，根据需要和电能表主 CPU 通过串口进行数据交换，将电能表主 CPU 发出的数据通过电力线载波发送，完成载波通道通信过程。

GWD-M100 载波模块接口参考国家电网的《单相智能电能表型式规范》(Q/GDW 355—2013)、《多功能电能表通信规约》(DL/T 645—2007)、《晓程——低压电力线载波自动抄表系统通信协议：晓程自组网/N12》设计，有力地保证了电表采集、载波通信的可靠性。其主要技术参数如下。

1) 串口通信

(1) DL/T 645—2007；GWD-M100 载波模块与电表主 CPU 采用串口通信。

(2) 异步通信，波特率可设置，缺省值为 2400bit/s，偶校验，1 个起始位，8 个数据位，1 个偶校验位，1 个停止位。

2) 载波通信

(1) 晓程自组网/N12 规约；载波物理地址之间通信。

(2) 同步通信，500bit/s，09H AFH 为同步帧头，CRC16 校验。

(3) 载波中心频率：120kHz；带宽：15kHz。

(4) 调制方式：DBPSK。

3) 运行环境条件

(1) 温度范围：−40～85℃。

(2) 相对湿度：10%～90%相对湿度，无冷凝。

(3) 防尘，防滴水：IP51。

4) 模块供电电压

(1) 系统工作电压：+5V/50mA。

(2) 载波发射电压：+12～+15V /120mA。

5) 电磁兼容

(1) 静电放电：接触放电 8000V，空气放电 15000V。

(2) 快速瞬变脉冲群：4000V，100kHz。

(3) 浪涌：承受 4000V 浪涌电压。

单相载波模块与电表连接及模块内部结构图如图 6-7 所示，载波模块与电表通过串口连接进行数据通信，另外还有 I/O 口直连实现事件的触发和设置。载波发送数据信号通过模块耦合到电力线，接收信号通过模块解耦，整个过程实现数据的收发。

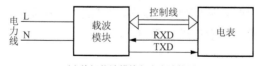

(a) 单相载波模块与电表连接图

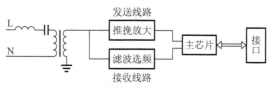

(b) 模块内部结构图

图 6-7 单相载波模块与电表连接及模块内部结构图

单相载波模块内部包含数据处理主芯片、发送和接收配置线路,通过变压器线圈实现与电力线的耦合,主芯片是载波的收发处理芯片,与电表之间串行通信。其实物图如图 6-8 所示。

4. 集中器三相载波模块

集中器三相载波模块使用北京福星晓程电子科技股份有限公司生产的 GWD-M100 国家电网集中器三相载波模块。其接口设计、性能、数据通信方式与单相载波模块类似。

三相载波模块内部包含数据处理主芯片,三路发送和接收配置线路,通过变压器线圈实现与三相电力线的耦合,主芯片是载波的收发处理芯片,与集中器之间串行通信。其实物图如图 6-9 所示。

图 6-8 单相载波模块

图 6-9 集中器三相载波模块

6.3 硬 件 设 计

公共建筑能耗监控系统是一个相对完整的工程,包括电表、水表以及集中器的设计。其中电表和水表以及使用的载波模块均是采购的产品,集中器则是自主开发的,因此在此章节中,主要对集中器的硬件设计进行介绍。

6.3.1 能耗计量模块设计

能耗计量模块为单相电表、三相电表以及水表装置,这些设备的选型在第 5 章已经进行了介绍。

1. 单相电表的工作原理

单相电表通过内部的计量模块采集所监测的电力线上使用的电量,并在数据采集后,将所有的电量数据以及时间标识通过单相载波模块利用电力线将数据发送给集中器。

2. 单相载波模块的引脚定义

单相载波模块的模块弱电接口采用 2×6 双排插针作为连接件，电能表弱电接口采用 2×6 双排插座作为连接件。图 6-10 为通信模块弱电接口示意图，电能表与单相载波模块弱电接口引脚定义见表 6-3。

表6-3　电能表与单相载波模块弱电接口引脚定义说明

电能表接口引脚编号	模块对应引脚编号	信号类别	信号名称	信号方向（针对模块）	说明
20	9	预留	RESERVE		预留
19	10	状态	EVENTOUT	I	电能表事件状态输出，当有开表盖、功率反向、时钟错误、存储器故障事件发生时，输出高电平，请求查询异常事件；查询完毕输出低电平。电平上拉电阻在基表（即电能表）侧
18	11	状态	STA	O	接收时地址匹配正确输出 0.2s 高电平；发送过程输出高电平，表内 CPU 判定载波发送时禁止操作继电器。电平上拉电阻在基表（即电能表）侧
17	12	信号	/RST	I	复位输入（低电平有效）
16	13	信号	RXD	I	通信模块接收电能表 CPU 信号引脚（5V TTL 电平）
15	14	信号	/SET	I	MAC 地址设置使能；低电平时，方可设置载波模块 MAC 地址
14	15	电源	VDD		通信模块数字部电源，由电能表提供。电压为直流(5±5%)V，电流为 50mA
13	16	信号	TXD	O	通信模块给电能表 CPU 发送信号的引脚（5V TTL 电平），开漏输出，需要接上拉电阻
12、11	17、18	电源	VSS		通信地
10、9	19、20	电源	VCC		通信模块模拟电源，由电能表提供，电压范围为 +12～+15V，输出功率为 1.5W

单相载波模块的模块强电耦合接口采用 2×4 双排插针作为连接件，其接口引脚排列见图 6-11，对应引脚定义见表 6-4，电能表接口采用 2×4 双排插座作为连接件。

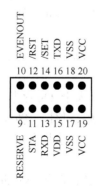

图 6-10　单相载波模块的模块弱电接口示意图

图 6-11　单相载波模块载波耦合接口示意图

表6-4　电能表与单相载波模块耦合接口引脚定义说明

电能表引脚编号	模块对应引脚编号	信号类别	信号名称	信号方向（针对模块）	说明
1、2	7、8	载波	L	无	电网相线作为信号耦合接入端
3、4、5、6	5、6、3、4	—	—	无	空引脚，PCB无焊盘设计，连接件对应位置无插针，用于增加安全间距，提高绝缘性能
7、8	1、2	载波	N	无	电网中性线作为信号耦合接入端

3. 载波模块的通信协议

电能表与载波通信模块使用的通信协议为 DL/T 645—2007 协议，即《多功能电能表通信协议》。该协议统一和规范了多功能电能表与数据终端设备进行数据交换时的物理链接和协议，本协议为主-从结构的半双工通信方式。手持单元或其他数据终端为主站，多功能电能表为从站。每个多功能电能表均有各自的地址编码。通信链路的建立与解除均由主站发出的信息帧来控制。每帧由帧起始符、从站地址域、控制码、数据域长度、数据域、帧信息纵向校验码及帧结束符 7 个域组成，每部分由若干字节组成。具体帧格式定义见表 6-5。

表6-5　DL/T 645—2007协议帧格式

说明	代码	说明	代码
帧起始符	68H	地址域	A5
地址域	A0	控制码	C
	A1	数据域长度	L
	A2	数据域	DATA
	A3	校验码	CS
	A4	结束符	16H

DL/T 645—2007 协议帧的帧头为 0X68H+6 字节地址+0X68H，地址域由 6 字节构成，每字节 2 位 BCD 码，地址长度可达 12 位十进制数。每块表具有唯一的通信地址，且与物理层信道无关。当使用的地址码长度不足 6 字节时，高位用 "0" 补足。地址域传输时低字节在前，高字节在后。帧结束符为 0X16H。

控制码的格式如图 6-12 所示，定义了数据的传输方向、从站应答标志、后续帧标志以及功能码。

数据域长度 L 表示数据域的字节数，当读取数据时，L 不大于 200 字节，当写数据时，L 不大于 500 字节。数据域包括数据标识、密码、操作者代码、数据、帧序号等，其结构随控制码的功能而改变。传输时发送方按字节进行加 33H 处理，接收方按字节进行减 33H 处理。

校验码是从第一个帧起始符开始到校验码之前的所有各字节的模 256 的和，即各字节二进制算术和，不计超过 256 的溢出值。

电能表与载波模块之间发送与接收的数据帧格式完全按照 DL/T 645—2007 协议的规定，每一帧都严格按照协议进行组帧与解帧。

第6章 公共建筑能耗监控系统的工程实例设计

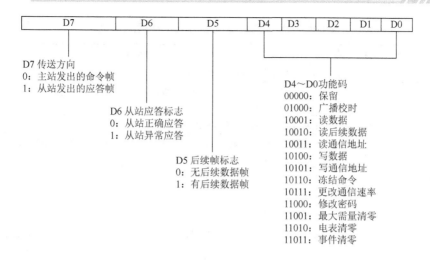

图 6-12　DL/T 645—2007 协议帧的控制码格式

通过上述的介绍，读者应该对 DL/T 645—2007 协议有了初步的认识，下面将列举几个常用的数据帧，为读者在实际应用时提供参考。

读取电能表地址(电能表地址为 36 75 44 00 00 01)：

载波模块发送：68 36 75 44 00 00 01 68 11 04 33 33 33 33 A1 16。

电能表返回：68 36 75 44 00 00 01 68 91 08 33 33 33 33 63 37 35 33 27 16。

分析：通过载波模块发送读取电能表数据命令，电能表接收到命令后，测度电量数据，并将电量数据返回。其中"63 37 35 33"4 字节数据为电量数据，通过查阅协议的定义，可以得知该电能表目前的度数为 204.3kW·h。

注：上述两个命令帧和数据帧中的所有字节均为十六进制。

6.3.2 集中器载波传输模块设计

集中器的微控制器采用 TI 公司的高性能低功耗芯片 TMS320F28335，该芯片性能优越，能够满足集中器对于数据的处理速度和运算精度的要求。

集中器因为需要通过低压电力线载波通信方式与下行的电能表和水表进行通信，因此也需要载波模块来实现通信功能。

1. 集中器三相载波模块的引脚定义

载波模块与集中器的微控制器 TMS320F28335 通过串口连接进行数据通信，另外还有 I/O 口直连实现事件的触发和设置。载波发送数据信号通过模块耦合到电力线，接收信号通过模块解耦，整个过程实现数据的收发。载波模块内部包含数据处理主芯片，三路发送和接收配置线路，通过变压器线圈实现与三相电力线的耦合，主芯片是载波的收发处理芯片，与集中器之间串行通信。

GWR-M100 载波模块输出接口是一路为载波耦合接口 2×10 的排针和一路弱电信号 2×13 的排针，其具体引脚说明见表 6-6 和表 6-7。

表6-6 集中器载波模块载波耦合接口引脚定义

引脚序号	名称	功能描述
1、2	A	电网 A 相线作为信号耦合接入端
3、4、5、6	NC	空引脚,PCB 无焊盘设计,过孔非金属化,连接件对应位置无插针,用于增加安全间距,提高绝缘性能
7、8	B	电网 B 相线作为信号耦合接入端
9、10、11、12	NC	空引脚,PCB 无焊盘设计,过孔非金属化,连接件对应位置无插针,用于增加安全间距,提高绝缘性能
13、14	C	电网 C 相线作为信号耦合接入端
15、16、17、18	NC	空引脚,PCB 无焊盘设计,过孔非金属化,连接件对应位置无插针,用于增加安全间距,提高绝缘性能
19、20	N	电网 N 相线作为信号耦合接入端

表6-7 集中器载波通信模块弱电接口引脚定义

引脚编号	信号类别	信号名称	信号方向(针对模块)	说明
1	保留	—	—	引脚悬空,无连接,1、2 引脚比其他引脚长 0.5mm
2	保留	—	—	
3	保留	—	—	
4	保留	—	—	
5	空	—	—	空引脚,PCB 无焊盘设计,连接件对应位置无插针,用于增加安全间距,提高绝缘性能
6	空	—	—	
7	空	—	—	
8	空	—	—	
9	电源地	GND	电源输入	系统地
10	电源地	GND	电源输入	
11	电源	VCC12V	电源输入	通信电源,集中器提供,直流,电压范围为 (12±1)V,电压纹波不大于 120mV,输出电流不小于 400mA。应满足离散频率杂音要求: 3.0~150kHz≤5mV; 150~200kHz≤3mV; 200~500kHz≤2mV; 0.5~30MHz≤1mV
12	电源	VCC12V	电源输入	
13	信号	NC	—	备用
14	信号	NC	—	备用
15	信号	DCE_TXD	输出	模块数据发送(3.3V TTL 电平)
16	信号	DCE_RXD	输入	模块数据接收(3.3V TTL 电平)
17	空	—	—	
18	电源	VCC3V3	电源输入	(3.3±0.3)V 信号电源,电流为 150mA,电压纹波为 30mV,由终端本体提供给模块
19	信号	/RST	输入	复位输入(低电平有效)(3.3V TTL 电平)
20	信号	STATE0	输出	模块插入识别信号,为 1 表示模块未插入,为 0 表示模块插入

第 6 章 公共建筑能耗监控系统的工程实例设计

续表

引脚编号	信号类别	信号名称	信号方向 (针对模块)	说明	
21	网络信号	TD+	网络差分信号	以太网发送	仅用于宽带载波接口
22	网络信号	TD-	网络差分信号	以太网发送	
23	网络信号	RD+	网络差分信号	以太网发送	
24	网络信号	RD-	网络差分信号	以太网发送	
25	电源地	GND	电源地	系统地，25、26 引脚比其他引脚长 0.5mm	
26	电源地	GND	电源地		

2. 载波模块与集中器电路原理图

载波模块的引出排针插入集中器的相应排座内，即可实现载波模块与集中器的硬件连接。载波模块的引脚分配在前面已经详细讲述，只需在设计集中器时预留出固定的接口即可。集中器载波模块接口电路原理图如图 6-13 所示。

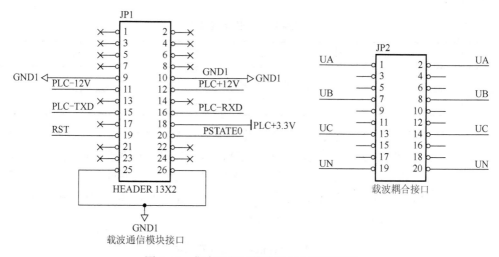

图 6-13　集中器载波模块接口电路原理图

3. 集中器载波模块的通信协议

集中器的微控制器与载波模块之间通信协议为 Q/GDW 1376.2—2009 协议，即《电力用户用电信息采集系统通信协议第二部分：集中器本地通信模块接口协议》。该协议主要内容包括：明确了接口协议的帧结构、统一了接口协议的帧格式、定义了集中器与通信模块间的物理接口等。该协议规定了电力用户用电信息采集系统中集中器与本地通信模块接口间进行数据传输的帧格式、数据编码及传输规则。

Q/GDW 1376.2—2009 协议的帧格式采用 GB/T 18656—2002 的 6.2.4 FT1.2 异步式传输帧格式，定义如表 6-8 所示。

表6-8　Q/GDW 1376.2—2009协议的帧格式定义

起始字符(68H)	固定报文头
长度 L	
控制域 C	控制域
用户数据	用户数据区
校验和 CS	帧校验和
结束字符(16H)	

在帧格式定义中，帧头为0X68H，长度 L 是指帧数据的总长度，由 2 字节组成，BIN 格式，包括用户数据长度 $L1$ 和 6 字节的固定长度（起始字符、长度、控制域、校验和、结束字符），长度 L 不大于 65535。

控制域 C 表示报文的传输方向、启动标志和通信模块的通信方式信息，由 1 字节组成，定义如表 6-9 所示。

表6-9　控制域C定义

方向	D7	D6	D5～D0
下行方向	传输方向位	启动标志位	通信方式
上行方向	DIR	PRM	

其中 DIR=0 表示此帧报文是由集中器发出的下行报文；DIR=1 表示此帧报文是由通信模块发出的上行报文；PRM =1 表示此帧报文来自启动站；PRM =0 表示此帧报文来自从动站。通信方式是指集中器下行的通信模块所采用的通信方式，不同的通信方式决定用户数据区中的数据构成和格式，通信模块的通信方式定义见表 6-10，需要说明的是，在该系统中使用的通信方式均为集中式路由载波通信协议。

表6-10　通信模块的通信方式定义

值	通信方式	说明
0	保留	
1	集中式路由载波通信	指采用集中式路由方案的电力线窄带载波通信
2	分布式路由载波通信	指采用分布式路由方案的电力线窄带载波通信
3～9	备用	
10	微功率无线通信	指采用微功率无线组网的通信
11～19	备用	
20	以太网通信	指基于 TCP/IP 的以太网方式的通信
21～63	备用	

不同通信方式的用户数据的内容各不相同，集中式路由载波通信方式的用户数据具体帧格式定义见表 6-11。

表6-11 用户数据区的帧格式定义

信息域 R	信息域
地址域 A	地址域
应用功能码 AFN	应用数据域
应用数据	

信息域 R 定义了报文的各类信息数据,包括路由标识、附属节点标识、通信模块标识、冲突检测、中继级别、信道标识、纠错编码标识、预计应答字节数、通信速率和速率单位标识。具体对应的定义在本书中不再一一叙述。

地址域由源地址 A1、中继地址 A2、目的地址 A3 组成,格式见表6-12。

表6-12 地址域格式

地址域	数据格式	字节数
源地址 A1	BCD	6
中继地址 A2	BCD	6×中继级别
目的地址 A3	BCD	6

应用数据域格式定义见表 6-13。

表6-13 应用数据域格式定义

应用功能码 AFN
数据单元标识
数据单元

应用层功能码 AFN 由 1 字节组成,采用二进制编码表示,具体定义见表6-14。

表6-14 应用层功能码AFN定义

应用功能码 AFN	应用功能定义	具体项目	有路由	无路由	通信模块标识
00H	确认/否认	F1: 确认	√	√	0
		F2: 否认	√	√	0
01H	初始化	F1: 硬件初始化	√	√	0
		F2: 参数区初始化	√	√	0
		F3: 数据区初始化	√	√	0
02H	数据转发	F1: 转发命令		√	1
03H	查询数据	F1: 厂商代码和版本信息	√	√	0、1
		F2: 噪声值		√	0、1
		F3: 载波从节点侦听信息		√	1
		F4: 载波主节点地址	√		0
		F5: 载波主节点状态字和载波速率	√	√	0
		F6: 载波主节点干扰状态		√	0
04H	链路接口检测	F1: 发送测试	√	√	0
		F2: 载波从节点点名		√	1

续表

应用功能码 AFN	应用功能定义	具体项目	有路由	无路由	通信模块标识
05H	控制命令	F1：设置载波主节点地址	√		0
		F2：允许载波从节点上报	√	√	有路由 0，无路由 1
		F3：启动广播	√	√	有路由 0，无路由 1
06H	主动上报	F1：上报载波从节点信息	√	√	有路由 0，无路由 1
		F2：上报抄读数据	√	√	有路由 0，无路由 1
07H～0FH	备用				
10H	路由查询	F1：载波从节点数量	√		0
		F2：载波从节点信息	√		0
		F3：指定载波从节点的上一级中继路由信息	√		0
		F4：路由运行状态	√		0
		F5：未抄读成功的载波从节点信息	√		0
		F6：主动注册的载波从节点信息	√		0
11H	路由设置	F1：添加载波从节点	√		0
		F2：删除载波从节点	√		0
		F3：设置载波从节点固定中继路径	√		0
		F4：设置工作模式	√		0
		F5：激活载波从节点主动注册	√		0
12H	路由控制	F1：重启	√		0
		F2：暂停	√		0
		F3：恢复	√		0
13H	路由数据转发	F1：监控载波从节点	√		1
14H	路由数据抄读	F1：路由请求抄读内容	√		0
15H～EFH	备用				
F0H	内部调试				
F1H～FFH	备用				

数据单元标识由信息类标识 DT 组成，表示信息类型，信息类 DT 由信息类元 DT1 和信息类组 DT2 两字节构成。DT2 采用二进制编码方式表示信息类组，DT1 对位表示某一信息类组的 1～8 种信息类型，以此共同构成信息类标识 Fn(n=1～248)。

数据单元是按数据单元标识所组织的数据，包括参数、命令、数据等。

帧校验和是控制域和用户数据区所有字节的八位位组算术和，不考虑溢出位。

集中器的微控制器 TMS320F28335 芯片与集中器载波模块之间发送与接收的数据帧格式完全按照 Q/GDW 1376.2—2009 协议的规定，每一帧都严格按照协议进行组帧与解帧。

通过上述的介绍，读者应该对 Q/GDW 1376.2—2009 协议有了初步的认识，下面将列举几个常用的数据帧，为读者在实际应用时提供参考。

1）硬件初始化

集中器下发命令：68 0F 00 41 00 00 00 00 00 00 01 01 00 43 16

载波模块返回（确认）：68 15 00 81 00 00 00 00 00 00 01 00 FF FF FF FF 00 00 7E 16

2)集中器表库添加电能表(电能表地址为 36 75 44 00 00 01)
集中器下发命令: 68 19 00 41 00 00 00 00 00 00 11 01 00 01 36 75 44 00 00 01 01 00 02 47 16
载波模块返回(确认): 68 15 00 81 00 00 00 00 00 00 00 01 00 FF FF FF FF 00 00 7E 16
3)监控从节点(抄读电能表数据)

集中器下发命令: 68 35 00 41 04 00 00 00 00 00 AB 89 67 45 23 01 36 75 44 00 00 01 13 01 00 02 00 01 36 75 44 00 00 01 10 68 36 75 44 00 00 01 68 11 04 33 33 33 33 51 16 58 16
载波模块返回电能表数据。
注:上述几个命令帧和数据帧中的所有字节均为十六进制。

6.3.3 数据存储模块设计

在公共楼宇的应用能耗监控系统中,需要安装大量的电能表以及水表,能够采集到大量的数据,而为了将所有的数据进行存储,则需要在集中器上设计数据存储模块,从而节省微控制器内部的空间,也便于存储大量数据,使系统不会因为容量超限而引起系统数据无法正常保留。目前大容量外部存储装置包括 U 盘、Flash 芯片以及 SD 卡等,考虑到这些设备不同的优点和缺点,在设计集中器时,综合考虑这几种外设的优点和缺点,最后选取 SD 卡作为本集中器的数据存储装置。

在硬件上,SD 卡支持 SPI 驱动,同时微控制器芯片自带 SPI 接口驱动,4 位通信模式,最高通信速度可以达到 48MHz,最高每秒可传送 24M 字节的数据,因此完全满足系统对于数据上传和存储的要求。考虑到体积大小,最终集中器的主处理板选择 TF 型 SD 卡,容量选择使用 8GB。

数据存储模块的硬件原理图如图 6-14 所示。

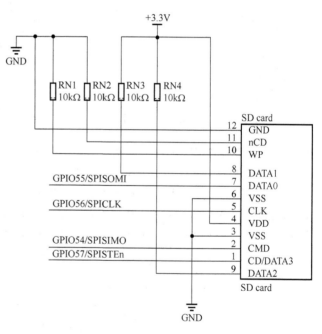

图 6-14 数据存储模块的硬件原理图

6.4 软件设计

在公共建筑能耗监控系统中,主要实现了对楼宇内所有楼宇以及各楼层用电器的电能和用水量的采集,并将数据进行存储等。本节介绍的软件程序设计,均是针对集中器而言,通过对集中器软件程序的编写,实现整个系统的功能。

6.4.1 主程序流程设计

集中器主程序负责所有任务的整体调配，能够实现系统所有功能同时保证数据实时性和有效性。

集中器的主程序包含了系统的初始化、下行数据通信程序、上行数据通信程序、数据存储程序等。系统初始化包括：集中器微控制器 TMS320F28335 芯片的 GPIO 口初始化、串口(USART)初始化、RTC 实时时钟初始化、PLL 初始化等。

集中器软件主程序流程图如图 6-15 所示，集中器上电启动后，集中器微控制器 TMS320F28335 芯片进行系统初始化，系统初始化结束之后，为了保证微处理器的硬件能够处于正常的工作状态，需要在在执行命令之前有 5s 的延时时间；在 5s 延时之后，集中器与上位机利用 GPRS 通信进行连接，称为"握手"（注：集中器可以与上位机进行通信，本节不做详细讲解），"握手"成功后，集中器开始执行实现具体功能的程序，集中器实现具体功能的程序主要分为两部分，分别为上行通信任务和下行通信任务。

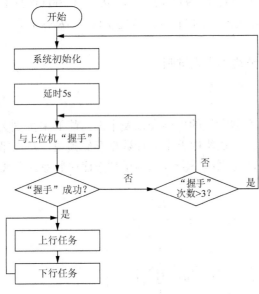

图 6-15 集中器软件主程序流程图

在程序执行过程中，主函数的程序会一直执行，在上行任务和下行任务中不断切换。在集中器正常工作过程中，集中器底层驱动板的运行灯每间隔 1s 进行一次闪烁，利用集中器微控制器 TMS320F28335 芯片的看门狗功能不断地检测程序是否工作正常，若发现程序运行不正常，则自动进行软件复位。主函数程序如图 6-16 所示。

```
27  int main()
28  {
29      int16_t flag=0;        //未点抄成功标志位
30      InitDone=1;    //自己测试时使用
31
32      bsp_Init();    /* 硬件初始化 */
33      PLC_Init();
34      GetTimeSTM((uint8_t*)&md.f2);
35      MemData();
36      delay_init(168);   //延时函数初始化,只用于重新复位载波模块
37      while(1)
38      {
39          GetTimeSTM((uint8_t*)&md.f2);
40          Run_Led();
41          M485process();
42          if(InitDone==1)
43              JZQ_To_Route();
44      }
45
46
```

图 6-16 主函数程序

6.4.2 定时抄读程序设计

在公共建筑能耗监控系统的正常运行中，需要设定一个时间间隔来对所有的电能表以及水表数据进行数据抄读，因此在集中器程序中，需要设计定时抄读的程序。集中器定时抄读程序软件流程图如图 6-17 所示。

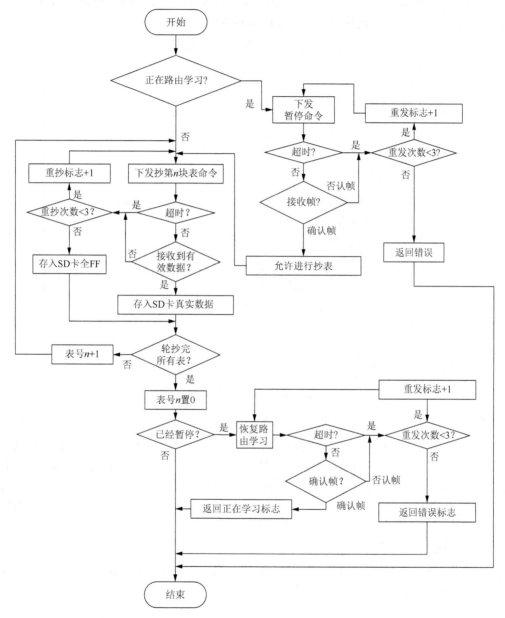

图 6-17 定时抄读程序软件流程图

集中器载波模块定时抄读任务的软件程序根据流程图编写，具体内容和步骤如下。

(1) 当集中器时钟判断到达定时抄读的时间后先判断集中器载波模块是否正在进行路

由学习(注:载波模块内部操作,详见载波模块使用说明书),如果没有进行路由学习,则开始进行抄读电能表和水表,如果载波模块正在进行路由学习,则集中器微控制器向载波模块下发暂停命令(协议中的 AFN=12H,Fn=F2),当微控制器确认收到载波模块返回的确认帧后,则开始进行轮抄。

(2)定时抄读从第一个表开始,下发监控从节点命令(协议中的 AFN=11H,Fn=F4),开始抄读第一个从表,监控从节点程序如图 6-18 所示。

```
329  /************************ 监控从节点(点抄、轮抄所有表)************************
330
331  void Monitoring_Only(int32_t num)
332  {
333      uint16_t i;
334      SendSize_3762=0x35;
335      Sendbuf_3762[PHead]=0x68;          //帧头
336      Sendbuf_3762[PLen0]=SendSize_3762;
337      Sendbuf_3762[PLen1]=0x00;
338      Sendbuf_3762[PCtr]=0x41;           //控制字
339      Sendbuf_3762[PR0]=0x04;            //信息域
340      Sendbuf_3762[PR1]=0x00;
341      Sendbuf_3762[PR2]=0x00;
342      Sendbuf_3762[PR3]=0x00;
343      Sendbuf_3762[PR4]=0x00;
344      Sendbuf_3762[PR5]=0x00;
345
346  /////////////地址域
347      Sendbuf_3762[PA0_0]=0xAB;          //设置的集中器主节点地址源地址为0123456789AB
348      Sendbuf_3762[PA0_1]=0x89;
349      Sendbuf_3762[PA0_2]=0x67;
350      Sendbuf_3762[PA0_3]=0x45;
351      Sendbuf_3762[PA0_4]=0x23;
352      Sendbuf_3762[PA0_5]=0x01;
353
354      Sendbuf_3762[PA3_0]=meter[num].metadd[0];   //需要监控的从节点地址
355      Sendbuf_3762[PA3_1]=meter[num].metadd[1];
356      Sendbuf_3762[PA3_2]=meter[num].metadd[2];
357      Sendbuf_3762[PA3_3]=meter[num].metadd[3];
358      Sendbuf_3762[PA3_4]=meter[num].metadd[4];
359      Sendbuf_3762[PA3_5]=meter[num].metadd[5];
360
361      Sendbuf_3762[PAfn+12]=0x13;        //AFN-F1
362      Sendbuf_3762[PDt1+12]=0x01;
363      Sendbuf_3762[PDt2+12]=0x00;
364
365  /////////////数据单元
366      Sendbuf_3762[25]=0x02;             //通信协议类型  DL/T 645-2007
367      Sendbuf_3762[26]=0x00;             //通信数据与通信延时无关
```

图 6-18 监控从节点程序

通过集中器为控制器向集中器载波模块下发 Q/GDW 1376.2—2009 协议帧格式规定的命令帧,集中器载波模块再向电能表及水表通过电力线下发 DL/T 645—2007 协议帧格式规定的命令帧,电能表及水表收到命令后,向集中器载波模块上传 DL/T 645—2007 协议帧格式规定的数据帧,集中器载波模块再向微控制器上传 Q/GDW 1376.2—2009 协议帧格式规定的数据帧,根据协议由微控制器对该数据帧进行解析,判断有效的数据位,进而获取真实的数据。

(3)将抄读的数据存储到 SD 卡。

(4)如果接收到的数据有误或者并没有接收到数据,则重新下发监控从节点命令,重复步骤(2)和步骤(3),最多重抄三次,如果三次均没有抄读到,则记录错误标识。

(5)当第一个电能表数据成功存储后,则对下一个电能表和水表进行抄读,重复步骤(2)、(3)、(4),直至所有电能表和水表全部抄读完成。

(6)在所有从节点抄读完成以及数据存储正确后,完成了一次定时 1h 抄读所有的电表和水表的任务。

(7)如果记录到有电能表或水表没有抄读到数据,则在步骤(5)完成后,启动集中器载波模块路由学习(协议中的 AFN=12H，F*n*=F1)，集中器载波模块重新进行路由学习，修改没有抄读到的节点群的中继路由关系。

集中器载波模块定时抄读程序如图 6-19 所示，按照上述流程图以及步骤编写代码，最终实现集中器载波模块轮抄节点群任务的程序编写与实现。

```
/****************轮抄电表环境表的主函数****************/
int8_t CycleReadAll()                              //进行所有表的轮抄
{
    static uint16_t tim_CycAll_Read;               //轮抄时下发抄表命令后的超时时间
    static uint16_t tim_CycAll_Pause;              //轮抄时下发暂停命令后的超时时间
    static uint16_t tim_CycAll_Restore;            //轮抄时下发恢复命令后的超时时间
    static uint8_t step_CycAll_Read=0;             //控制轮抄主函数走状态

    static uint8_t RxLen_CycAll_Read = 0;          //轮抄接收到帧的大小
    static uint16_t Len_Analyze_CycAll_Read=0;     //轮抄返回有效数据的长度
    static uint16_t RxLen_CycAll_Pause=0;          //轮抄时候接收到暂停命令返回帧的长度
    static uint16_t RxLen_CycAll_Restore=0;        //轮抄时候接收到恢复命令返回帧的长度

    static uint8_t Again_CycAll_Read=1;            //轮抄时候重新发送点抄命令的次数
    static uint8_t Again_CycAll_Pause=1;           //轮抄时候重复发送暂停命令的次数
    static uint8_t Again_CycAll_Restore=1;         //轮抄时候重复发送恢复命令的次数

    int16_t i;                                     //存储数据时候使用
    int8_t All_Err_buff[20];                       //错误时存储FF

    switch(step_CycAll_Read)
    {
    case 0:
        if(UARTSendEnd(PLCPORT)==0)                //判断是否发送完成
            step_CycAll_Read++;                    //step_CycAll_Read=1;
        else
            step_CycAll_Read=step_CycAll_Read;     //step_CycAll_Read=0;
        break;
    case 1:
        if(Learning_Route==0)                      //判断是否在学习路由
            step_CycAll_Read++;                    //step_CycAll_Read=2;
        else
            step_CycAll_Read=step_CycAll_Read+2;   //step_CycAll_Read=3;
        break;
    case 2:
        CycAllowOnly=0;      // 当轮抄时发生点抄命令，先轮抄完当前电表再去点抄，点抄完成，再继续轮抄
        CycAllowSwi=0;       //当轮抄时发生点抄开关控制命令，先轮抄完当前电表再去开关控制，开关控制完成，再继续轮抄
        Monitoring_Only(Imp_All);                  //监控从节点命令
        MSTimerSet(tim_CycAll_Read,5000);          //定时5秒超时时间
        step_CycAll_Read=step_CycAll_Read+2;       //step_CycAll_Read=4;
        break;
    case 3:                                        //路由学习正在进行
        Pause_3762();                              //下发暂停命令
        MSTimerSet(tim_CycAll_Pause,3000);         //定时3秒超时时间
        step_CycAll_Read=step_CycAll_Read+7;       //step_CycAll_Read=10;
        break;
    case 4:                                        //判断是否超时
        if(MSTimerCheck(tim_CycAll_Read))          //如果接收超时，重新发送
            step_CycAll_Read=step_CycAll_Read+2;   //step_CycAll_Read=6;
        else
            step_CycAll_Read++;                    //step_CycAll_Read=5;
        break;
    case 5:
        RxLen_CycAll_Read = GDW3762Receive(PLCPORT); //接收返回数据
        if(RxLen_CycAll_Read!=0)
```

图 6-19 定时抄读程序

6.4.3 数据存储程序设计

在公共建筑能耗监控系统中，需要将所有采集到的数据进行存储，在集中器设计时，使用 SD 卡作为数据存储模块。因此，需要通过程序编写将所有的数据存储在 SD 卡指定的位置上，方便数据的读取。

程序中设计在 SD 卡中每天建立一个文件夹，每个文件夹下面根据节点数建立相应的 txt 格式的文件，从而每个表能够存入对应的文件。这样操作既方便数据的存储，又方便数据的读取。SD 卡存储程序如图 6-20 所示。

1. 文件系统

FATFS 是一个完全免费开源的 FAT 文件系统模块，它的层次结构图如图 6-21 所示。

```
int8_t WriteToSD_All(const void *buffer, U_NT cnt)          //轮抄所有表
{
  FRESULT res;
  FIL parafile;     //文件对象
  DIR dp;
  UINT br;     //已存储字节数变量的指针
  int32_t num; //转换后的电表表号
  RTC_TimeTypeDef RTC_TimeStruct;   //实时时钟结构体
  RTC_DateTypeDef RTC_DateStruct;
  char folder[50] = {0};      //文件夹路径名称
  char file[50] = {0};      //文件夹路径名称
  uint32_t offset = 0;      //偏移地址
  int8_t Rxbuf[20];
  RTC_GetDate(RTC_Format_BIN,&RTC_DateStruct);
  sprintf(folder,"0:\\%0.2d-%0.2d",RTC_DateStruct.RTC_Year,RTC_DateStruct.RTC_Month);  //获取文件夹路径
  f_mkdir((const char*)folder);
  res=f_opendir(&dp,(const char*)folder);
  if((res==FR_OK) || (res==FR_EXIST))
  {
    sprintf(file,"0:\\%0.2d-%0.2d\\%0.2d-%0.2d-%0.2d.dat",RTC_DateStruct.RTC_Year,RTC_DateStruct.RTC_Month,RTC_DateStruct.RTC
    res = f_open(&parafile, file, FA_OPEN_ALWAYS|FA_WRITE);     //此处注意文件打开模式
    if(res) return res;
    f_lseek(&parafile,4320000);                     //偏移出足够的空间
      RTC_GetTime(RTC_Format_BIN,&RTC_TimeStruct);
      if((meter[Tmp_All].metclass==0)||(meter[Tmp_All].metclass==1))               //此时判断表是否为电表
      {
        offset = Tmp_All * 24 * 60 * DATASPC + ((RTC_TimeStruct.RTC_Hours * 60 + RTC_TimeStruct.RTC_Minutes)* DATASPC);
        f_lseek(&parafile, offset);
        f_write (&parafile, buffer, ELEDATALEN, &br);  ////形参的数组为写入的内容指针
      }
      else if(meter[Imp_All].metclass==2)                  //此时判断表是否为环境表
      {
        offset = Tmp_All * 24 * 60 * DATASPC + ((RTC_TimeStruct.RTC_Hours * 60 + RTC_TimeStruct.RTC_Minutes)* DATASPC);
        f_lseek(&parafile, offset);
        f_write (&parafile, buffer, ENVDATALEN, &br);
      }
      else
        return 0;
    f_close(&parafile);
  }
}
```

图 6-20　SD 卡存储程序

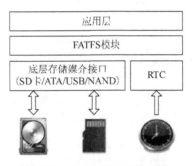

图 6-21　FATFS 层次结构图

我们不需要了解应用层 FAFTS 的内部结构和复杂的 FAT 协议，只需调用 FATFS 模块提供给用户的应用接口函数就可以。FATFS 的源码网站网址为 http://elm-chan.org/fsw/ff/00index_e.html。这个网站有所有接口函数的使用说明、参数解释以及应用举例。源码中包含几个文件，其中只有 ffconf.h 和 diskio.c 这两个文件需要我们在移植到集中器平台时进行更改配置。

在使用 TMS320F28335 配置 SD 卡的文件系统时，需要在 diskio.c 中更改相关配置，例如，disk_initialize()函数中的初始化就要调用 SD 卡的初始化函数 SD_Init()。

使用 FATFS 文件系统生成文件或者文件夹等一系列操作，只需调用 FATFS 规定的函数即可。如 f_open(FIL* fp，const TCHAR* path，BYTE mode)，其作用就是打开或者创建一个函数，通过函数的模式标志 BYTE mode 定义这个函数具体要进行的操作，包括读访问的对象、写访问的对象、打开文件、创建文件等。

2. *SD 卡底层驱动程序*

将 SD 卡的驱动封装成如下各个库函数：

(1) SD 卡初始化：SD_Init()，实现 SDIO 时钟及相关 I/O 口的初始化，然后开始 SD

卡的初始化流程。

(2) SD 卡读块数据函数：SD_ReadBlock()，用于从 SD 卡指定地址读出一个块(扇区)数据。

(3) SD 卡多块读函数：SD_ReadMultiBlocks()，用于多块数据的读取。

(4) SD 卡单块写函数：SD_WriteBlock()。

(5) SD 卡多块写函数：SD_WriteMultiBlocks()。

(6) SD 卡与文件系统的两个接口函数：SD_ReadDisk() 和 SD_WriteDisk()。

6.5 本章小结

本章通过对集中器的硬件设计以及软件程序的编写，配合采购的电能表以及水表，通过低压电力线载波通信方式，实现了公共建筑能耗监控系统。本章从系统整体设计出发，介绍了系统的整体结构以及电能表、水表、单相载波模块和集中器载波模块的选型；介绍了集中器中最为关键的微控制器选型、载波传输模块以及数据存储模块的设计；同时介绍了能耗计量模块的设计以及与集中器进行通信的具体实施方式等。在对硬件整体结构进行讲解之后，对集中器的软件程序进行了讲解，通过详细介绍定时抄读电能表、水表以及数据存储的程序设计，使读者对于程序的编写有了一定的了解与掌握。

6.6 思考题与习题

6.1 简述系统硬件结构及组成。

6.2 概述单相电表与三相电表的区别。

6.3 如何判断电能表事件状态？

6.4 如何设置载波模块 MAC 地址？

6.5 通过仔细阅读集中器载波模块说明书，找出如何对集中器载波模块进行初始化以及如何进行路由学习指令的下发。

6.6 在本章的介绍中，讲解了两个通信协议，那么您是否理解这两个协议分别在什么条件下使用？

6.7 在定时抄读的软件程序设计时，如果对某一块电能表下发了抄读命令后并没有返回数据，则在程序中是如何处理的？

6.8 请读者思考，在程序执行时，如何保证任务的实时性以及准确性？

第 7 章 地铁车厢振动信号滤波系统的工程实例设计

地铁是城市轨道交通的一个重要组成部分,它具有容量大、速度快、启动和制动频繁、污染小、造价高的特点。目前,我国一些较大城市如北京、上海、广州等都修建了地铁和城市轻轨。作为交通工具,提高速度和改善舒适度确保安全是个永恒的话题,时至今日,在不断更新速度记录的同时,城市轨道运输的安全问题也是非常重要的课题。

随着铁路的现代化发展,传统的运输系统将不断面临许多新难题。行车速度越高,安全问题越突出,既要保证高速运行下不颠覆、不脱轨,又要保证运行平稳、舒适。车厢振动对地铁运行的安全性和乘坐舒适度的影响越来越重要,因此对该问题的认识程度及解决实际工程问题的能力制约着机车车辆技术的发展。如何准确地获取地铁在运行过程中的振动规律,并给出一定的量化标准来对地铁的振动等进行评价,以及建立振动对乘客乘坐舒适度和安全性之间的关系,已成为目前一个重要的课题。

7.1 系统功能说明

本系统是研究地铁车厢振动信号,对信号进行采集、分析,并采用相应的滤波方法,对信号进行处理,通过串行数据传输的方式,将数据传输到软件平台,最终对振动图形进行还原显示,并根据采集的数据分析振动情况,给出地铁运行平稳性指数评价和安全分析。该系统的功能说明如图 7-1 所示。

图 7-1 系统功能说明图

本章所设计的地铁车厢振动信号滤波系统,主要是针对地铁振动问题,在硬件和软件方面进行设计,在信号采集、滤波,数据传输、显示等方面提出的一系列方案,最终得出信号的振动规律,建立相应的评判方法。系统主要包含如下几个方面。

(1)信号采集与滤波。信号采集装置是本系统的基础部分,只有在正确采集数据的基础上才能对数据进行科学的研究。本书以 TSM320F28335 为控制芯片,采用相应的加速度传感器和滤波方法实时检测并记录地铁运行过程中的加速度值。

(2)串行数据通信传输。通过通用的标准串行接口,将采集并经过滤波的信号传入微控制器中,完成数据的串行通信。

(3)数据显示。微控制器按照一定的方法对数据进行分析,并在 LCD 上显示,完成对振动信号的还原。

7.2 系统总体设计

7.2.1 应用系统的结构设计

确定系统的总体方案是进行系统设计的重要环节。系统总体方案的优劣，直接影响整个系统的运行环境、性能以及具体实施电路的设计。整个系统的整体设计结构如图 7-2 所示。

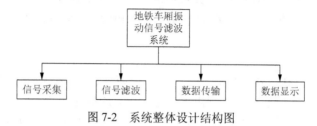

图 7-2 系统整体设计结构图

7.2.2 相关模块选型

本系统选用加速度传感器采集地铁车厢振动信号，采用 TI 公司的高性能低功耗芯片 TMS320F28335 作为控制器的核心。

根据本系统的整体结构设计，考虑到成本以及精度等问题，需要对系统的各个模块选择合适的功能部件，从而完成整个系统的硬件搭建。本系统中主要是针对加速度传感器的选型。

传统的电子式测振仪需装配磁电式传感器才能测量加速度及位移，这种仪器的精度低、频率范围窄、过载能力差、价格高、体积大。目前，加速度测量仪正向单片集成化的方向发展。最近问世的单片加速度传感器内含加速度传感器和信号调理器，只需配备数字电压表即可取代传统的测振仪。单片加速度传感器的典型产品有美国 ADI 公司生产的 ADXL202、ADXL210 和 ADXL345，还有美国 Motorola 公司生产的 MMA7361、MMA8451Q 和 MMA8452，这些产品可广泛用于工业、交通、地矿、建筑及军事领域，既可以测量重力加速度，又可以测量由振动、冲击所产生的加速度、速度、位移等参数，还能取代水银式倾斜仪测量倾斜角。下面将分别介绍几款典型的加速度传感器的选型。

1) ADXL345

ADXL345 是一款小而薄的超低功耗 3 轴加速度计，分辨率高(13 位)，测量范围达 ± 16g。数字输出数据为 16 位二进制补码格式，可通过 SPI(3 线或 4 线)或 I^2C 数字接口访问。ADXL345 非常适合移动设备应用。它可以在倾斜检测应用中测量静态重力加速度，还可以测量运动或冲击导致的动态加速度。其高分辨率(3.9mg/LSB)，能够测量不到 1.0°的倾斜角度变化。实物图如图 7-3 所示。

图 7-3 ADXL345 传感器模块

该器件提供多种特殊检测功能；活动和非活动检测功能通过比较任意轴上的加速度与用户设置的阈值来检测有无运动发生；敲击检测功能可以检测任意方向的单振和双振动作；自由落体检测功能可以检测器件是否正在掉落。这些功能可以独立映射到两个中断输出引脚中的一个。集成式存储器管理系统采用一个 32 级先进先出(FIFO)缓冲器,可用于存储数据,从而将主机处理器负荷降至最低,并降低整体系统功耗。

ADXL345 加速度测量系统,可选择的测量范围有±2 g、±4 g、±8 g 或±16 g。既能测量运动或冲击导致的动态加速度,也能测量静止加速度,如重力加速度,这使得器件可作为倾斜传感器使用。该传感器为多晶硅表面微加工结构,由于应用加速度,多晶硅弹簧悬挂于晶圆表面的结构之上,提供力量阻力。差分电容由独立固定板和活动质量连接板组成,能对结构偏转进行测量。加速度使惯性质量偏转、差分电容失衡,从而传感器输出的幅度与加速度成正比。相敏解调用于确定加速度的幅度和极性。ADXL345 加速度传感器的特性如表 7-1 所示。

2) MMA7361

MMA7361 三轴加速度传感器芯片,采用信号调理、单极低通滤波器和温度补偿技术,但只提供±1.5g 和±6g 两个量程,用户可通过开关选择这两个量程的灵敏度。实物图如图 7-4 所示。该器件带有低通滤波并已做 0g 补偿,提供休眠模式,因而是电池供电的无线数据采集的理想之选。对于普通的互动应用来讲,MMA7361 应该是一种不错的选择,可以应用到摩托车和汽车防盗报警、遥控航模、游戏手柄、人形机器人跌倒检测、硬盘冲击保护、倾斜度测量等场合。其主要参数如表 7-2 所示。

表7-1　ADXL345加速度传感器特性

电源电压	2.0～3.6V
I/O 电压	1.7～2.5V
分辨率	13 位
测量范围	±16g
工作温度	−40～85℃
抗冲击能力	10000g
功耗	测量模式下 23μA,0.1μA
通信方式	SPI(3 线和 4 线)和 I^2C 数字接口
外形尺寸	28mm×14mm

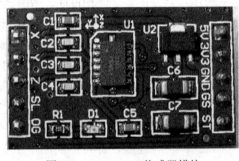

图 7-4　MMA7361 传感器模块

3) MPU-6050

MPU-6050 是全球首例 9 轴运动处理传感器。它集成了 3 轴 MEMS 陀螺仪,3 轴 MEMS 加速度计,以及一个可扩展的数字运动处理器 DMP,可用 I^2C 接口连接一个第三方的数字传感器,如磁力计。扩展之后就可以通过其 I^2C 或 SPI 接口输出一个 9 轴的信号(SPI 接口仅在 MPU-6000 可用)。具体实物图如图 7-5 所示。

表7-2　MMA7361加速度传感器特性

供电电压	3.3～8.0V
分辨率	在 1.5g 量程下为 800mV/g
功耗	测量模式下 400μA,休眠模式下 3μA
外形尺寸	23mm×26mm
测量范围	通过 I/O 选择,也可通过电阻选择

图 7-5　MPU-6050 传感器模块

MPU-6050 也可以通过其 I²C 接口连接非惯性的数字传感器,如压力传感器。MPU-6050 对陀螺仪和加速度计分别用了三个 16 位的 ADC,将其测量的模拟量转化为可输出的数字量。为了精确跟踪快速和慢速的运动,传感器的测量范围都是用户可控的,陀螺仪可测范围为±250°/s、±500°/s、±1000°/s、±2000°/s,加速度计可测范围为±2g、±4g、±8g、±16g。一个片上 1024 字节的 FIFO,有助于降低系统功耗。和所有设备寄存器之间的通信采用 400kHz 的 I²C 接口或 1MHz 的 SPI 接口(SPI 仅 MPU-6000 可用)。对于需要高速传输的应用,对寄存器的读取和中断可用 20MHz 的 SPI。

另外,片上还内嵌了一个温度传感器和在工作环境下仅有±1%变动的振荡器。芯片尺寸为 4mm×4mm×0.9mm,采用 QFN 封装(无引线方形封装),可承受最大 10000g 的冲击,并有可编程的低通滤波器。其主要参数如表 7-3 所示。

表7-3 MPU-6050加速度传感器特性

电源电压	3.0~5.0V	抗冲击能力	10000g
误差	±1%	通信方式	I²C 数字接口
测量范围	±16g	外形尺寸	21mm×16mm
工作温度	-40~105℃		

通过对比,可以发现传感器 ADXL345 与传感器 MMA7361 相比,ADXL345 的功耗更低,同时 ADXL345 传感器在价格方面比 MPU-6050 传感器和 MMA7361 传感器更低,因而,综合各方面的因素,选择 ADXL345 传感器作为地铁车厢振动信号的检测装置。

7.3 硬 件 设 计

7.3.1 振动检测模块设计

振动检测模块采用 ADXL345 传感器模块,检测地铁运行过程中车厢振动信号,并采用相应的滤波方法,对信号进行处理。

1) ADXL345 传感器模块工作原理

ADXL345 的内部功能结构框图如图 7-6 所示,X、Y、Z 三个相互正交的方向上的加速度由 G-Cell 传感器感知,经过容压变换器、增益滤波和温度补偿后以电压信号输出。

ADXL345 首先由前端感应器件感应测得加速度的大小,然后由感应电信号器件转为可识别的电信号,这个信号是模拟信号。ADXL345 集成的 A/D 转换器将此模拟信号转化为数字信号。在计算机中,数字信号一律用补码的形式表示,同样,A/D 转换器输出的是 16 位的二进制补码。经过数字滤波器的滤波后,在控制和中断逻辑单元的控制下访问 32 级 FIFO,通过串行接口读取数据。ADXL345 的控制命令也是通过接受来自串口的读写命令来实现的,这主要是对寄存器的操作。

ADXL345 共有 30 个寄存器,包括 29 个功能寄存器,地址为 0x1D~0x39,以及一个识别设备标记的只读寄存器 DEV-ID,地址为 0x00。访问寄存器时先要发送 1 字节读写地址信息。最高位为操作类型,0 代表写操作,1 代表读操作;第六位是读写类型,0 代表单值读写,1 代表多值读写;D5～D0 为寄存器地址,可以选择 30 个寄存器中的任意一个进行读写操作。

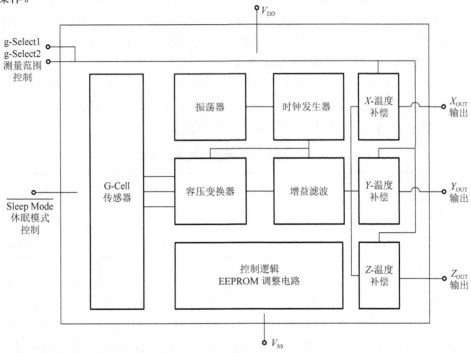

图 7-6　ADXL345 内部结构功能框图

2) ADXL345 传感器模块的引脚定义

ADXL345 传感器模块的引脚配置图如图 7-7 所示;传感器模块的引脚功能描述见表 7-4。

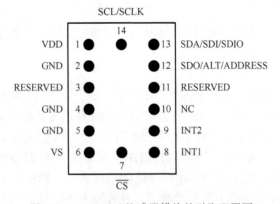

图 7-7　ADXL345 传感器模块的引脚配置图

表7-4 ADXL345传感器模块的引脚功能描述

引脚编号	引脚名称	描述
1	VDD	数字接口电源电压
2	GND	该引脚必须接地
3	RESERVED	保留。该引脚必须连接到 VS 或保持断开
4	GND	该引脚必须接地
5	GND	该引脚必须接地
6	VS	电源电压
7	$\overline{CS}$	片选
8	INT1	中断 1 输出
9	INT2	中断 2 输出
10	NC	内部不连接
11	RESERVED	保留。该引脚必须接地或保持断开
12	SDO/ALT ADDRESS	串行数据输出(SPI4 线)/备用 I^2C/地址选择(I^2C)
13	SDA/SDI/SDIO	串行数据(I^2C)/串行数据输入(SPI4 线)/串行数据输入和输出(SPI3 线)
14	SCL/SCLK	串行通信时钟。SCL 为 I^2C 时钟, SCLK 为 SPI 时钟

7.3.2 串行数据传输模块设计

微控制器采用 TI 公司的高性能低功耗芯片 TMS320F28335,该芯片性能优越,能够满足微控制器对于数据的处理速度和运算精度的要求。

ADXL345 为用户提供了两种与微处理器通信的方式:SPI 和 I^2C。在这两种方式下,ADXL345 都是从设备,利用 ADXL345 采集数据和对其相关控制操作都是通过这两种通信方式来完成的。$\overline{CS}$ 引脚上拉至 VDD, I^2C 模式使能。$\overline{CS}$ 引脚应始终上拉至 VDD 或由外部控制器驱动,因为 $\overline{CS}$ 引脚无连接时,默认模式不存在。因此,如果没有采取这些措施,可能会导致该器件无法通信。SPI 模式下,$\overline{CS}$ 引脚由总线主机控制。SPI 和 I^2C 两种操作模式下,ADXL345 写入期间,应忽略从 ADXL345 传输到主器件的数据。

1) ADXL345 的 SPI 通信方式

SPI 即串行外设接口,是 Motorola 公司推出的同步接口技术。SPI 的通信原理很简单,它以主从方式工作,这种模式通常有一个主设备和一个或多个从设备,需要至少 4 根线,事实上 3 根线也可以(用于单向传输时,也就是半双工方式),其也是所有基于 SPI 的设备共有的,它们是 SDI(数据输入)、SDO(数据输出)、SCK(时钟)、$\overline{CS}$(片选)。

对于 SPI,可 3 线或 4 线配置,如图 7-8 和图 7-9 的连接图所示。在 DATA_FORMAT 寄存器(地址 0x31)中,选择 4 线模式清除 SPI 位(位 D6),选择 3 线模式则设置 SPI 位。最大负载为 100 pF 时,最大 SPI 时钟速度为 5 MHz,时序方案按照时钟极性(CPOL)= 1,时钟相位(CPHA)= 1 执行。如果主处理器的时钟极性和相位配置之前,将电源施加到 ADXL345,$\overline{CS}$ 引脚应在时钟极性和相位改变之前连接至高电平。使用 3 线 SPI 时,推荐将 SDO 引脚上拉至 VDD 或通过 10 kΩ电阻下拉至接地。

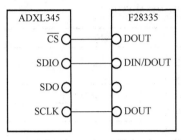
图 7-8 3 线 SPI 连接图

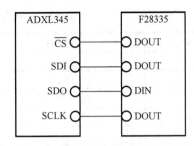
图 7-9 4 线 SPI 连接图

通信开始时，微控制器选择 $\overline{CS}$ 置位，$\overline{CS}$ 复位则通信结束，SCLK 由微控制器提供串行时钟。SDI 和 SDO 是串行数据输入与输出，它们分别在时钟的上升沿获取数据。一次通信过程中读写多字节必须要设定 MB 位(multiple-byte bit)，在读取完第一个寄存器的数据后，ADXL345 会自动将地址指向下一个寄存器，我们知道 ADXL345 三轴加速度传感器输出 16 位二进制补码，每个轴都分配了 2 字节输出数据寄存器，共 6 个，地址为 0x32～0x27，这样会连续输出 6 字节数据。但对地址非连续的寄存器进行操作必须通过 $\overline{CS}$ 停止通信并单独设定下一个要操作的寄存器地址，然后再建立通信。所以通过 SPI 读取 ADXL345 采集的数据只能连续读取 6 字节数据，然后地址返回 0x32 连续读取 6 字节数据。

2) ADXL345 的 I^2C 通信方式

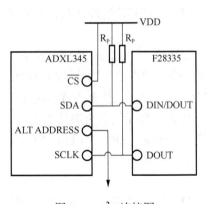
图 7-10 I^2C 连接图

如图 7-10 所示，$\overline{CS}$ 引脚拉高至 VDD，ADXL345 处于 I^2C 模式，需要简单 2 线式连接，便能支持标准(100 kHz)和快速(400 kHz)数据传输模式。支持单个或多个字节的读取/写入。ALT ADDRESS 引脚处于高电平，器件的第 7 位 I^2C 地址是 0x1D，随后为 R/W 位。这时转化为 0x3A 写入，0x3B 读取。通过 ALT ADDRESS 引脚(引脚 12)接地，可以选择备用 I^2C 地址 0x53，这时转化为 0xA6 写入，0xA7 读取。

对于任何不使用的引脚，没有内部上拉或下拉电阻，因此，$\overline{CS}$ 引脚和 ALT ADDRESS 引脚悬空或不连接时，任何已知状态或默认状态不存在。使用 I^2C 时，$\overline{CS}$ 引脚必须连接至 VDD，ALT ADDRESS 引脚必须连接至 VDD 或接地。由于受通信速度限制，使用 400kHz I^2C 时，最大输出数据速率为 800 Hz，与 I^2C 通信速度按比例呈线性变化。以高于推荐的最大值和最小值所包括的范围的输出数据速率运行，可能会对加速度数据产生不良影响，包括采样丢失或额外噪声。

3) ADXL345 的接口设计

在明确了 ADXL345 与微处理器的两种接口方式以后，我们进行 ADXL345 的接口设计。图 7-11 所示即为 I^2C 硬件接口原理图。

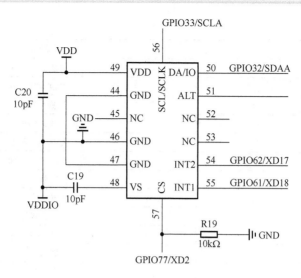

图 7-11　I^{2}C 硬件接口原理图

7.3.3　数据显示模块设计

液晶显示屏是一种将液晶显示器件、连接件、集成电路、PCB 线路板、背光源、结构件装配在一起的组件，英文名称为 LCD Module，简称 LCM，长期以来人们都习惯称其为液晶显示模块。本章数据显示模块采用 5.0 寸（1 寸=1/3 米）TFT 液晶屏 TK050F5590。

1）液晶屏显示原理

液晶屏由两块平行的薄玻璃板构成，两块玻璃板之间的距离非常小，填充的是被分割成很小单元的液晶体，液晶板的背面有发光板作为液晶屏的背光源，使液晶屏亮起来。液晶屏中的液晶体在外加交流电场的作用下排列状态会发生变化，呈不规则扭转形状，形成一个个光线的闸门，从而控制液晶显示器件背后的光线是否穿透，呈现明与暗或者透过与不透过的显示效果，这样人们可以在液晶屏上看到深浅不一、错落有致的图像。液晶屏有体积小、重量轻、显示面积大、无辐射、低能耗和环保等特点。

2）液晶屏引脚配置

TK050F5590 液晶屏外部接口主要包含电源供电、数据线以及控制接口等功能引脚，主要引脚定义如表 7-5 所示。

表7-5　液晶屏主要引脚功能定义

序号	符号	功能
1	VCC	逻辑电源
2	GND	电源地
3	D0	数据总线位 0
4	D1	数据总线位 1
5	D2	数据总线位 2
6	D3	数据总线位 3
7	D4	数据总线位 4

续表

序号	符号	功能
8	D5	数据总线位 5
9	D6	数据总线位 6
10	D7	数据总线位 7
11	D8	数据总线位 8
12	D9	数据总线位 9
13	D10	数据总线位 10
14	D11	数据总线位 11
15	D12	数据总线位 12
16	D13	数据总线位 13
17	D14	数据总线位 14
18	D15	数据总线位 15
19	CS	片选信号
20	RS	地址总线位
21	WR	写选择信号
22	RD	读选择信号
23	RST	复位信号
24	BL_CTR	背光

3) 硬件电路设计

以 TSM320F28335 为微控制器，液晶屏显示系统的硬件电路原理图如图 7-12 所示，液晶显示模块的所有数据总线、地址总线和控制信号均由微控制器产生。

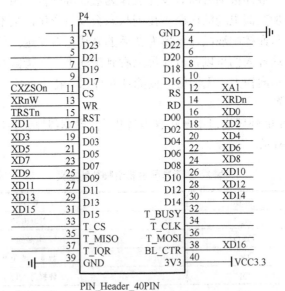

图 7-12　硬件电路原理图

7.4 软 件 设 计

在地铁车厢振动信号滤波系统中,主要实现了对地铁车厢振动信号的采集、滤波、传输和显示。本节介绍的软件程序设计,均是针对微控制器 TMS320F28335 而言的,通过对控制芯片软件程序的编写来实现整个系统的功能。

7.4.1 软件结构设计

控制器主程序负责所有任务的整体调配,能够实现系统所有功能,同时保证数据的实时性和有效性。

本系统在软件设计方面主要从信号的采集、滤波、传输和显示等 4 个方面展开。以微控制器 TMS320F28335 为核心,使用 ADXL345 加速度传感器模块采集振动信号,通过滤波后,将数据传输到微控制器,微控制器将接受到的数据在 TFT 液晶屏上显示出来,从而完成整个系统功能。

首先,进行系统的初始化,包括引脚、时钟、中断、传感器模块、SPI、TFT 液晶屏和看门狗等;其次,进行主程序的设计编写,设计每 50ms 进行一次信号采集,经滤波处理后,通过 I^2C 传输到 CPU 中;最后,在 TFT 液晶屏上将信号图像还原。在数据采集过程中,信号的显示一直进行,直到下一次信号的采集处理完毕后,才进行显示的刷新。具体流程如图 7-13 所示。

图 7-13 程序总流程图

在程序执行过程中,主函数的程序会一直执行,利用微控制器 TMS320F28335 芯片的看门狗功能不断地检测程序是否工作正常,若发现程序运行不正常,则会自动进行软件复位。

7.4.2 模块驱动软件设计

本系统采用 ADXL345 加速度传感器模块采集信号。系统在采集时设定固定的采样频率为 100Hz,在采集过程中采用实时变化的动态平衡点,对振动状况设定一个固定带宽,对于带宽之外的数据,认为是一次振动,从第一次超过带宽记为一次振动的开始,到采集结果落在带宽内 50 次,记为振动结束,将这次振动的最大最小值和振动的开始时间作为一条记录存储下来并显示。同时在每一次振动过程中采用软件滤波的方法,将大的冲击干扰信号滤去。这种采集方式,不仅可以恢复列车振动情况,而且大大降低了采集的数据量。

在一次完整的振动过程中,只保留这期间的加速度最大和最小值,其余的数据全部丢弃,首先动态采集数据,以确定传感器在目前状态下的平衡零点。随后,根据我们设定的滤波带宽值,确定是否是一次冲击振动。对于某些突发干扰信号,由于是瞬间的,一次振动中的采样点数很少。考虑到这点,设定了滤波长度来实现长度滤波,将小于这个长度的振动数据忽略。每一次采样,为了保证 A/D 转换 12 位的精度,采用多次求平均值的方式。

对于动态采集传感器平衡零点是采用滑动平均值滤波来实现的,如图 7-14 所示。在存储器中开辟一个存储段,用来保存每次 A/D 转换的采样值,N 次采样求平均,作为当前平均值。下一次采样值先与当前平均值比较,判断振动是否开始或者有效以及振动的结束。如果采集信号在带宽内,则新值替代前面的一个采样值,依次向前替代。即新的测量结果放在队尾,丢弃队首的数据。这样在测量队列中始终有 N 个"最新"的振动信息记入平均值,这种算法的实质是滑动平均值滤波。用滑动平均值滤波来实现动态平衡零点标准,可以大大消除列车运行中随机振动的影响,削弱了干扰信号,提高了测量的精度,避免了零漂对系统的影响。

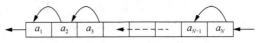

图 7-14 滑动平均值滤波示意图

采集模块的主程序流程图和中断模块流程图如图 7-15、图 7-16 所示,在初始化模块中进行采样频率的设定,并建立系统平衡零点。在进行采集时,有一个加速度值超过了平衡零点的波动范围的时候,将数据有效位置 1,认为是一次振动的开始。中断内有 1 个重复次数的判断,当加速度值在平衡零点波动范围内,重复 50 次时,认为振动结束,建立结束标志位,并在判断是否为干扰信号后,保留数据,开始下一次振动的采集。

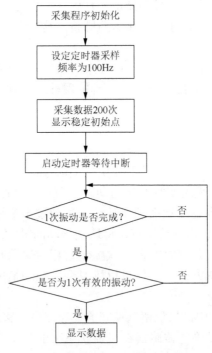

图 7-15 采集模块的主程序流程图

第 7 章 地铁车厢振动信号滤波系统的工程实例设计

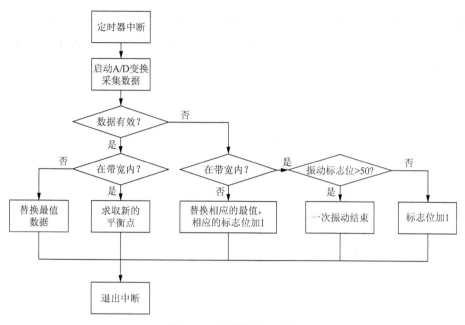

图 7-16 中断模块流程图

7.4.3 系统程序

1) 主程序

在地铁车厢振动信号滤波系统中,主程序主要包括各个模块的初始化、信号的采集和显示,具体程序如图 7-17 所示。

```
55 void main(void)
56 {
57
58      InitSysCtrl();          //系统初始化
59      InitGpio();             //引脚初始化
60      DINT;                   //禁止全局中断
61      InitPieCtrl();          //初始化PIE控制寄存器
62      IER = 0x0000;
63      IFR = 0x0000;
64      InitPieVectTable();     //初始化PIE向量表
65      Init_adxl345();         //加速度传感器初始化
66      I2CA_Init();            //I2C初始化
67      EINT;                   //使能全局中断
68      GIULCD_init();          //液晶屏初始化
69      GIULCD_clear();         //清屏
70      GIULCD_onled();         //打开背光
71
72      while(1)
73      {
74          ADXL345_collect();  //信号采集
75          display();          //数据显示
76          ServiceDog();       //看门狗
77      }
78 }
```

图 7-17 系统主程序

2) 子程序

在信号采集过程中,使用 ADXL345 传感器模块,采集振动信号数据,并通过滑动平均值的处理方法进行信号的滤波，采用 I²C 的通信方式，实现与 TMS320F28335 微控制器的数据通信。具体信号采集程序、滑动平均值滤波程序、数据显示程序分别如图 7-18～图 7-20 所示。

```
67  void Multiple_read(unsigned char SlaveAddress)
68  {
69      unsigned char i;
70      Start();                                    //起始信号
71      SendByte(SlaveAddress);                     //发送设备地址+写信号
72      if(SlaveAddress==ADXL345_SlaveAddress)
73      {
74          SendByte(0x32);                         //发送存储单元地址，从0x32开始
75      }
76      else
77      {
78          SendByte(0x03);
79      }
80      Start();                                    //起始信号
81      SendByte(SlaveAddress+1);                   //发送设备地址+读信号
82      for (i=0; i<6; i++)                         //连续读取6个地址数据，存储中BUF
83      {
84          BUF[i] = RecvByte();                    //BUF[0]存储0x32地址中的数据
85          if (i == 5)
86          {
87              SendACK(1);                         //最后一个数据需要回NOACK
88          }
89          else
90          {
91              SendACK(0);                         //回应ACK
92          }
93      }
94      Stop();                                     //停止信号
95      Delay5ms();
96  }
```

图 7-18 信号采集程序

```
128  int Filter()
129  {
130      int i;
131      int filter_sum = 0;
132      filter_buf[FILTER_N] = Get_AD();
133      for(i = 0; i < FILTER_N; i++) {
134          filter_buf[i] = filter_buf[i + 1];    // 所有数据左移，低位仍挡
135          filter_sum += filter_buf[i];
136      }
137      return (int)(filter_sum / FILTER_N);      //求得并返回滑动平均值
138  }
```

图 7-19 滑动平均值滤波程序

```
154
155      void Display_x_y_z(unsigned char C,uint yanshi)  //C=0,1,2分别对应x,y,z轴
156      {
157          double temp;
158          if(Dis_Data[C]<0)
159          {  Dis_Data[C]=-Dis_Data[C];
160             DisplayOneChar(8,0,'-');                  //显示正负符号位
161          }
162          else DisplayOneChar(8,0,' ');                //显示+
163
164          temp=((float)Dis_Data[C])*3.9;               //计算数据和显示
165          CONVERSION_JIASUDU(temp);                    //转换显示需要的数据
166          Display_CONVERSION(C);
167          DisplayString(0,1,"mg/s2");
168      }
```

图 7-20 数据显示程序

7.5 系统集成与调试

系统集成，顾名思义就是将各个分离的设备、模块、功能等集成到相互关联的、统一和协调的系统之中。在本系统中，需要首先搭建硬件平台，硬件平台主要是以 ADXL345 加速度传感器模块为基础的信号采集装置，以微控制器 TMS320F28335 为核心的中央处理系统，以 TK050F5590 液晶屏为基础的数据显示模块；然后将三个模块按照相应的硬件接口方式进行连接，使其组成一个完整的硬件系统。

在完成硬件平台的搭建后，按照 7.4 节所介绍的软件设计方法，以有限状态机为基础编写相应模块的程序。在调试程序时，应注意以下几点：

(1) 先调试每个模块，在每个模块调试好之后，再进行整个系统的调试；
(2) 注意修正一个错误的同时可能会引入新的错误；
(3) 出现错误时，设置断点，进行单步调试以及部分程序调试，提高效率；
(4) 在程序中插入打印语句，比较容易检查源程序的有关信息。

7.6 本章小结

本章从系统整体设计出发，介绍了系统的功能特征、整体结构以及加速度传感器模块的选型；介绍了以 ADXL345 模块为基础的串行数据通信(SPI 和 I^2C)和基于 TK050F5590 液晶屏的数据显示模块等。在对硬件整体结构进行讲解之后，对微控制器的软件程序进行了设计，以有限状态机的思想对程序进行分模块设计，能够使学生对于程序的编写有一定的了解与掌握。最后，将系统硬件平台集成，对软件程序进行调试，实现整个系统的功能。

7.7 思考题与习题

7.1 简述地铁车厢振动信号滤波系统的功能与结构。
7.2 在本章的介绍中，列举了三种加速度传感器，结合选型原则，比较它们的优缺点。
7.3 对于本章的系统，该如何选择加速度传感器？说明理由。
7.4 结合本章知识，说明在进行信号采集时，对干扰信号是如何处理的？
7.6 如何设计 DSP 与显示屏通信的硬件电路与通信？
7.7 请读者思考，在程序执行时，如何保证任务的实时性以及准确性？
7.8 软件调试时，应注意什么？

第8章 生物特征识别系统的工程实例设计

随着社会的信息化、数字化和网络化进程不断加快，人与人之间的信息交流越来越快捷，身份的隐性化和数字化趋势日趋显著。但随之而来的利用身份欺骗而造成公司、个人的机密数据泄露和利益受损等问题也日益严重起来，这就对身份鉴别技术提出了重大的挑战。如何快速、自动且准确地鉴别个人身份，保护信息安全成为当今信息化时代必须解决的关键性社会问题。现代身份鉴别技术不但要求具有极高的准确性、安全性，鉴别过程自动化、易于管理和以人为本也是其应该具有的关键特征。

身份鉴别就是通过特定方式来确认用户身份的过程。一般来说，身份鉴别可以分为三大类：第一类根据被认证对象所掌握的信息来确定其身份，如身份识别码、口令等；第二类是利用被认证对象所拥有的物品对其进行身份鉴别，如各种护照、身份证件、信用卡等；第三类是依据被识别对象所具有的特征进行身份鉴别，如语音、虹膜、指纹等生物学特征。前两类身份鉴别技术目前应用十分广泛，但它们却都具有局限性。例如，密码有可能被遗忘，也有可能被盗；信用卡有可能遗失，甚至有可能被伪造。这两类身份鉴别技术固有的局限性所产生的根本原因在于其认证操作对象并不是被识别人本身，而是通过对物品(或者知识)进行识别从而间接认证人的身份。随着科学技术的飞速发展，在电子商务、公共安全、社会保险、金融通信等许多应用领域，这两类根据"此物即此人，彼物即彼人"的思路进行认证的方式已经不能适应日益严格的身份识别要求。相比较而言，当前日益受到关注的生物特征识别认证则是一种更为方便、更为可靠的认证方式。

生物特征识别认证是根据人体所固有的生理特征或行为特征来确定被识别人身份的一种技术。人类所具有的生物特征有人脸、视网膜、体味、手形、姿态、语音、签名、指纹、掌纹、虹膜、笔迹等很多种。但是可以用于身份认证的生物特征必须满足以下条件：普遍性，即每个人都要拥有此生物特征；唯一性，即任何两人的此特征不能完全相同；永久性，即此特征相对于时间的流逝具有不变性；可采集性，即此特征能被采集和检测；性能，体现了识别的精度；可接受性，表明人们对此生物特征乐于接受的程度；安全性，指纹、虹膜等生物特征本身就具有以上的优异特性，根据这些生物特征进行识别，显然可以从本质上克服间接认证的局限性，并能够满足人们对认证方式的更高要求。生物特征识别技术产业将拥有越来越大的市场，应用前景十分乐观。下面对现在应用较多的生物特征识别技术作一个简要的叙述。

语音识别：通过对语音频率进行分析从而识别说话的人。语音识别系统每隔0.01s对声音频率进行一次采集，这些频率曲线被整合在一起从而描述人在1s内产生的语音声波，并以此为依据进行分析识别。与其他生物识别技术相比，语音识别比较复杂而且精度也不高。

手形识别：依据特殊的方程式对每根手指和手指的指关节的尺寸和形状进行嵌入式指纹识别系统研究及整只手的尺寸进行二维测量，利用手形图像进行识别，目前来说，准确性也比较低。

人脸识别：通过对脸部特征的唯一形状、位置、模式进行分析来识别人。主要识别方法有基于标准像技术和基于热量绘图技术。虽然人们对人脸识别技术做了大量的研究，但依然不能保证识别的精度和系统的可靠性。

虹膜识别：通过摄像机来取得虹膜的特征样本并将人的虹膜形状图像转化成数字信号，然后与存储模板进匹配。这是所有生物识别技术中最为可靠的技术，但是由于它对盲人和眼疾患者无效，且人们不大愿意接受这种识别方式，潜意识认为对人眼有伤害，而且价格高昂，所以并未完全普及。

指纹识别：指纹具有唯一性和终生不变性，通过比对两幅指纹图像的全局特征和局部细节特征可以对指纹进行识别。自动指纹识别兴起于20世纪60年代，它利用计算机对指纹进行识别，从而取代了人工操作。发展至今它已经成为生物特征鉴别技术中应用最为广泛、最为方便的一种生物识别技术。随着计算机技术的飞速发展，低价位、高性能指纹传感器的出现，以及高可靠性、识别速度更快的算法的研究实现，自动指纹识别技术将会越来越多地进入到我们的生活和工作中。作为一种性价比较高的身份认证技术，指纹识别有着十分广阔的应用前景，将成为生物特征识别技术的主流。

8.1 系统功能说明

目前，市面上指纹考勤系统常见的有两种：一种是联机式产品，其工作时须有计算机支持，多个系统共享指纹识别设备，需要建立大型的数据库存储指纹信息，并且指纹的比对需要由后台计算机支持。后台 PC 负担被大大加重，而且无论考勤机、传路、计算机出现任何故障，都会导致整个考勤系统的瘫痪，降低系统处理能力和处理进度。另一种是脱机型产品，单机就可完成考勤全部过程，使用方便，所以脱机型产品得以广泛应用，本书研制的指纹考勤系统就属于该类型。另外，现有脱机型产品在对考勤信息进行统计时都是 485 网络与管理计算机连接起来，因而，就要求考勤地点附近有一台管理计算机，且对于地势不好的地点铺设线路非常麻烦。

8.2 系统总体设计

本实例研制的无线指纹考勤机基于指纹识别和无线通信这两种技术，不仅单机就可完成考勤管理的全部过程，包括指纹采集、比对、时间管理、进出状态管理等多种功能，无需计算机的支持，节省了用户投资，使得系统总体成本降到最低，而且可以将考勤记录通过无线通信模块上传至上位处理机，从而有效地解决了架设相应网络造成的不便，减少了由于线缆故障造成的损失，并在传统 PC 通信流程基础上做出了改进，通信质量得到很大提高，系统管理更加方便、高效。

8.2.1 应用系统结构设计

该系统的硬件部分包括指纹识别模块、CPU、电源模块、无线数据传输模块、实时时钟模块、键盘和 LCD 显示模块。整个系统的整体设计结构如图 8-1 所示。

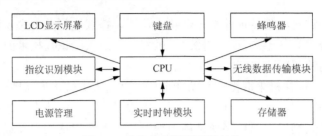

图 8-1 生物特征识别系统结构

8.2.2 相关模块选型

1) CPU

无线指纹考勤机的 CPU 采用 TI 公司生产的 TMS320F28335 处理器。TMS320F28335 型数字信号处理器是 TI 公司的一款 TMS320F28x 系列浮点 DSP 控制器。与以往的定点 DSP 相比，该器件的精度高、成本低、功耗小、性能高、外设集成度高、数据以及程序存储量大、A/D 转换更精确快速等。

TMS320F28335 具有 150MHz 的高速处理能力，具备 32 位浮点处理单元，6 个 DMA 通道支持 ADC、McBSP 和 EMIF，有多达 18 路的 PWM 输出，其中有 6 路为 TI 特有的更高精度的 PWM 输出（HRPWM），12 位 16 通道 ADC。得益于其浮点运算单元，用户可快速编写控制算法而无须在处理小数操作上耗费过多的时间和精力，与前代 DSP 相比，平均性能提高了 50%，并与定点 C28x 控制器软件兼容，从而简化了软件开发，缩短了开发周期，降低了开发成本。

F2833x 在保持 150MHz 时钟速率不变的情况下，新型 F2833x 浮点控制器与 TI 前代领先数字信号控制器相比，性能平均提高了 50%。与作用相当的 32 位定点技术相比，快速傅里叶变换(FFT)等复杂计算算法采用新技术后性能提升了一倍之多。256KB 的 Flash 存储器提供了足够的容量用于控制软件的设计、编写及调试，并可重复使用。34KB 的内部 RAM 可以保存程序控制时的参数以及临时待发的指纹考勤信息。32 个 I/O 口用于外部键盘、LCD 模块、实时时钟及大容量存储器的连接控制，一个串行通信口用于指纹识别模块传送控制信息以及与无线数据传输模块之间考勤信息的通信，足够多的中断控制器可以满足键盘按键、串口通信发送/接收控制时的 CPU 中断需求。

2) 无线数据传输模块

无线通信环节是整个系统的关键部分，它联系着指纹考勤机与管理中心计算机，是考勤信息的传输通道。作为一个嵌入式系统，无线数据传输模块具有低功耗、较长传输距离、较好的抗干扰能力以及体积小等特点。

该系统采用的是基于 nRF401 的 PTRZ000+微小型、低功耗、高速率 19.2Kbit/s 无线数据传输模块，此模块采用抗干扰设计。另外，由于采用了低发射功率、高灵敏度设计，因而可以满足无线管制的要求且无须使用许可证。该模块内部集成了高频发射、高频接收、PLL 合成、FSK 调制/解调、参量放大、功率放大、频道切换等功能。该无线模块具有以下特征。

（1）体积小，约 40mm×27mm×5mm，且收发合一；

(2) 工作频率为国际通用的 433MHz ISM(Industrial, Scientific and Medica)l 频段，FSK 调制，工作电压为 2.7～5.25V，功耗低；

(3) 工作速度最高可达到 20Kbit/s，带有外置天线，并且由于其低发射频率、高接受灵敏度的设计，因此使用时无须申请许可证，开阔地域的使用距离最远可达 1000m。

3) 键盘、蜂鸣器和 LCD 模块

键盘、蜂鸣器、LCD 模块作为主要的人机交互接口，负责完成信息的输入和输出功能。系统的开关机、系统内参数的设定、用户的指纹登记、删除、修改、验证和识别都需要通过键盘来操作，蜂鸣器用于给予用户操作状态和结果的提示。LCD 模块负责显示系统时间、指纹识别结果、系统菜单的操作内容及结果、用户进出状态等信息，因此它是用户和系统交流信息的主要渠道。

根据实际功能的需要，4×4=16 键的矩阵式键盘就足够满足系统的需求。键盘可以采用行列方式的接口，4 个 I/O 线组成 4 行输入口，另 4 个 I/O 组成 4 列输出口。在行列线的交点上一一放置按键，读键采用中断扫描方式，在按键未被按下时每一条行线都保持高电平，行线和列线呈断开状态。当任意按键按下时，行线和列线连通，与之对应的行线都被拉至低电平状态，这时申请中断，CPU 响应中断，进入中断服务程序后才进行键盘扫描和响应的处理，采用这种方式，CPU 效率较高。

为了使用方便以及人机交互的友好，本系统采用的是台湾矽创电子股份有限公司生产的中文图形控制芯片 ST7920，它是一种内置 128×64-12 汉字图形点阵的液晶显示控制模块，用于显示汉字及图形。该芯片共内置 8192 个中文汉字(16×16 点阵)、128 个字符的 ASCII 字符库(8×16 点阵)及 64×256 点阵显示 RAM(GD-RAM)。为了能够简单、有效地显示汉字和图形，该模块内部设计有 2MB 的中文字型 CGROM 和 64×256 点阵的 GDRAM 绘图区域；同时，该模块还提供有 4 组可编程控制的 16×l6 点阵造字空间；除此之外，为了适应多种微处理器和单片机接口的需要，该模块还提供了 4 位并行、8 位并行、2 线串行以及 3 线串行等多种接口方式，利用上述功能可方便地实现汉字、ASCII 码、点阵图形、自造字体的同屏显示，所有这些功能(包括显示 RAM、字符产生器以及液晶驱动电路和控制器)都包含在集成电路芯片中，因此，只要一个最基本的微处理系统就可以通过 ST7920 芯片来控制其他的芯片。

8.3 硬件设计

本节将对生物特征传感器模块、信号处理模块以及无线传输模块进行详细介绍。

8.3.1 生物特征传感器模块设计

指纹识别模块起着关键性的作用，它的性能好坏直接影响着考勤结果，因此必须选择性能较好的指纹识别模块，本系统采用的是具有 32 位处理器的 VFDA02 指纹识别模块，该模块包括指纹采集器和指纹处理单元，如图 8-2 所示。

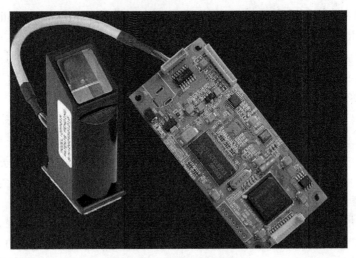

图 8-2　指纹采集模块

指纹识别模块 VFDA02 具有以下性能：
(1) 脱机存储 1760 枚指纹；
(2) 提供 1∶N(N<100) 和 1∶1 比对方式；
(3) 通信：RS232 串口通信或者韦根信号输出；
(4) 指纹采集比对响应时间：1s；
(5) 指纹特征为 400B、可以协同 FDU/FDP 联机模块系统工作。

VFDA02 指纹处理单元包括一个 32 位处理器和一个指令缓存与数据缓存，脱机处理系统的内置处理器有 2MB 的 Flash 和 32 位处理器连接，程序处理协议通过串口连接，指纹特征数据被存储在 Flash 中。由于 Flash 处理速度慢，如果数据被处理使用，数据被转移到 RAM，正在进行的程序保存在 RAM 中，VFDA02 的 RAM 容量为 SMB，PLD 可编程逻辑控制设备内置在处理单元中，使用简单的逻辑连接电路控制光学采集器，电源需接 5V 直流电。

指纹采集器采用的是 CMOS 指纹采集传感器，它通过光学指纹采集头采集指纹信息，采用紧凑化和表面增强漫反射光学棱镜设计，可高速无畸变采集数字化指纹图像，同时传感器具有防刮擦涂层，对静电和干手指等问题解决效果良好。

VFDA02 提供了一个 15 针的输出和控制引脚与外围单片机控制器进行连接，但其中的 4 个引脚就足以给其提供电源和通信，其定义如表 8-1 所示。

表8-1　VFDA02引脚定义

引脚	名称	描述
1	+5V	5V 电源
2	RXD	RS232 电平，串行接收口
3	TXD	RS232 电平，串行发送口
6	GND	电源及信号地

由于 TMS320F28335 采用的是 TTL 电平，而与 VFDA02 通信需要使用的是 RS232 电

平，因此需要使用电平转换电路来完成 TTL 电平和 RS232 之间的电平转换。MAXIM 公司的 MAX232 是 TTL-RS232 电平转换的典型芯片，硬件接口如图 8-3 所示。

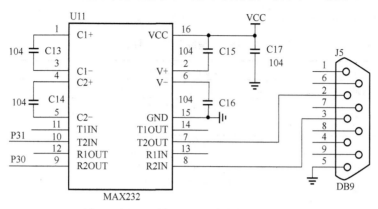

图 8-3 MAX232 硬件接口图

8.3.2 信号处理模块设计

VFDA02 和外围单片机控制器之间通过 RS232 接口采用发送/接收数据包的方式进行通信，外部控制器根据规定的通信协议和指令格式，向指纹处理模块发送控制指令，并接收其返回的状态信息和数据，从而完成所有指纹识别的功能。命令包和响应包都采用相同的数据包格式，只是数据包中的数据内容不同。数据包由 12 字节组成，其格式及含义如表 8-2 所示。

表8-2 通讯数据包格式

1 Byte	1 Byte	2 Byte	2 Byte	2 Byte	2 Byte	1 Byte	1 Byte
0	命令码	参数 1	参数 2	低位额外数据	高位额外数据	错误码	校验和

数据包分为命令包和响应包两种，所有的命令包都是从外围控制器发送给 VFDAO2 的，命令包中需要设置命令码及相应的参数 1 和参数 2，其他字段包括错误码字段的内容都可以设置为 0。指纹识别模块根据命令码进行相应的处理后返回响应包，响应包中命令码字段和命令包中的命令码字段相同，错误码字段中的内容是命令的执行结果，一般情况下，如果命令正确执行完成，错误码字段将返回 0。错误码字段与校验和字段中的内容可以共同用于检验指纹识别模块的工作情况。

在指纹考勤系统中，主要通过指纹识别模块进行四种操作——指纹登记、指纹删除、指纹修改、指纹验证。从而实现指纹考勤的指纹识别和指纹管理这两大核心功能。下面对各种操作进行一一介绍。

1）指纹登记

指纹登记需同时登记该指纹对应的 ID 号，ID 号和指纹一一对应，所有指纹的操作也都是根据 ID 号来进行的。若指纹识别成功，返回结果就包括该指纹对应的 ID 号，登记时，系统可自动给出 ID 号，也可自定义号码，直接使用键盘输入即可，号码前的"0"无须输入，系统自动补齐。按放时，注意将手指放在指纹采集器的正中间，同一手指需连续按放

2 次，2 次采集到信息对比成功才说明指纹登记成功，模块把采集到的指纹特征信息和 ID 号同时保存到 Flash 中。一枚指纹登记成功，外围控制器发送给 VFDA02 的指纹登记命令包和响应包的格式如表 8-3 所示。

表8-3 指纹登记数据包

指纹登记开始命令包							
0x00	0x50	ID	0	0	0	0x00	CheckSum
指纹登记开始响应包							
0x00	0x50	ID	0	0	0	0x00	CheckSum
指纹登记结束命令包							
0x00	0x51	ID	0	0	0	0x00	CheckSum
指纹登记结束响应包							
0x00	0x51	0	0	0	0	0x00	CheckSum

2）指纹删除

指纹删除需要根据指纹的 ID 号来删除，如果该 ID 号没有登记过，则会返回错误。如果删除一枚指纹成功，指纹删除的命令包和响应包如表 8-4 所示。

表8-4 指纹删除数据包

指纹删除命令包							
0x00	0x54	ID	0	0	0	0x00	CheckSum
指纹删除响应包							
0x00	0x50	ID	0	0	0	0x00	CheckSum

3）指纹修改

指纹修改也需要根据指纹的 ID 号来进行修改，同样对指纹的采集也需要 2 次，如果该 ID 号未登记，则返回错误。如果修改一枚指纹成功，指纹修改的命令包和响应包如表 8-5 所示。

表8-5 指纹修改数据包

指纹修改开始命令包							
0x00	0x52	ID	0	0	0	0x00	CheckSum
指纹修改开始响应包							
0x00	0x52	0	0	0	0	0x00	CheckSum
指纹修改结束命令包							
0x00	0x53	ID	0	0	0	0x00	CheckSum
指纹修改结束响应包							
0x00	0x53	0	0	0	0	0x00	CheckSum

4）指纹验证

指纹识别是将采集到的指纹与已登记的所有指纹进行对比。如果识别一枚指纹成功，指纹识别的命令包和响应包如表 8-6 所示。

表8-6 指纹验证数据包

指纹识别命令包								
0x00	0x56	0	0	0	0	0x00	CheckSum
指纹识别响应包								
0x00	0x56	ID	0	0	0	0x00	CheckSum

8.3.3 无线数据传输模块设计

PTR2000+无线数据传输模块共有 7 个引脚，如表 8-7 所示。

表8-7 PTR2000+模块引脚说明

引脚	名称	描述
1	VCC	正电源，接 2.7～5.25V
2	CS	频道选择： CS=0 选择工作频道 1，433.92MHz； CS=1 选择工作频道 2，434.33MHz
3	DO	数据输出
4	DI	数据输入
5	GND	接地
6	PWR	节能控制： PWR=1，正常工作状态； PWR=0，待机微功耗状态
7	TXEN	发送与接收状态转换控制： 当 TXEN=1 时，模块为发射状态； 当 TXEN=0 时，模块为接收状态

PTR2000+无线数据传输模块使用简单，首先处于发射端的指纹考勤机的 CPU 串行通信口的 TXD、RXD 与 PTR2000+的数据输入引脚 DI 和数据输出引脚 DO 分别相连。同时通过连接数据传输模块的 TXEN 引脚和 CPU 的一个 I/O 引脚就可以控制数据传输模块的数据发送和接收。当 TXEN 为高电平时，选择发送模式，CPU 将发送信息按照一定的协议，送入 DI 引脚发射，而当 TXEN 为低电平时，选择接收模式，收到信号后，PTR2000+通过 DO 引脚将信号引入 CPU 的 RXD 端。无线数据通信系统包括以下两部分。

1）PTR2000+与 CPU 接口电路

由于 PTR2000+无线数据传输模块可以进行串行数据传输，所以可利用其作为单片机和管理 PC 之间考勤信息数据传输的装置，基于 PTR2000+模块的单片机无线收发系统应具备以下 3 种工作模式。

(1) 发送：在发送数据之前，应将模块先置于发射模式，即 TXEN=1，然后等待至少 5ms 后，即接收到发射的转换时间才可以发送数据，发送结束后应将模块置于接收状态，即 TXEN=0。

(2) 接收：接收时应将 PTR2000+置于接收状态，即 TXEN=0，然后将接收到的数据直接送到单片机串口。

(3) 待机：当 PWR=0 时，PTR2000+进入节电待机模式，但该模式下不能发送和接收数据。

PTR2000+的三种工作模式，即接收模式(TXEN=0)、发送模式(TXEN=1)和等待模式，如表 8-8 所示。

表8-8 PTR2000+工作模式说明

TXEN	CS	PWR	频道	模式
0	0	1	1	接收
0	1	1	2	接收
1	0	1	1	发送
1	1	1	2	发送
×	×	0	—	等待

PTR2000+与 CPU 的接口电路图如图 8-4 所示。

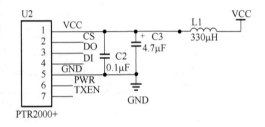

图 8-4 PTR2000+与 CPU 的接口电路图

CPU 的 RXD 和 TXD 分别与 PTR2000+的 DO 和 DI 相连接，P0.5 和 P0.6 分别与 PTR2000+的 PWR 和 TXEN 相连，CS 直接接地选择频道 1，即 433.92MHz。图中 L1 是 330μH 的电感，电容 C2 为 0.1μF，电容 C3 最好选用 4.7μF 的钽电容。

2) PTR2000+与计算机的接口电路

CPU 通过串行通信接口发送考勤记录或系统日志等信息给 PTR2000+，并且控制 PTR2000+发送信息，同时在管理中心 PC 端也需要有一个 PTR2000+接收终端用于接收信息。PTR2000+与计算机 COM 口相连之间可以加上一片电平转换芯片 MAX232 完成 TTL 电平到 RS232 电平的转换，并可以将 COM 口的 RTS 引脚经电平转换后连 PTR2000+的 TXEN 引脚来进行数据传输模块的发送或接收转换，因而实现无线传输考勤信息到管理中心 PC 的功能。

8.4 软件设计

无线指纹考勤系统的软件按照安装位置的不同分为下位机指纹考勤机的控制软件和上位机管理 PC 的考勤信息管理软件。下位机控制软件在 CCS6.0 开发环境下编写完成，软件的调试和仿真采用的是 XDS100-V3 型仿真器，上位机管理 PC 上的考勤信息管理软件在 Delphi7.0 集成开发环境下完成。

8.4.1 软件结构设计

无线指纹考勤系统的下位机软件的功能主要由七部分组成，如图 8-5 所示。它们之间在考勤信息数据的共享上有一定的联系，而在软件功能实现上又相对独立。因此，各模块的功能设计可以分别进行，这样便于软件的调试、升级和维护。

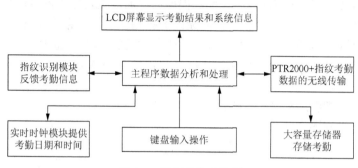

图 8-5 控制软件功能图

程序的主体结构由一个控制环路组成，控制软件由一个控制环路和中断组成。主控部分完成初始化工作，LCD 屏幕完成显示等任务，中断部分完成指纹识别、键盘的检测，无线通信接口完成发送/接收数据等任务。系统控制软件主流程图如图 8-6 所示。

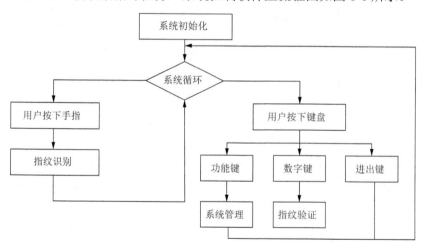

图 8-6 系统控制软件主流程图

主控制程序包括系统初始化和系统循环，系统初始化程序根据需要进行初始化的参数设置，主要包括：初始化各个 I/O 口、串口及相应的全局变量；初始化 LCD 屏幕显示，配置 PTR2000+工作所需的参数，首先设定为发射模式；启动看门狗电路；初始化 DS1302 的工作状态，启动时钟；GM8123 串口扩展芯片的通道选择配置。系统循环是一个死循环，等待系统中断，进而进入系统中断程序。

8.4.2 模块驱动软件设计

1)指纹识别模块

指纹识别模块控制程序包括指纹考勤程序和指纹管理程序。指纹考勤流程图如图 8-7 所示。

指纹考勤程序可以自动识别指纹,或者根据用户通过键盘输入的 ID 号和输入的指纹进行验证,如果成功则记录考勤数据,控制无线数据通信模块根据系统设置的数据发送的不同方式(响应、即时、定时)对考勤信息做出不同的处理,并将信息写入大容量存储芯片。

指纹管理程序需进入系统管理菜单才能完成对指纹的登记、修改、删除操作,因而在使用该机之前必须设定系统的管理员,并验证或识别其指纹。进入指纹管理,可以分别对管理员普通用户的指纹进行登记、修改、删除管理的操作。

指纹登记的流程图如图8-8所示。

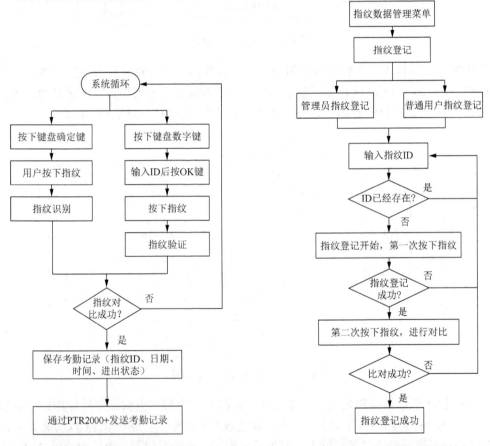

图 8-7 指纹考勤流程图　　　　图 8-8 指纹登记流程图

指纹删除的流程图如图 8-9 所示。指纹修改的流程图如图 8-10 所示。

2)系统管理模块

系统管理不仅包括指纹数据管理,还包括系统设置和系统信息的管理。系统功能管理图如图 8-11 所示。

第 8 章 生物特征识别系统的工程实例设计

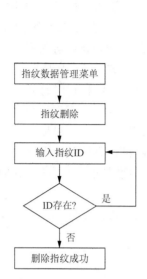

图 8-9　指纹删除流程图

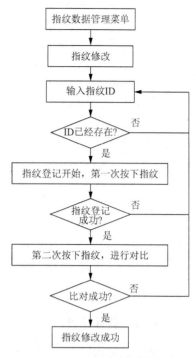

图 8-10　指纹修改流程图

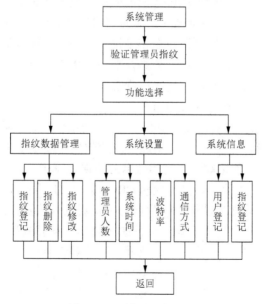

图 8-11　系统功能管理图

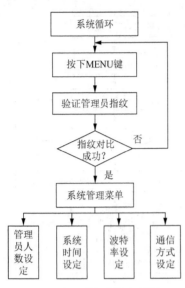

图 8-12　系统设置流程图

指纹数据的管理由指纹管理模块处理，系统设置主要包括管理员人数、系统时间、考勤机号、波特率、警示音开关、用户进出状态，系统设置主要通过 LCD 屏幕交互显示信息，键盘中断并根据所选择的内容进入不同的子程序中，例如，对系统时间的修改，首先以系统管理员的身份（需要识别系统管员的指纹）进入系统管理菜单，并选择系统时间设定选项，此时系统时间是 LCD 屏幕上显示的时间，游标已经打开，闪烁在系统日期的位置上，可以通过键盘的数字键和"→"与"←"键对日期、时间、星期分别进行设定，之后按键盘 OK 键，系统时间设定成功，之后的考勤信息中的日期时间随之更改。其他系统参数的设定均类似。

系统设置的流程图如图 8-12 所示。

8.4.3　上位机管理软件设计

1) 无线通信协议设计

用户考勤成功，通过控制程序 CPU 对指纹考勤信息进行打包处理，组合成 [机器 ID 号][用户 ID 号][考勤日期、时间][进出状态]的简单的指纹考勤信息包，然后通过无线数据传输模块 PTR2000+发送出去，在管理 PC 端的 PTR2000+进行考勤信息数据包的接收，虽然是简单的数据传输，但在通信时发射端和接收端之间还是很可能受到外界的干扰而使接收到的数据发生错误，因此需要设计一种协议来保证接收端能正确地接收到从发射端发送的数据，并确认所接收到的数据是否是实际数据。

简单无线数据传输协议的目的表述如下。

(1) 最小的杂项开销：无线数据传输协议若想为有效的协议，必须增加一些信息到主要信息中，包括识别代码错误、检验等，增加信息的数量必须是所需信息中最少的。

(2) 有效性：协议必须能可靠地将有用数据从错误数据中分离出来。通常是在数据流中嵌入错误检验格式来实现校验，奇偶校验和 CRC 都是检错码的常用格式。

(3) 可靠性：一个协议如果能够纠正数据的错误则认为该协议是可靠的。

(4) 优化无线功能：一个协议应该以一种能充分利用发射机和接收机的方式工作。

外界的不确定因素如电磁干扰，电源及噪声干扰等都有可能在无线传输过程中影响数据的传输，导致传输数据的错误。所以必须制定容错性和纠错性较好的通信协议，协议的首要任务就是能够识别噪声和有效数据，噪声是以随机字节出现的，没有明显的方式。一个理想的噪声源应能够产生每一种可能字节信息的结合噪声，这种特性使得寻找一种字节组合作为有效包的开始相当困难，幸运的是噪声并不是理想的。

所以必须找到一些固定字节的组合作为有效数据的开始，通过测试发现 0xFF、0xFF、0x00 的组合在噪声中出现的概率极低，所以一个简单的协议设计如下：

```
[0xFF][ 0xFF][ 0x00][包类型][Data 0]…[Data n][Check Sum]
```

段表示传输内容的命令和数据。在该系统中,指纹考勤机发送的有效数据是以[机器ID号][用户ID号][考勤日期、时间][进出状态]格式的数据字节流。校验和部分采用前面所有帧的左右字节累加值求 255 的模,因而接收端可以根据校验和进行错误检测,当接收机接收到数据头(0xFF、0xFF 后跟着 0x00)时,接收端决定包的类型并将其送入接收缓冲器进行检验,若数据错误,则进行改正。

2) 串口通信软件设计

上位机的考勤信息管理软件主要是安装在管理 PC 上的中心管理软件,它负责对接收到的考勤数据进行处理、存储并对考勤数据进行分类管理,并可实现对考勤记录的查询、统计、打印等功能,同时它也是一个综合的信息管理系统,对人员管理、排班管理、特殊情况管理等情况进行处理。

考勤信息是通过PTR2000+接收到从无线考勤机发送的考勤信息进而通过PC的串口获得,因而也需要设计一个串口通信接口程序。本系统的串口通信软件设计通过 Delphi 软件设计。

Delphi 实际上是 Pascal 语言的一种版本,但它与传统的 Pascal 语言有天壤之别。一个 Delphi 程序首先是应用程序框架,而这一框架正是应用程序的"骨架"。在"骨架"上即使没有附着任何东西,仍可以严格地按照设计运行。我们所需要做的工作只是在"骨架"中加入自己的程序。因此,可以说应用程序框架通过提供所有应用程序共有的东西,为用户应用程序的开发打下了良好的基础。Delphi 做好了一切基础工作——程序框架,它就是一个已经完成的可运行的应用程序,只是不处理任何事情。我们所需要做的,只是在程序中加入完成所需功能的代码。在空白窗口的背后,应用程序的框架正在等待用户的输入。由于并未告诉它接收到用户输入后作何反应,窗口除了响应 Windows 的基本操作(移动、缩放等)外,它只是接收用户的输入,然后再忽略。Delphi 把 Windows 编程的回调、句柄处理等繁复过程都放在一个不可见的覆盖物下面,这样就可以不为它们所困扰,轻松从容地对可视部件进行编程。

面向对象的程序设计(Object-Oriented Programming,OOP)是 Delphi 诞生的基础。OOP 立意于创建软件重用代码,具备更好的模拟现实世界环境的能力,这使它被公认为是自上而下编程的优胜者。它通过给程序中加入扩展语句,把函数"封装"进 Windows 编程所必需的"对象"中。面向对象的编程语言使得复杂的工作条理清晰、编写容易。说它是一场革命,不是对对象本身而言,而是对它们处理工作的能力而言。对象并不与传统程序设计和编程方法兼容,只是部分面向对象反而会使情形更糟。除非整个开发环境都是面向对象的,否则对象产生的好处还没有带来的麻烦多。而 Delphi 是完全面向对象的,这就使得 Delphi 成为一种触手可及的促进软件重用的开发工具,从而具有强大的吸引力。

一些早期的具有 OOP 功能的程序语言如 C++、Pascal、Smalltalk 等,虽然具有面向对象的特征,但不能轻松地画出可视化对象,与用户交互能力较差,程序员仍然要编写大量的代码。Delphi 的推出填补了这项空白。不必自己建立对象,只要在提供的程序框架中加入完成功能的代码,其余的都交给 Delphi 去做。想要生成漂亮的界面和结构良好的程序,丝毫不必绞尽脑汁,Delphi 将轻松地完成上述的功能,本系统采用它进行上位机考勤信息管理软件的设计与开发。

用 Delphi 开发串口通信软件，一般有两种方法：一种是利用 Windows 的通信 API 函数，另一种是采用 Microsoft 的 MSComm 控件。利用 API 编写串口通信程序较为复杂，需要掌握大量通信知识，其优点是实现的功能强大，应用面广泛，适合于编写较为复杂的低层次通信程序。而利用 MSComm 控件则相对较简单，该控件具有丰富的与串口通信密切相关的属性及事件，提供了对串口的各种操作，本系统利用了 MSComm 控件来对串口进行控制。MSComm 控件的主要属性及事件如下。

(1) CommPort：设置或返回串行端口号，缺省值 1。

(2) Setting：设置或返回串口通信参数，格式为"波特率，奇偶校验位，数据位，停止位"。例如，MSComm1.setting：='9600, N, 8, 1'。

(3) PortOpen：打开或关闭串行端口，格式为 MSComm1.PortOpen:={True|False}。

(4) InBufferSize：设置或返回接收缓冲区的大小，缺省值为 1024 字节。

(5) InBufferCount：返回接收缓冲区内等待读取的字节数，可通过设置该属性为 0 来清空接收缓冲区。

(6) RThreshold：该属性为一个阈值，它确定当接收缓冲区内的字节个数达到或超过该值后就产生代码为 ComEvReceive 的 OnComm 事件。

(7) SThreshold：该属性为一个阈值，它确定当发送缓冲区内的字节个数少于该值后就产生代码为 ComEvSend 的 OnComm 事件。

(8) InputLen：设置或返回接收缓冲区内用 Input 读入的字节数，设置该属性为 0 表示 Input 读取整个缓冲区的内容。

(9) Input：从接收缓冲区读取一串字符。

(10) OutBuffersize：设置或返回发送缓冲区的大小，缺省值为 512 字节。

(11) OutBufferCount：返回发送缓冲区内等待发送的字节数，可通过设置该属性为 0 来清空缓冲区。

(12) Output：向发送缓冲区传送一串字符。

MSComm 控件实际上是一些 Windows API 函数的有机集成，它以属性和事件的形式提供了对 Windows 通信驱动程序的 API 函数接口，为应用程序提供了通过串行接口收发数据的简便方法。因此只需在程序中设置和监视 MSComm 控件的属性和事件即可完成对串口的编程。MSComm 控件提供了两种处理通信的方法：一是事件驱动法；二是查询法。

(1) 事件驱动法。OnComm 事件是 MSComm 控件提供的唯一的事件，当有数据到达端口或端口状态发生改变或有通信错误时，都将触发 OnComm 事件，以获取和处理这些通信事件和通信中产生的错误，通过查询 CommEvent 属性值，可以获得关于通信事件和通信错误的完整信息，进而进行处理。这是一种功能很强的处理串行口错误的方法，具有程序响应及时、可靠性高的优点。

(2) 查询法。查询法是 MSComm 控件的 CommEvent 属性返回通信中产生的事件和错误类型，由控件自动检测和跟踪通信状态后设置，然后由控制软件进行分析和处理，这种方法需要对端口进行实时的查询，占用系统资源较高，因此本系统采用事件驱动法来完成串口通信程序的编写。

8.4.4 系统程序

下位机部分的核心代码如下。

```c
if((*SIG)!=0xAAAA)                          //第一次录入指纹则(*SIG)!=0xAAAA
{
    if(flash_erase(0x80000,0x10))           //擦除整个外扩Flash芯片,擦除成功返回1
    {                                       //擦除成功则设置*SIG为0xAAAA
        flash_writes((unsigned long)SIG,0xAAAA);
        GpioDataRegs.GPADAT.bit.GPIOA0=0;   //擦除成功则LED0灯亮
        delay_loop();                       //延时
        GpioDataRegs.GPADAT.bit.GPIOA0=1;   //LED0灯灭
    }
    else
    {
        GpioDataRegs.GPADAT.bit.GPIOA1=0;   //擦除失败则LED1灯亮
        delay_loop();                       //延时
        GpioDataRegs.GPADAT.bit.GPIOA1=1;   //LED1灯灭
    }
}
void flash_writes(unsigned long addr,unsigned int data)
{
    *FLASH_5555=FLASH_UL1;
    *FLASH_2AAA=FLASH_UL2;
    *FLASH_5555=FLASH_PROGRAM;
    *(unsigned int*)addr=data;
    while(*(unsigned int*)addr!=data);
}
void flash_writem(unsigned long addr,unsigned int *ptr,unsigned long length)
{
    unsigned long i;
    for(i=0; i<length; i++)
    {
        flash_writes(addr+i,*(ptr+i));
    }
}
if(ExtractFeature(Img,256,256,pFeature))    //特征点提取成功
{
    for(i=0;(*(FINGERBASE+i)).Mp.nNumber!=0xFFFF;i++);
    flash_writem((unsigned long)(FINGERBASE+i),
        (unsigned int*)pFeature,sizeof(FEATUREVECT));//录入
    GpioDataRegs.GPADAT.bit.GPIOA2=0;       //录入成功则LED2灯亮
    delay_loop();                           //延时
    GpioDataRegs.GPADAT.bit.GPIOA2=1;       //LED2灯灭
}
else
{
    GpioDataRegs.GPADAT.bit.GPIOA3=0;       //特征点提取失败则LED3灯亮
    delay_loop();                           //延时
```

```
        GpioDataRegs.GPADAT.bit.GPIOA3=1;              //LED3 灯灭
}
```

MSComm 空间进行串口通信的一般步骤如下。

(1)设置通信对象、通信端口以及其他属性,包括设置串口的波特率、数据位数、停止位数;

(2)设定通信协议;

(3)打开通信端口,对串口进行数据的读写;

(4)关闭通信端口。

上位机核心代码如下。

```
procedure Tcaoqinjimanage.Button1Click(Sender: TObject);
begin
  mscomm1.CommPort:=combobox1.ItemIndex+1;        //指定端口
  mscomm1.Settings:='9600,N,8,1';                 //其他参数
  mscomm1.InBufferSize:=1024;                     //接收缓冲区
  mscomm1.OutBufferSize:=1024;                    //发送缓冲区
  mscomm1.InputMode:=comInputModeBinary;          //接收模式
  mscomm1.InputLen:=0;              //一次读取所有数据
  mscomm1.SThreshold:=0;            //一次发送所有数据
  mscomm1.InBufferCount:=0;         //清空读取缓冲区
  mscomm1.OutBufferCount:=0;        //清空发送缓冲区
  mscomm1.PortOpen:=true;           //打开端口
  mscomm1.RTSEnable:=true;
  MSComm1.RThreshold:=1;            //设置接收多少字节开始产生 OnComm 事件
end;
procedure Tcaoqinjimanage.MScomm1Comm(Sender: TObject);
var ff:string;
begin
case mscomm1.CommEvent of
   comEvReceive:
     begin
       redata:=mscomm1.Input;           //接收数据
       restr:='';
       for i:=0 to vararrayhighbound (redata, 1)do
         restr:=restr+inttohex(redata[i], 2);
         strx:=str+restr;
       end;
   end;
end;
```

8.5 系统集成与调试

在本系统中,需要首先搭建硬件平台,硬件平台主要是以 VFDA02 指纹识别模块为基础的指纹采集装置、以微控制器 TMS320F28335 为核心的中央处理系统、以 PTR2000+为基础的无线数据传输模块。然后将三个模块按照相应的硬件接口方式进行连接,使其组成

为一个完整的硬件系统。

在完成硬件平台的搭建后，按照前面所介绍的软件设计方法，以有限状态机为基础编写相应模块的下位机程序，并利用开发工具 Delphi 完成上位机程序的开发。在调试程序时，应注意以下几点：

(1) 先调试每个模块，在每个模块调试好后，再进行整个系统的调试；
(2) 注意修正一个错误的同时可能会引入新的错误；
(3) 出现错误时，设置断点，进行单步调试以及部分程序调试，提高效率；
(4) 在程序中插入打印语句，比较容易检查源程序的有关信息。

8.6 本章小结

本章提出了一种考勤系统解决方案，系统基于指纹识别技术和无线通信技术，并根据指纹的不可替代性和无线数据传输的方便性，研制了无线指纹考勤系统。该系统具有独立考勤、指纹识别和验证、无线通信、考勤数据统一管理等多项功能，与传统的考勤方式相比，杜绝了代打卡现象的发生，克服了采用有线传输布线麻烦的缺点，具有较高的实用性。

该系统选择了 TI 公司的 TMS320F28335 处理器，它具有较大的 Flash 和 RAM 存储区，指纹识别模块采用的是 Secugen 公司的 VFDA02 模块，该模块包括一个 32 位处理器和一个提供性能的指令缓存和数据缓存，程序处理协议通过串口连接，指纹特征数据被压缩存储在 Flash 中，指纹采集器采用的是 CMOS 指纹采集传感器，它通过光学指纹采集头采集指纹信息，指纹采集速度快、效果良好。无线数据传输模块采用基于 nRF401 芯片的 PTR2000+ 模块，具有低功耗、高速率等特点，有效数据传输距离可达 500m。

控制软件在 CCS6.0 开发环境下编程实现。CCS 是一种专门为 DSP 设计的高效率 C 语言编译器，能够产生极高速度和简洁的目标代码，在效率和执行速度上完全可以与汇编语言相比，并且具有十分丰富的库函数可供直接调用，从而提高了程序的编写效率。上位机考勤信息管理软件在 Delphi 开发环境下完成，实现了对考勤数据的读取、入库、人员资料、班次的管理、特殊情况的处理以及查询和统计考勤信息等功能。

8.7 思考题与习题

8.1 概述无线传输模块的原理。
8.2 指纹采集模块的原理是什么？
8.3 简要说明指纹登记和指纹修改的原理与操作。
8.4 如果要删除指纹，需要进行哪些操作？
8.5 简述指纹验证的作用以及操作步骤。
8.6 指纹管理模块处理的系统参数都有哪些？
8.7 概括无线数据传协议的设计要点。
8.8 总结 MSComm 控件的主要属性及事件。
8.9 写出 MSComm 串口通信的主要步骤。

第 9 章　环境参数采集与数据分析系统的工程实例设计

当前，在建筑领域中，环境检测装置主要检测 PM2.5 含量或者温湿度，而在农业方面主要是检测 CO_2 浓度或者温湿度，从而实现对农作物生长的控制，这些检测装置检测目标单一，不能跨领域应用。随着社会的发展，在工业生产中需要能够同时测量多个环境参数，如对温湿度需求较高的同时，也需要对 CO_2 进行测量，以判断风机的开启或者关闭；在家庭住房中，以前人们对室内温度比较关注，但由于雾霾的影响，大部分家庭，特别是有婴幼儿的家庭更关心 PM2.5 和 PM10 的含量，所以需要一种测量仪，可以精确地测量人们日常关注的环境参数，方便人们的生活。

9.1　系统功能说明

环境参数采集装置作为检测环境参数的终端设备，主要包括以下几个方面。

(1) 数据采集。数据采集主要包括采集空气中 CO_2 浓度、温湿度和 PM2.5 含量，数据采样频率每分钟一次，采集完的数据根据程序设定的阈值判断采集的数据是否正常，若正常则进行显示，不正常则放弃，重新采集。

(2) 界面显示。界面显示采用液晶屏进行数值显示，显示内容为相应的环境测量值。

(3) 初始化阶段。初始化阶段为系统的功能初始阶段，是为了对各个模块进行初始化。

9.2　系统总体设计

9.2.1　应用系统的结构设计

根据 9.1 节环境参数采集装置的功能介绍，该系统需要完成数据的采集和数据的显示及处理等功能，整个系统框架如图 9-1 所示。

图 9-1　环境参数采集系统

9.2.2 相关模块选型

本设计采用 TI 公司的高性能低功耗 TMS320F28335 作为控制系统的核心。

按照图 9-1 所确定的系统结构、选择合适的功能部件，已完成完整的系统控制电路设计，控制系统需要选择温湿度传感器、PM2.5 传感器、CO_2 传感器和液晶显示部分。其中传感器的选型主要考虑测量精度和测量范围等问题。

1. 温湿度传感器

温湿度传感器主要考虑温湿度的测量范围和精度问题。

(1) DHT11 的参数如下。

供电电压：3.3～5.5V；

测量范围：湿度为 20%～90%RH，温度为 0～50℃；

测量精度：湿度为±5%RH，温度为±2℃；

分辨率：湿度为 1%RH，温度为 1℃；

通信方式：单总线。

DHT11 实物图如图 9-2 所示。

(2) SHT21 的参数如下。

供电电压：2.1～3.6V；

测量范围：湿度为 1%～100%RH，温度为-40～125℃；

测量精度：湿度为±2%RH，温度为±0.3℃；

分辨率：湿度为 0.04%RH，温度为 0.01℃；

通信方式：IIC。

SHT21 实物图如图 9-3 所示。

图 9-2　DHT11 实物图

图 9-3　SHT21 实物图

DHT11 传感器的工作温度为 0～50℃，这个温度区间常年在室内工作是没有问题的。如果这个传感器放在室外，考虑到夏天极其炎热的状态和冬天极其寒冷的状态，这个工作温度显然是不合适的。而 SHT21 不仅测量范围宽，而且测量精度高，因此选择 SHT21。

2. PM2.5 传感器

选取 PM2.5 传感器时主要考虑传感器的测量精度。

1) GP2Y1010AU0F

原理：该装置中，一个红外发光二极管和光电晶体管对角布置成允许其检测到在空气中的灰尘反射光。该传感器具有极低的电流消耗（最大20mA，典型的11mA），可以搭载高达 DC7V 的传感器。输出的是一个模拟电压正比于所测得的粉尘浓度，敏感性为 $0.5V/(0.1mg/m^3)$，由此可知此传感器测量出的数据误差较大，存在精度缺陷。无相关工作模式切换，适用场合有限。其相关参数如下。

供电电压：5~7V。

工作电流：20mA。

工作温度：−10~50℃。

存储温度：−20~80℃。

最小粒子检出值：0.8μm。

通信方式：UART。

GP2Y1010AU0F 实物图如图 9-4 所示。

2) SDS011

原理：采用激光散射原理，当激光照射到通过检测位置的颗粒物时会产生微弱的光散射，在特定方向上的光散射波形与颗粒直径有关，通过不同粒径的波形分类统计及换算公式可以得到不同粒径的实时颗粒物的数量浓度，按照标定方法得到跟官方单位统一的质量浓度。能够得到空气中 0.3~10μm 的悬浮颗粒物浓度。根据数据手册，其有多种工作模式：连续工作、间断工作、休眠模式等。其相关参数如下。

供电电压：5V。

工作电流：120mA。

休眠电流：10mA。

工作温度：−20~50℃。

最小粒子检出值：0.3μm。

通信方式：UART。

SDS011 实物图如图 9-5 所示。

图 9-4 GP2Y1010AU0F 实物图　　　　　图 9-5 SDS011 实物图

综上所述，根据测量精度、工作电压、工作电流、工作温度等方面综合考虑，采用 SDS011。

3. CO_2 传感器

选取 CO_2 传感器主要需要考虑精度和功耗问题。

(1) MG811 的相关参数如下。

工作电压：DC(6±0.1)V。

工作电流：200mA。

工作温度：-20～50℃。

存储温度：-20～70℃。

工作方式：模拟输出(30～50mA)。

测量范围：0～10000ppm(ppm 表示 10^{-6} 数量级)。

通信方式：ADC。

MG811 实物图如图 9-6 所示。

(2) T6603-5 的相关参数如下。

工作电压：DC(5±0.5)V。

工作电流：<60mA。

工作温度：0～50℃。

存储温度：-20～50℃。

工作方式：TTL 输出。

测量范围：0～500ppm。

通信方式：UART。

T6603-5 实物图如图 9-7 所示。

图 9-6　MG811 实物图

图 9-7　T6603-5 实物图

根据 CO_2 传感器的选取要求，首先，MG811 工作电压要求较高，电压偏差为 0.1V；其次，MG811 的功耗高，为 6×0.2=1.2W；最后，其精度差，因为 0～10000 的数值在 30～50mA 的范围内进行转换，相当于 1mA 的变化就会有 500ppm 的偏差。然而，T6603-5 的工作温度范围小，但是考虑到 CO_2 传感器一般应用在农业蔬菜大棚中，用于检测 CO_2

图 9-8　LCD1602 实物图

浓度和室内判断风机启停,因此工作环境不会出现低温和高温,是可以满足普遍要求的。因此选择 T6603-5 传感器。

4. LCD

由于只是显示各个传感器的数据,因此不需要复杂的显示界面和菜单切换,选取普通的 LCD1602 液晶显示屏。其实物图如图 9-8 所示。

9.3 硬件设计

9.3.1 系统硬件框架

该装置主要完成对 PM2.5、CO_2 和温湿度等环境参数的采集,并在液晶屏上能够实时地显示采集到的数据。该装置在硬件上包括电源模块、微处理器、环境参数采集模块和液晶显示模块。其中 CO_2 传感器、PM2.5 传感器和温湿度传感器与液晶屏分别与微处理器连接,电源模块为微处理器、环境参数采集模块和液晶屏供电。装置的硬件结构框架如图 9-9 所示。

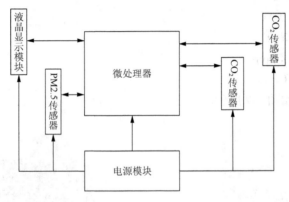

图 9-9　硬件结构框架

9.3.2　PM2.5 检测模块设计和 CO_2 检测模块设计

根据器件选型的介绍知道 PM2.5 检测模块和 CO_2 模块采用的通信方式均为串口 SCI。下面详细讲解 PM2.5 检测模块与控制器的数据通信机制、CO_2 检测模块与控制器的数据通信机制。

1. PM2.5 检测模块与控制器通信

1) PM2.5 检测模块的工作原理

串口通信参数:波特率为 9600bit/s,数据位为 8 位,无奇偶校验位,停止位为 1 位。该模块的工作模式为两种:主动上报和查询上报。主动上报是指模块会定期地主动向控制器发送数据,查询上报是指控制器向模块索要数据,然后模块返回当前的数据。这两种模式都可以根据用户的要求进行设置。

2) PM2.5 与控制器的通信协议

(1) 设置数据上报模式指令：传感器默认条件下为主动上报。该指令可以把传感器的当前工作模式改为主动上报和查询上报两种模式，主动上报模式不需要控制器向传感器索要数据，传感器会每隔 1s 向控制器上报一次数据。查询上报是在控制器需要获取数据的时候向模块发一个索要数据的指令，模块会返回数据。具体的工作模式可以通过下列帧获取当前的工作模式，帧格式如表 9-1 所示。

表9-1 设置数据上报模式指令帧1

字节	指令方向	控制器到传感器	传感器到控制器
	指令名称	设置数据上报模式	回复
0	报文头	AA	AA
1	指令号	B4	C0
2	数据 1	2	2
3	数据 2	0：查询 1：设置	0：查询 1：设置
4	数据 3	0：主动上报模式 1：查询上报模式	0：主动上报 1：查询上报
5	数据 4	0（保留）	0（保留）
6	数据 5	0（保留）	ID 字节 1
7	数据 6	0（保留）	ID 字节 2
8	数据 7	0（保留）	校验和
9	数据 8	0（保留）	AB
10	数据 9	0（保留）	
11	数据 10	0（保留）	
12	数据 11	0（保留）	
13	数据 12	0（保留）	
14	数据 13	0（保留）	
15	数据 14	FF：所有传感器均响应 ID 字节 1：该 ID 对应传感器响应	
16	数据 15	FF：所有传感器均回复 ID 字节 2：该 ID 对应传感器响应	
17	校验和	校验和	
18	报文尾	AB	

当控制器想获取传感器当前的工作状态时，可发送如下指令：

AA B4 02 00 00 00 00 00 00 00 00 00 00 00 00 FF FF 00 AB

传感器回复 AA C5 02 00 00 00 A1 60 03 AB，传感器处于主动上报模式；传感器回复 AA C5 02 00 01 00 A1 60 04 AB，传感器处于查询模式，数据查询时才上报。

(2) 查询测量数据指令：传感器接到该指令后上报一次数据，建议查询间隔不低于 3s，帧格式如表 9-2 所示。

表9-2　设置数据上报模式指令帧2

字节	指令方向	控制器到传感器	传感器到控制器
	指令名称	查询测量数据指令	回复
0	报文头	AA	AA
1	指令号	B4	C0
2	数据1	4	PM2.5 低字节
3	数据2	0（保留）	PM2.5 高字节
4	数据3	0（保留）	PM10 低字节
5	数据4	0（保留）	PM10 高字节
6	数据5	0（保留）	ID 字节1
7	数据6	0（保留）	ID 字节2
8	数据7	0（保留）	校验和
9	数据8	0（保留）	AB
10	数据9	0（保留）	
11	数据10	0（保留）	
12	数据11	0（保留）	
13	数据12	0（保留）	
14	数据13	0（保留）	
15	数据14	FF：所有传感器均响应 ID 字节1：该 ID 对应传感器响应	
16	数据15	FF：所有传感器均回复 ID 字节2：该 ID 对应传感器响应	
17	校验和	校验和	
18	报文尾	AB	

当需要所有传感器都响应时，查询帧格式为 AA B4 04 00 00 00 00 00 00 00 00 00 00 00 00 FF FF 02 AB，传感器回复指令：AA C0 D4 04 3A 0A A1 60 1D AB；当需要特定 ID 号传感器响应（如 ID 为 A160）时，发送帧格式为 AA B4 04 00 00 00 00 00 00 00 00 00 00 00 00 A1 60 05 AB，传感器回复指令：AA C0 D4 04 3A 0A A1 60 1D AB。

(3) 传感器引脚说明如表 9-3 所示。

表9-3　PM2.5传感器引脚定义

引脚	名称	备注
1	CTL	控制引脚，备用
2	1μm	PM2.5 数值 0～999，PWM 输出
3	5V	5V 电源输入
4	2.5μm	PM10 数值 0～999，PWM 输出
5	GND	地
6	R	串口接收 RX，5VTTL 电平
7	T	串口发送 TX，5VTTL 电平

2. CO_2检测模块和控制器通信

(1) CO_2检测模块的工作原理。串口通信参数:波特率为19200bit/s,数据位为8位,无奇偶校验位,停止位为1位。当控制器需要与CO_2传感器进行数据通信时,控制器需要向传感器发送一个数据帧,然后传感器会向控制器返回数据帧。在通信的过程中,控制器扮演主机的角色,而传感器扮演着从机的角色。

(2) CO_2传感器与控制器的通信协议。控制器读取CO_2传感器的测量值,帧格式如表9-4所示。

表9-4 控制器与传感器通信协议

字节	指令名称	控制器到传感器	传感器到控制器
1	报文头	0xFF	0xFF
2	地址	0xFE	0xFA
3	数据长度	0x02	0x02
4	指令命令	0x02	数据高位
5		0x03	数据低位

例如,控制器向传感器发送:0xFF 0xFE 0x02 0x02 0x03。CO_2传感器返回的帧:0xFF 0xFA 0x02 数据位高位 数据位低位。

(3) CO_2传感器引脚定义如表9-5所示。

表9-5 CO_2传感器引脚定义

引脚	名称	备注
1	RX	串口接收引脚,5VTTL电平
2	TX	串口发送引脚,5VTTL电平
3	5V	5V电源输入
4	GND	地
5	PWM	PWM波输出CO_2数值

PM2.5检测模块和CO_2检测模块均采用串口SCI通信方式,硬件连接图如图9-10所示,其中PM2.5检测模块占用了串口SCIA的接口,CO_2检测模块占用了串口SCIB的接口。

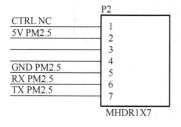
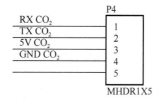

(a) PM2.5检测模块硬件连接图   (b) CO_2检测模块硬件连接图

图9-10 PM2.5和CO_2检测模块硬件连接图

9.3.3 温湿度检测模块设计

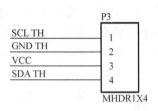

图 9-11 温湿度检测模块硬件连接图

温湿度检测模块采用的是 IIC 通信方式，但为了灵活方便地应用 TMS32OF28335 资源，采用模拟的 IIC 通信方式，即利用 GPIO 口模拟出 IIC 的通信时序，从而实现温湿度传感器与控制器的数据通信，其中，GPIO 口模拟的时序与硬件 IIC 的时序是一样的，这里将不再赘述。具体的硬件连接图如图 9-11 所示。温湿度传感器的引脚定义如表 9-6 所示。

表9-6 温湿度传感器引脚定义

管脚	名称	备注
1	SCL TH	串行时钟
2	GND	地
3	VCC	供电电压
4	SDA TH	串行数据

9.3.4 LCD 模块设计

LCD 模块与开发板连接的电路原理图如图 9-12 所示。

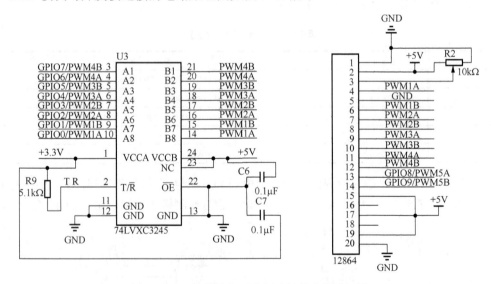

图 9-12 LCD 模块与开发板连接的电路原理图

9.4 软件设计

9.4.1 软件设计结构

环境参数采集与数据分析系统的软件采用模块化设计方法，整个软件系统可以分为"主程序"、"检测模块采集程序"和"液晶屏显示程序"几个部分。

在软件设计上，采用应用层、抽象层和底层驱动层三层架构，以数据结构为核心的软件设计思想。对各个任务的处理是基于有限状态机的嵌入式开发思想，保证各任务的执行时间已知，各任务之间的联系已知。编程方法上采用面向对象的结构化编程方法。系统软件总体框图如图 9-13 所示。

9.4.2 软件程序讲解

1. 主程序

环境采集装置主程序包括系统初始化、I/O 口初始化、IIC 初始化和串口初始化等。为了保证微控制器的软硬件处于正常工作状态，在执行初始化操作之前会有一段系统延时，确保各个模块处于正常起始状态，并且在系统运行过程中，程序会不断地检测软件是否工作正常，若发现软件运行不正常，程序会自动进行复位。数据采集与处理系统每分钟会对环境进行测量，分别采集 CO_2 浓度值、温湿度和 PM2.5 含量。系统主程序流程图如图 9-14 所示。

2. 检测模块采集程序

环境采集装置采集空气中 CO_2 的浓度、温湿度和 PM2.5 含量，其中 CO_2 的浓度和 PM2.5 含量的数据通过两个 USART 串口传输至微控制器，温湿度数据传输是利用标准的 IIC 完成的。数据采样频率每分钟一次，采集完的数据根据程序设定的阈值判断采集的数据是否正常，若正常则进行显示，若不正常则根据相应的处理机制进行操作。检测模块采集程序流程图如图 9-15 所示。

图 9-13 系统软件总体框图

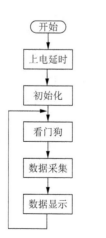

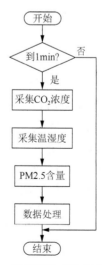

图 9-14 系统主程序流程图　　图 9-15 检测模块采集程序流程图

其中 CO_2 和 PM2.5 的数据采集是利用串口中断完成的,由于控制器与这两个传感器通信的时候用到了数据帧,数据帧是指数据通信过程中,串口完成一次传输时需要用到的信息,把这些信息组成一个通信帧,这便形成了数据帧。既然在通信中用到了数据帧,就需要知道帧的信息,确认这组帧是否有效,这就需要对帧进行解析。以 CO_2 数据帧解析为例进行讲解。

(1) 判断串口是否接收到数据;

(2) 接收到的数据是否为 0xFF,若是,则继续接收数据,若不是,则重新接收;

(3) 判断接收的字节数是否小于 5,如果小于 5 继续接收;

(4) 如果接收的字节数为 4,则判断第二个字节和第三个字节是否和传感器文档中的值一样,若一样则进行帧的有效数据提取。

具体的程序如下:

```
if(USART_ReceiveData(USART2)==0xFF)      //判断收到的数据是不是0xFF
{
    z=0;
}
if(z<5)                                   //判断收到的是不是5个字节
{
    CO2_receive[z]=USART_ReceiveData(USART2);
}
if(z==4)
{
    if(CO2_receive[1] == 0xFA &&CO2_receive[2] == 0x02)
    {                                     //判断第二个字节和第三个字节是不是FA和02
    co2_ppm = CO2_receive[3] & 0xFF;
    co2_ppm <<= 8;
    co2_ppm |= CO2_receive[4] & 0xFF;
    }
    else
    {}
}
z++;
if(z>5)
z=5;
```

PM2.5 的数据帧解析方式与 CO_2 的解析是一样的,这里不再赘述。

控制器每分钟都会分别采集三个传感器的数据,采集数据的流程也是一样的,这里以 CO_2 的采集程序为例进行讲解。

(1) 时间是否到 1min,若到 1min 则进行采集,若不到 1min 则不需要采集;

(2) 若到 1min,则控制器发送请求数据帧,开启检测返回数据时间;

(3) 若在规定的时间内,数据返回,则完成采集;

(4) 若没有在规定的时间返回数据,则判断抄读数据的失败次数,若失败次数大于 3,则放弃本次数据采集;

(5) 若失败次数小于 3 次,则进行采集,开启检测数据返回时间。

其中，定时时间采用定时器，利用定时器的主要目的是防止程序中出现阻塞和死循环的情况发生，这样可以保证程序的执行时间已知，程序的运行状态明确。

具体程序如下：

```
switch(step_CO2)
{
    case 0:
        MSTimerSet(CO2tim_t,1000);              //定时 1min
        step_CO2++;
        break;
    case 1:
        if(MSTimerCheck(CO2tim_t))              //到 1min
        {
            send_command_CO2();                 //发送 CO2 命令
            MSTimerSet(CO2tim_r,100);           //定时 3s 用来接收数据
            step_CO2++;
        }
        break;
    case 2:
        if(!MSTimerCheck(CO2tim_r))             //3s 不到
        {
            if(CO2_flag==1)                     //接收到数据
            {
                CO2_ppm=CO2;                    //返回 CO2 的数据
                step_CO2=0;
                CO2_flag=0;
            }
        }
        else
        {
            step_CO2++;
        }
        break;
    case 3:
        if(CO2_flag==1)
{
            CO2_ppm=CO2;                        //返回 CO2 的数据
            step_CO2=0;
            CO2_flag=0;
        }
        else
        {
            step_CO2++;
        }
        break;
    case 4:
        if(sendCO2_times<3)                     //重发次数小于 3
        {
            sendCO2_times++;
```

```
            step_CO2=0;
        }
        else
        {
            step_CO2=0xFF;              //返回错误
        }
        break;
}
```

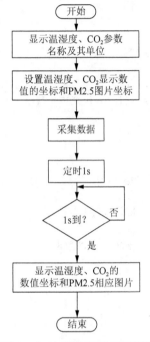

图 9-16 液晶显示程序流程图

PM2.5 和温湿度的数据采集也是采用这种方式，这里不再赘述。

3. 液晶显示程序

液晶屏用来显示实时采集的环境参数。程序流程：首先设置温湿度、CO_2 参数名称及其单位，其次设置温湿度、CO_2 的数值坐标和 PM2.5 图片坐标，显示实时时钟(包括年月日时分)当显示各个参数的实时数值时，先要采集数据，定时 1s，1s 之后，把采集的温湿度、CO_2 的数值及其相应的 PM2.5 数值对应的图片显示到液晶屏上。程序流程图如图 9-16 所示。

显示程序以温湿度显示为例进行详细讲解。

(1)设定温度显示的横、纵坐标；

(2)判断数据是整数还是小数，若是小数则需要显示小数点，若是整数，则直接显示；

(3)更新数据，开启更新数据的规定时间；

(4)是否超过更新数据的规定时间，若超过则重新更新；

(5)在规定时间内更新完成，完成本轮显示。

具体程序如下：

```
                                           //界面显示温度
GUI_SetFont(&GUI_Font72);
GUI_GotoX(585);                            //X 坐标
GUI_GotoY(76);                             //Y 坐标
if(Temperature==0)                         //如果是 0℃
{
    GUI_DispFloatMin(Temperature,0);       //显示整数 0
    GUI_DispCEOL_T();                      //清屏
}
else                                       //其他温度
{
    GUI_DispFloatMin(Temperature,1);       //显示小数
    GUI_DispCEOL_T();                      //清屏
}
switch(step_temperature)
```

```
{
    case 0:
        MSTimerSet(t_temperature,1000);    //定时 5s
        step_temperature++;
        break;
    case 1:
        if(MSTimerCheck(t_temperature))    //5s 到
        {
            Temperature=Temperature;
            step_temperature=0;
        }
        else                               //5s 没到
        {
            step_temperature=1;
        }
        break;
}
```

9.5 本章小结

本装置主要是针对大型公共建筑领域在线测量室内外环境参数而设计的，该装置可以采集环境中的 PM2.5 浓度、CO_2 含量和温湿度。本章从硬件设计和软件编写两个方面详细讲解了该装置的工作原理。硬件上讲解了装置的结构框架、各个模块之间的连接方式，并附上了相应的硬件原理图；软件上讲解了程序的设计的框架，着重讲解了某些功能的程序设计思路，并附上了相应的程序流程图，流程图内有详细的注释。通过讲解硬件选型，说明装置在设计中需要考虑的主要问题；通过讲解软件的框架设计，说明程序的运行机理。

9.6 思考题与习题

9.1 在选取环境检测模块时，需要注意哪些方面？
9.2 总结 PM2.5 检测模块的工作原理。
9.3 PM2.5 与控制器的通信协议由哪几部分组成？分别都有什么作用？
9.4 该装置的环境检测模块主要用到了 TMS320F28335 的哪些外设资源？
9.5 该装置的程序设计采用的什么方式？采用这种方式有什么样的好处？
9.6 温湿度传感器采用的通信方式是什么？简述其原理。
9.7 CO_2 数据帧是如何进行解析的？
9.8 查阅资料，尝试写出 IIC 初始化的程序。

第 10 章 直流无刷电机驱动器系统的工程实例设计

电机可以分为两类：直流电机和交流电机。直流电机是最早出现的电机，也是最早实现调速的电机，具有良好的线性调速特性、简单的控制性能、高质高效平滑运转的特性。传统的直流电机一直在电机驱动系统中占据主导地位，但由于其本身固有的机械换向器和电刷导致电机容量有限、噪声大和可靠性不高，因而迫使人们探索低噪声、高效率并且大容量的驱动电机。随着电力电子技术和微控制技术的迅猛发展而成熟起来的直流无刷电机体积小、重量轻、效率高、噪声低、容量大且可靠性高，从而极有希望代替传统的直流电机成为电机驱动系统的主流。

10.1 系统功能说明

本书选用的直流无刷电机驱动器系统可以与有位置传感器和无位置传感器的无刷电机相连。对于有位置传感器的无刷电机，可以根据霍尔传感器进行换相；对于无位置传感器的无刷电机，可以根据感应电动势进行换相。此外，系统可以与编码器相连进行准确的位置控制，可以对电机进行速度检测和电流检测，可以进行闭环控制，正反转控制。

10.2 系统总体设计

根据前面系统整体的功能介绍，直流无刷电机驱动器系统通过控制模块和功率驱动单元实现对电机的控制，并实现速度检测、电流检测等功能。本节将对系统的结构，模块选型和硬件设计进行具体介绍。

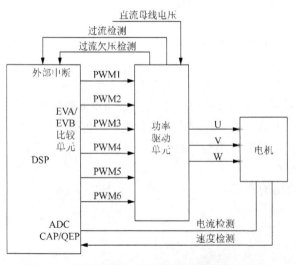

图 10-1 直流无刷电机驱动器系统整体设计结构

10.2.1 应用系统结构设计

整个系统的整体设计结构如图 10-1 所示。

10.2.2 相关模块选型

直流无刷电机的工作离不开电子开关电路，因此直流无刷电机的控制系统由电机、位置传感器和开关电路三部分组成，其原理框图如

图 10-2 所示,直流电源通过开关电路向电机定子绕组供电,位置传感器实时检测转子所处的位置,并根据位置信号来控制开关管的导通和截止,从而自动地控制绕组通电和断电,实现电子换相,具体控制电路原理将在 10.3.3 小节进行详细介绍。

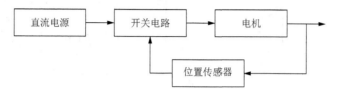

图 10-2 直流无刷电机的原理框图

为实现对电机各参数如电流、速度、位置的测量,系统结合具体情况选用了适当的传感器,下面对各模块进行具体介绍。

1) 定子电流检测模块

定子电流检测是为了防止定子电流过流,一般可采用以下两种方法。

(1) 通过霍尔传感器检测电流,如 LEM 模块。

(2) 通过在主回路中串联采样小电阻的方法。

本系统的电流较小,因此选用串采样小电阻的方法。小电阻两端的电压经过有源滤波、放大后经过隔离送入模数(A/D)转换器,通过 A/D 采样来获得电流的大小。这里选用线性隔离放大器 HCNR200,其具有很好的线性度,信号带宽达到 1MB,其原理图如图 10-3 所示。

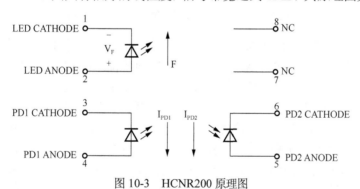

图 10-3 HCNR200 原理图

其应用电路如图 10-4 所示。

2) 速度信号(或位置信号)检测

在大多数直流无刷电机的应用场合,电机常常带有霍尔位置传感器。霍尔位置传感器为转子位置提供了最直接有效的检测方法。霍尔位置传感器是以霍尔效应做理论基础、以霍尔元件为核心部件的磁敏传感器。

在直流无刷电机的内部嵌有 3 个霍尔位置传感器,它们在空间上相差 120°。由于电机的转子是永磁体,当它在转动的时候,它所产生的磁场也随之转动,每个霍尔位置传感器都会产生 180°脉宽的输出信号,如图 10-5 所示。并且,3 个霍尔位置传感器输出的信号互差 120°。

对于单极对数的无刷电机,在每个机械转动中共有 6 个上升或者下降沿,正好对应着 6 个换相时刻,因此根据这 6 个换相时刻便可以对电机进行换相,并且可以进行速度计算。

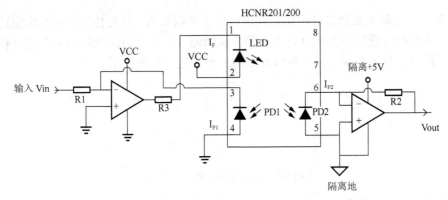

图 10-4　HCNR200 应用电路图

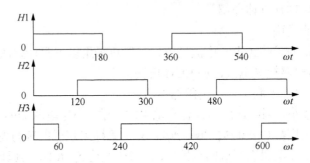

图 10-5　霍尔位置传感器输出波形相位关系

位置传感器为电机增加了体积，需要多条信号线，更增加了电动机制造的工艺要求和成本。如果 3 个传感器安装的不对称，很容易出现换相时刻不准的问题。在有些场合，如油压系统和风机，由于受条件的限制，往往需要无位置传感器的无刷电机控制。不过由于无位置传感器的无刷电机启动力矩不足，因此其应用条件很有限。

对无位置传感器的无刷电机的控制，感应电动势法是最常见和应用最广泛的一种方法。对于单极对数的三相直流无刷电机，每转 60°就需要换相一次，每转一转需要换相 6 次，因此需要 6 个换相信号。如图 10-6 所示，每相的感应电动势都有 2 个过零点，这样三相就有 6 个过零点。因此只需测量或者计算出这 6 个过零点，再将其延迟 30°，就可以获得 6 个换向信号。

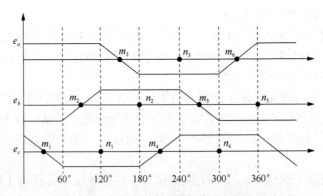

图 10-6　直流无刷电机感应电动势波形

10.3 硬件设计

本节将对电源变换电路、位置传感器接口以及电机控制电路进行详细介绍。

10.3.1 电源变换电路设计

对于电机的驱动控制,由于驱动部分常常给控制部分带来干扰,所以采用隔离的方式,将这两部分完全隔离,因此系统需要获得不同幅值的电源电压。本系统部分电源由外部电源获得,部分电源经过电源芯片获得,下面介绍各个电源变换电路。

1) TPS5430 电源转换芯片

TPS5430 是 TI 公司最新推出的一款性能优越的 DC/DC 开关电源转换芯片。具有良好的特性,其各项性能及主要参数如下。

(1) 高电流输出:3A(峰值 4A)。
(2) 宽电压输入范围:5.5~36V。
(3) 高转换效率:最佳状况可达 95%。
(4) 宽电压输出范围:最低可以调整降到 1.221V。
(5) 内部补偿最小化了外部器件数量。
(6) 固定 500kHz 转换速率。
(7) 有过流保护及热关断功能。
(8) 具有开关使能脚,关状态仅有 17μA 静止电流。

TPS5430 的电路如图 10-7 所示。

该芯片可将输入为 5.5~36V 的电压转变为+5V 电压。

2) TPS65130 电源转换芯片

系统中所需要的+15V 电源和-15V 电源可以将得到的+5V 的电源经过电源芯片 TPS65130 获得。

TPS65130 的电路如图 10-8 所示。

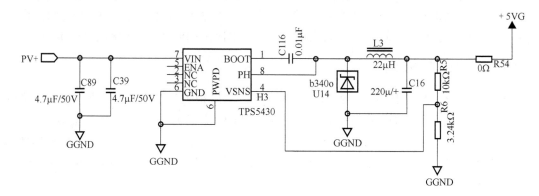

图 10-7 TPS5430 的电路图

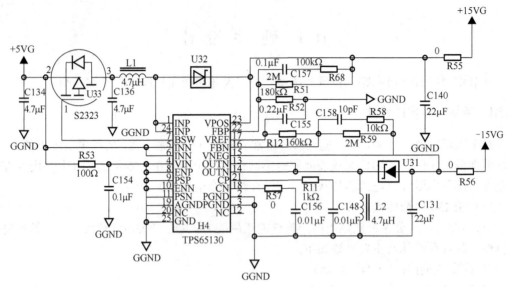

图 10-8 TPS65130 的电路图

10.3.2 位置传感器接口设计

对于有位置传感器的直流无刷电机，电机上集成霍尔元件，即转子位置传感器上带有霍尔元件。传感器输出为三路高速脉冲信号 H1、H2、H3，其用于检测转子的位置。根据转子位置信号改变电动机驱动电路中功率管的导通顺序，实现对电动机转速和转动方向的控制。设计中，需将传感器的输出信号经过光隔后送入 DSP 的捕获单元，根据每个上升或者下降沿后捕获单元的状态来决定位置和计算速度。对于单极对数的电机，每个机械周期产生 6 个沿，每两个沿间的时间间隔代表 1/6 个机械周期。

由于传感器的输出信号常常带有一些干扰信号，所以在送入 DSP 的捕获单元时需要将其进行滤波，这里选用的是施密特触发反相器 74LS14，传感器的输出信号经过两次反向后送入 DSP 的捕获单元或外部中断引脚，达到了很好的滤波效果。

对于无位置传感器的直流无刷电机，由于不能直接通过传感器获得换相信号，须通过检测感应电动势的过零信号来获得换相信号。将电机的相电压 U_a、U_b、U_c 和此时的电势 $V_x=(U_a+U_b+U_c)/3$ 经过比较器，根据比较器的输出来决定如何换相。电路如图 10-9 所示。

10.3.3 电机控制电路设计

开关主电路主要是将直流母线电压逆变成交流电压来驱动无刷电机，上下桥臂功率管导通顺序的不同以及导通时间的长短不同使电机准确换相并且能达到变频调速。如图 10-10 所示，逆变电路由功率开关管 V1~V6 组成，它们可以为电力晶体管(GTR)、MOS 场效晶体管(MOSFET)、绝缘栅双极晶体管(IGBT)、门极关断晶闸管(GTO)等功率电子器件。

各方法的特点如下。

(1) 采用驱动芯片+IGBT 的形式，适用于大功率电机。

(2) 采用智能功率模块(IPM)，本身具有过压、欠压、过流和温度过高的保护功能，但体积较大，价格较高。

第 10 章 直流无刷电机驱动器系统的工程实例设计

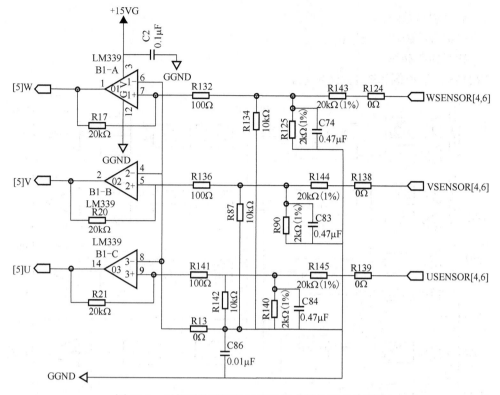

图 10-9 无位置传感器的直流无刷电机过零点检测图

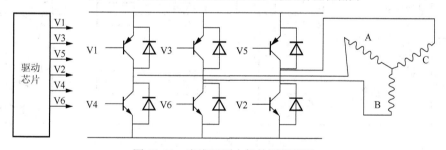

图 10-10 直流无刷电机的原理框图

(3) 采用驱动芯片+MOSFET 的形式，适用于中小电机。

本系统选用驱动芯片+MOSFET 的形式，DSP 输出的 PWM 经过光电隔离后送入驱动芯片，由驱动芯片驱动 MOSFET。

驱动芯片选用 International Rectifier 公司的 IR2136，此芯片为三相逆变器驱动器集成电路，适用于变速电机驱动器系列，如直流无刷电机、永磁同步电机和交流异步电机等。其特点如下：

(1) 600V 集成电路能兼容 CMOS 输出或 LSTTL 输出；

(2) 门极驱动电源电压范围为 10～20V；

(3) 所有通道的欠压锁定；

(4) 内置过电流比较器；

(5) 隔离的高/低端输入；

(6)故障逻辑锁定;
(7)可编程故障清除延迟;
(8)软开通驱动器。

IR2136 功能框图如图 10-11 所示。

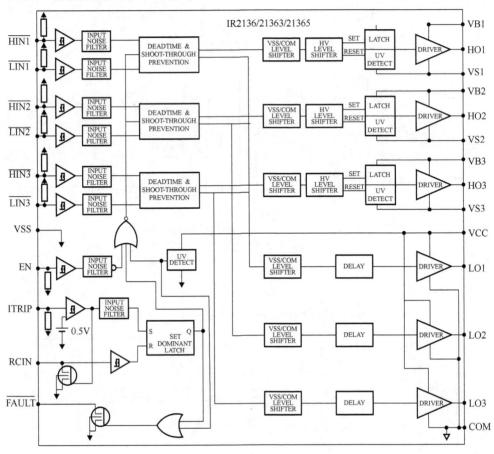

图 10-11　IR2136 功能框图

IR2136 时序图如图 10-12 所示。

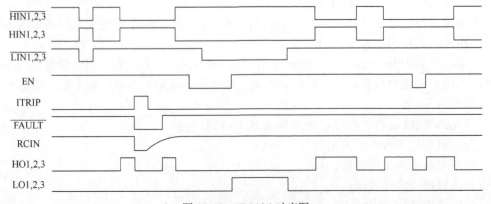

图 10-12　IR2136 时序图

其中，$\overline{\text{HIN1,2,3}}$ 为上桥臂的 3 个输入端，$\overline{\text{LIN1,2,3}}$ 为下桥臂的 3 个输入端；HO1,2,3 和 LO1,2,3 分别为上桥臂和下桥臂的 3 个输出端。其中 $\overline{\text{HIN1,2,3}}$ 和 $\overline{\text{LIN1,2,3}}$ 都为反向输出。$\overline{\text{FAULT}}$ 表示故障输出，低电平有效。

10.4 软件设计

在直流无刷电机驱动器系统中，主要实现了对无刷直流电机的调速控制，参数检测等。本节将以 TMS320F28335 芯片为例针对各部分的软件设计进行介绍。

10.4.1 软件结构设计

电机控制主程序负责所有任务的整体调配，能够实现系统所有功能的同时保证数据的实时性和有效性。

电机控制的主程序包含了系统的初始化、参数检测程序、电机控制程序等。系统初始化包括：微控制器 TMS320F28335 芯片的 GPIO 口初始化、串口 (USART) 初始化、RTC 实时时钟初始化、PLL 初始化等。

直流无刷电机系统主流程图如图 10-13 所示，系统上电启动后，集中器微控制器 TMS320F28335 芯片进行系统初始化，系统初始化结束之后，为了保证微处理器的硬件能够处于正常的工作状态，需要在在执行命令之前有 5s 的延时时间；在 5s 延时之后，系统开始执行实现具体功能的程序，实现具体功能的程序主要分为两部分，分别为调速控制任务，参数检测任务。

在程序执行过程中，主函数的程序会判断是否收到控制电机的命令，在系统正常工作过程中，利用集中器微控制器 TMS320F28335 芯片的看门狗功能不断地检测程序是否工作正常，若发现程序运行不正常，则会自动进行软件复位。

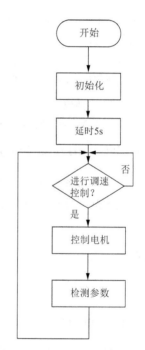

图 10-13 直流无刷电机系统主流程图

10.4.2 检测模块驱动软件设计

直流无刷电机驱动器系统的检测模块主要由定子电流模块和速度（位置）检测模块组成。其中，定子电流通过检测芯片检测后输入微控制器的 A/D 检测口，而无位置传感器的电机的位置信号由比较器检测感应电动势的过零信号输入到微控制器的 I/O 口中。

本节主要介绍有位置传感器的电机的位置信号检测方法。

对于有位置传感器的直流无刷电机，电机上集成霍尔元件，即转子位置传感器上带有霍尔元件。根据转子位置信号改变电动机驱动电路中功率管的导通顺序，实现对电动机转速和转动方向的控制。设计中，需将传感器的输出信号经过光隔后送入 DSP 的捕获单元，根据每个上升或者下降沿后捕获单元口的状态决定位置和计算速度。

捕获单元可以记录捕获输入引脚上的转换，事件管理器总共有 6 个捕获单元，每个事件管理器有 3 个捕获单元。事件管理器 A(EVA)的捕获单元为 CAP1、CAP2 和 CAP3，事件管理器 B(EVB)的捕获单元为 CAP4、CAP5 和 CAP6，每一个捕获单元都有一个相应的捕获输入引脚。每个 EVA 捕获单元均可选择 GP 定时器 2 或 1 作为其时间基准，CAP1 和 CAP2 不能选择不同的定时器作为它们的时间基准。每个 EVB 捕获单元均选择 GP 定时器 4 或 3 作为其时间基准，CAP4 和 CAP5 不能选择不同的定时器作为它们的时基。

为使捕获单元正常工作，需对寄存器进行以下设置。

(1)初始化捕获 FIFO 状态寄存器(CAPFIFOx)，清除专用状态位。

(2)设置选定的 GP 定时器为一种操作模式。

(3)如果需要，设置相应的 GP 定时器比较寄存器或 GP 定时器周期寄存器。

(4)设置相应的 CAPCONA 或 CAPCONB。

当一个捕获单元执行了一次捕获，并且 FIFO 中至少有一个捕获到计数值(CAPxFIFO 位不为 0)则响应的中断标志被置 1。如果该中断没有被屏蔽，则会产生一个外设中断请求信号。如果使用了捕获中断，则可以从中断服务程序中读取捕获到的一对计数值。如果没有使用中断，也可以通过查询中断标志位和 FIFO 堆栈的状态位来确定是否发生捕获事件，如果已发生捕获事件则可以从相应捕获单元的 FIFO 堆栈中读取捕获到的计数值。

10.4.3 数字 PID 控制模块驱动设计(有位置传感器)

在电机调速系统中，有不少调节方法，如 PID 调节和模糊控制等。由于 PID 调节简单实用，在实际应用中 90%采用这种方法；一些控制方法，如模糊控制和神经网络控制往往是处于模拟仿真阶段，实际应用中很少。

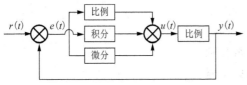

图 10-14　PID 控制系统原理图

图 10-14 所示，为 PID 控制系统原理图。$r(t)$ 是系统给定值，$y(t)$ 是系统的实际输出值，给定值与实际输出值构成控制偏差 $e(t)$。$e(t) = r(t) - y(t)$ 作为 PID 调节器的输入，$u(t)$ 作为 PID 调节器的输出和被控对象的输入。

在电机闭环控制中，一般采用 PI 调节器，其控制规律为

$$u(t) = K_p \left[e(t) + \frac{1}{T_I} \int_0^t e(t) \mathrm{d}t \right] \tag{10.1}$$

式中，$u(t)$ 为 PI 控制器的输出；$e(t)$ 为 PI 调节器的输入；K_p 为比例系数；T_I 为积分时间常数。

P、I、D 三个参数在应用时通常起到不同的作用。

(1)增大比例系数 P 将加快系统的响应，它的作用在于输出值较快，但不能很好地稳定在一个理想的数值，不良的结果是虽较能有效地克服扰动的影响，但有余差出现，过大的比例系数会使系统有比较大的超调，并产生振荡，使稳定性变坏。

(2)积分能在比例的基础上消除余差，它能对稳定后有累积误差的系统进行误差修整，减小稳态误差。

(3) 微分具有超前作用,对于具有容量滞后的控制通道,引入微分参与控制,在微分项设置得当的情况下,对于提高系统的动态性能指标有着显著效果,它可以使系统超调量减小、稳定性增加、动态误差减小。

综上所述,P——比例控制系统的响应快速性,快速作用于输出;I——积分控制系统的准确性,消除过去的累积误差;D——微分控制系统的稳定性,具有超前控制作用。当然,这三个参数的作用不是绝对的,对于一个系统,当进行调节时,就是在系统结构允许的情况下,在这三个参数之间权衡调整,达到最佳控制效果,实现稳、快、准的控制特点。

当系统调节时,可参考以上参数对控制过程的响应趋势,对参数实行先比例、后积分、再微分的整定步骤。

具体做法如下。

(1) 整定比例部分,将比例系数由小变大,并观察相应的系统响应,直至得到反应快、超调小的响应曲线。

(2) 如步骤(1)不能满足要求,加入积分环节。例如,先设置 K_i 为较小值,并将步骤(1)中比例系数缩小(如缩小为原值的 80%),然后增大 K_i,使得在保持系统良好动态的情况下,静差得到消除,在此过程中,可根据响应曲线的好坏反复改变比例系数和积分时间,从而得到满意的控制过程,得到整定参数。

(3) 若使用比例积分控制消除了静差,但动态过程经反复调整仍不能满意,则可加入微分控制。整定时,微分时间常数先置零,在步骤(2)的基础上增大微分时间常数,同样,相应地改变 K_p、K_i,逐步试凑以期获得满意的调节效果和控制参数。

以上是 PID 参数选择的一种方法,实际中应根据不同的系统进行选择。在本系统中,主要采用的是 PI 调节。控制器的输出量还要受一些物理量的极限限制,如电源额定电压、额定电流、占空比最大值和最小值等,因此对输出量还需要检验是否超出极限范围。

由于 DSP 的控制是一种采样控制,它只能根据采样时刻的偏差值计算控制量,因此必须对式(10.1)进行离散化处理,用一系列采样时刻点 k 代表连续的时间 t,离散的 PI 控制算法表达式为

$$u(k) = K_p[e(k) + \frac{T_s}{T_I}\sum_{j=0}^{k}e(j)] = K_p e(k) + K_i \sum_{j=0}^{k} e(j) \tag{10.2}$$

式中,$k = 0,1,2,\cdots$ 为采样序列;$u(k)$ 为第 k 次采样时刻 PI 调节器的输出值;$e(k)$ 为第 k 次采样时刻输入的偏差值;T_s 为采样周期;K_p 为比例系数;K_i 为积分系数。

数字 PI 调节器可以分为位置式 PI 控制算法和增量式 PI 控制算法。如式(10.2)所表示的计算方法就是位置式 PI 控制算法,PI 调节器的输出直接控制执行机构。这种算法的优点是计算精度比较高,缺点是每次都要对 $e(k)$ 进行累加,很容易出现积分饱和的情况,由于位置式 PI 调节器直接控制的是执行机构,积分一旦饱和就会引起执行机构位置的大幅度变化,造成控制对象的不稳定。增量式 PI 控制算法是在式(10.2)的基础上做了一些修改。根据式(10.2)可得

$$u(k-1) = K_p e(k-1) + K_i \sum_{j=0}^{k-1} e(j) \tag{10.3}$$

由式(10.2)、式(10.3)可得

$$u(k) = K_p e(k-1) + K_i \sum_{j=0}^{k-1} e(j) + K_p[e(k) - e(k-1)] + K_i e(k) \quad (10.4)$$
$$= u(k-1) + K_p[e(k) - e(k-1)] + K_i e(k)$$

即
$$\Delta u(k) = u(k) - u(k-1) = K_p[e(k) - e(k-1)] + K_i e(k) \quad (10.5)$$

增量式 PI 控制算法与位置式 PI 控制算法并没有本质的区别，只是增量式 PI 控制算法控制的是执行机构的增量 $\Delta u(k)$，这种算法的优点在于：由于输出的是增量，因此计算错误时产生的影响较小；这种算法的缺点在于：每次计算 $\Delta u(k)$ 再与前次的计算结果 $u(k-1)$ 相加得到本次的控制输出，即

$$u(k) = u(k-1) + \Delta u(k) \quad (10.6)$$

这就使得 $\Delta u(k)$ 的截断误差被逐次的累加起来，输出的误差加大。

假设
$$\Delta u(i) = \Delta U(i) + \Delta e_{\text{截断}}(i) \text{（截断误差）}$$

即
$$\Delta U(i) = \Delta u(i) - \Delta e_{\text{截断}}(i) \quad (10.7)$$

式中，$\Delta u(i)$ 为第 i 次增量的准确值；$\Delta U(i)$ 为经过定点运算后的实际计算结果；$\Delta e_{\text{截断}}(i)$ 为第 i 次计算的截断误差。由式(10.6)、式(10.7)可知：

$$U(1) = U(0) + \Delta U(1) = U(0) + \Delta u(1) - \Delta e_{\text{截断}}(1) = u(1) - \Delta e_{\text{截断}}(1)$$
$$U(2) = U(1) + \Delta U(2) = U(1) + \Delta u(2) - \Delta e_{\text{截断}}(2) = u(1) - \Delta e_{\text{截断}}(1) + \Delta u(2) - \Delta e_{\text{截断}}(2)$$
$$= u(2) - \Delta e_{\text{截断}}(1) - \Delta e_{\text{截断}}(2)$$
$$\vdots$$

$$U(k) = u(k) - \sum_{j=1}^{k} \Delta e_{\text{截断}}(j) \quad (10.8)$$

式中，$U(k)$ 为第 k 次计算值；$u(k)$ 为第 k 次真实值；假设 $U(0) = u(0)$，即第 0 次的计算值与真实值相等。

由式(10.8)可知，当采用增量式算法时必须尽量减小定点运算带来的截断误差，否则每一次运算的截断误差将会逐次累加，使系统的控制精度变差，造成系统的静态误差。

本章使用的是 16 位定点 DSP，在计算中不可避免地会产生截断误差，为了防止截断误差的累加，本章采用位置式的 PI 算法，为了解决上面提到的积分饱和问题，本章采用抑制积分饱和的 PI 算法：

$$U(n) = K_p \cdot e(n) + I_n(n-1)$$
$$I_n(n) = I_n(n-1) + K_i \cdot e(n) + K_{\text{sat}} \cdot e_{\text{pi}}$$
$$e_{\text{pi}} = U_s - U(n)$$

其中，
当 $U(n) \geq U_{\max}$ 时，$U_s = U_{\max}$
当 $U(n) \leq U_{\min}$ 时，$U_s = U_{\min}$ 否则
$$U_s = U(n)$$

式中，U_s 为抑制积分饱和 PI 算法的输出；$U(n)$ 为本次的 PI 调节器的计算结果；K_p 为比例调节系数；K_i 为积分系数；K_{sat} 为抗饱和系数；$I_n(n)$ 为本次积分累加和；U_{max}、U_{min} 分别为 PI 调节器输出的最大值和最小值，用户可以根据控制量的特性，确定 PI 调节器输出的最大值和最小值。例如，当控制对象为占空比时，U_{max} 和 U_{min} 的值可分别设置为 1 和 0。使用这种 PI 算法，可以将调节器的输出限定在需要的范围内，保证当计算出现错误时也不会使控制量出现不允许的数值。PI 调节器的输出具有饱和特性。图 10-15 为这种 PI 算法的流程图。

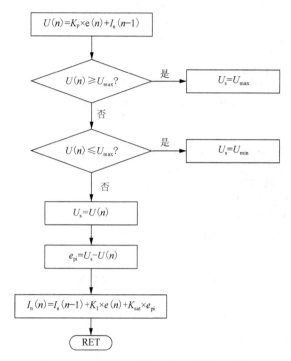

图 10-15　抑制积分饱和的 PI 算法流程图

10.4.4　系统程序

直流无刷电机驱动器系统的主函数如下：

```
void main(void)
{
//系统初始化
   InitSysCtrl();
//Initalize Xintf:
   InitXintf();
//Initalize GPIO:
   InitGpio();
//Clear all interrupts and initialize PIE vector table:
//Disable CPU6 interrupts
   DINT;
//Initialize the PIE control registers to their default state.
```

```c
   InitPieCtrl();
//Disable CPU interrupts and clear all CPU interrupt flags:
   IER = 0x0000;
   IFR = 0x0000;
//Initialize the PIE vector table with pointers to the shell Interrupt
   InitPieVectTable();
//Interrupts that are used in this example are re-mapped to
//ISR functions found within this file.
   EALLOW;  //This is needed to write to EALLOW protected registers
   PieVectTable.EPWM1_INT = &epwm1_isr;
   //PieVectTable.XINT1= &xint_isr;
   PieVectTable.XINT3= &xint_isr;
   PieVectTable.XINT4= &xint_isr;
   PieVectTable.XINT5= &xint_isr;
   PieVectTable.XINT2= &protect;//xint2
   EDIS;    //This is needed to disable write to EALLOW protected registers
//Initialize the ePWM
   EALLOW;
   SysCtrlRegs.PCLKCR0.bit.TBCLKSYNC = 0;
   EDIS;
   InitEPwm1Example();
   InitEPwm2Example();
   InitEPwm3Example();
//Initialize the ad
   Initad();
   EALLOW;
   SysCtrlRegs.PCLKCR0.bit.TBCLKSYNC = 1;//enable tbclk
   EDIS;
//Enable CPU INT3 which is connected to EPWM1-3 INT:
   IER |= M_INT1;
   IER |= M_INT3;
   IER |= M_INT12;
   //IER |= M_INT1;
//Enable EPWM INTn in the PIE: Group 3 interrupt 1-3
   PieCtrlRegs.PIEIER1.bit.INTx5=1;//xint2
   PieCtrlRegs.PIEIER3.bit.INTx1 = 1;
   PieCtrlRegs.PIEIER12.bit.INTx1 = 1; //Enable PIE Gropu 12 INT1----XINT3
   PieCtrlRegs.PIEIER12.bit.INTx2 = 1; //Enable PIE Gropu 12 INT2----XINT4
   PieCtrlRegs.PIEIER12.bit.INTx3 = 1; //Enable PIE Gropu 12 INT3----XINT5
   //PieCtrlRegs.PIEIER1.bit.INTx4 = 1;
   //Enable global Interrupts and higher priority real-time debug events:
   EINT;   //Enable Global interrupt INTM
   ERTM;   //Enable Global realtime interrupt DBGM
   motor(Direction);
//IDLE loop. Just sit and loop forever (optional):
   for(;;)
   {
   }
}
```

10.5　系统集成与调试

本节以 SEED-BLD 实验箱为例介绍直流无刷电机驱动器系统的工程实例设计。
1)实验箱接线说明
SEED 提供的直流无刷电机的输出接口如下：
棕色——电机的 U；
橙色——电机的 V；
绿色——电机的 W；
红色——霍尔传感器的电源(+5V)；
白色——霍尔传感器的输出 HALL1；
黄色——霍尔传感器的输出 HALL2；
蓝色——霍尔传感器的输出 HALL3；
黑色——霍尔传感器的地。
SEED-BLDC 与 SEED-DEC28335 的连接如下。
SEED-BLDC 的 P6 和 SEED-DEC28335 的 J1 相连：P6.1—J17.1，…，P6.26—J17.26。
有位置传感器时，SEED-BLDC 的 P9 和 SEED-DEC28335 的 J4 相连：P9.1—J4.1, P9.2—J4.2，P9.3—J4.3，P9.4—J4.4，P9.5—J4.6。

调试过程如下：

(1)将 P3 和三相无刷电机的 U、V、W 连接；将电机的霍尔传感器输出与 SEED-BLDC 的 P4 相连。

(2)P10 与+24V 的外接电源相连。

(3)P5 和外接的开关电源相连或者和实验箱上的电源接口相连。

(4)P6 和 DEC28335 的 J1 相连，注意正确连接，勿接反；P9 和 DEC28335 的 J4 相连。

(5)上电观察 D15 和 D16 指示灯是否点亮，若否，则断电检查系统。

(6)打开 CCS，下载程序至实验箱，打开调试界面。

(7)在 CCS 中执行 Debug→Go Main 命令，执行到程序的 main()函数处。

(8)按 F5 键运行，电机便旋转起来，通过观察变量 Speed 的值，可以知道此时速度的值；通过观察数组 test[]的值，可以知道过去一段时间内速度的值。

(9)在 CCS 中执行 View→Graph→Time/Frequency 命令，即可观察到电机从启动到旋转 2000 转的过程中速度的变化曲线。

(10)在 weizhisudupid.c 文件中通过改变参数 K_p、K_i、K_d 的值，重新编译，下载运行后，按步骤(9)重新观察图形，便可以得到不同参数下速度的变化曲线。

(11)程序运行过程中，指示灯 D13 闪烁，表示程序在运行；如果指示灯 D12 点亮，表明有过压或过流现象出现。

无位置传感器时，SEED-BLDC 的 P8 和 SEED-DEC28335 的 J4 相连：P8.1—J4.1, P8.2—J4.2, P8.3—J4.3, P8.4—J4.4, P8.5—J4.6。

调试过程如下：

(1) 将 P3 和三相无刷电机的 U、V、W 连接。
(2) P10 与+24V 的外接电源相连。
(3) P5 和外接的开关电源相连或者和实验箱上的电源接口相连。
(4) P6 和 DEC28335 的 J1 相连,注意正确连接,勿接反;P8 和 DEC28335 的 J4 相连。
(5) 上电观察 D15 和 D16 指示灯是否点亮,若否,则断电检查系统。
(6) 将 bldc_dec28335 文件复制到 CCS 集成开发环境下的 myprojects 目录下。
(7) 打开 CCS,下载程序至实验箱,打开调试界面。
(8) 在 CCS 中执行 File→Load Program…命令,加载 bldc-nosensor 目录下的 bldc.out 文件。
(9) 在 CCS 中执行 Debug→Go Main 命令,执行到程序的 main() 函数处。
(10) 按 F5 键运行,电机便以一定的速度旋转起来,通过观察变量 Speed 的值,可以知道此时速度的值;通过观察数组 test[] 的值,可以知道过去一段时间内速度的值。
(11) 程序运行过程中,指示灯 D13 闪烁,表示程序在运行;如果指示灯 D12 点亮,表明有过压或过流现象出现。

2) 电源连接

对于 SEED 提供的电源,SEED-BLDC 的 P10 和 24V/5A 的电源相连。如果只是单独的 SEED-BLDC 板卡,用户需自行提供+5V/+15V/-15V 的电源,且此电源和 24V/5A 的电源不共地。如果是 SEED 的实验箱,实验箱上集成有这种电源。

10.6 本章小结

本章通过对电机驱动模块的硬件设计以及软件程序的编写,配合 DSP 实验箱,实现了直流无刷电机驱动器系统。首先从系统整体设计出发,介绍了系统的整体结构以及电流检测、位置模块的选型及电机驱动模块最主要的开关电路的设计,同时介绍了电源转换电路以及位置传感器接口设计等。其次在对硬件整体结构进行讲解之后,对电机驱动系统的软件程序进行了讲解,通过介绍检测模块驱动软件设计以及数字 PID 控制模块驱动设计,配合例程,能够使读者对于程序的编写有一定的了解。最后结合已有的实验箱介绍了系统集成与调试的方法,方便读者实际操作。

10.7 思考题与习题

10.1 查阅资料,概述无刷直流电机的工作原理与特点。
10.2 简述定子电流检测原理。
10.3 分别简述有位置和无位置传感器的电机速度信号检测原理。
10.4 电机驱动控制中避免干扰,常采用什么做法?
10.5 电机调速系统中有哪些调节方法?总结 PID 参数整定步骤。
10.6 概述位置式 PI 控制算法的步骤及优缺点。
10.7 简述增量式 PI 算法与位置式 PI 算法的区别。
10.8 简述系统整合和调试的步骤和注意事项。

第 11 章　室内人流量检测系统的工程实例设计

由于在大型楼宇建筑的人员数量采集以及人员进出检测方面存在着诸多的问题，大型楼宇建筑的管理者需要一套技术先进、运行可靠、实时性强、精确性高的人员进出数量检测装置。在一般的大型公共楼宇，尤其是大型写字楼或者商场内，楼宇内人流量变化比较频繁，因此需要及时统计楼宇人数，从而控制楼宇内空调以及新风机的输出温度和风量，进而使得整栋楼宇的能耗降到更低。由于楼宇内人数众多，不可能通过人工力量来统计人数，综上所述，需要进一步提高楼宇建筑内人数统计的准确性、实时性以及降低硬件成本，并且提高通用性。

11.1　系统功能说明

室内人流量检测系统的功能主要有以下三个方面。
(1) 数据采集。数据采集主要是记录人们进出某一个办公室的数量，利用检测装置，实时地判断人是走进去办公室还是走出去。
(2) 液晶屏显示。液晶屏主要用来显示人数的流动数量，走进去多少人和走出来多少人，并计算出两者的差值。
(3) 初始化阶段。初始化阶段是系统的功能初始阶段，包括对各个外设模块和所用控制器模块的初始化。

11.2　系统总体设计

11.2.1　应用系统的结构设计

根据上述对人流量采集装置的功能介绍，该系统主要完成两个方面：人流量的数据采集和相应数据的显示，整个系统的结构框架如图 11-1 所示。

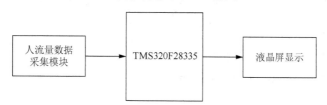

图 11-1　人流量采集系统的结构框架

11.2.2　测量方案

本设计采用 TI 公司的高性能低功耗 TMS320F28335 作为控制系统的核心。
按照图 11-1 所确定的系统结构选择合适的功能部件，已完成完整的系统控制电路设计，控制系统需要选择人流量数据采集模块和液晶显示部分。

1. 采用 CCD 线性摄像头扫描室内人数

优点：①可以准确地扫描出镜头所测范围内所有的人数；②安装方便，并配有相应的上位机显示界面。

缺点：①CCD 线性摄像头虽然可以直接通过扫描来检测室内人数，但无法对楼宇内的实时进出进行检测；②CCD 线性摄像头无法同时扫描整栋楼宇的人数，只能扫描固定区域范围，因此存在一定的局限性；③正是因为上述局限性，一栋楼宇建筑中需要安装大量设备，而 CCD 线性摄像头成本很高，这样无形增加了成本；④使用 CCD 线性摄像头，需要单独布线，增加了改造线路的难度。

2. 采用光电传感器的方式

优点：①硬件成本小，只需要两对光电传感器；②结构简单，维护成本小。

缺点：①存在测量误差，测量精度没有 CCD 高；②光电传感器需要两端供电，安装在离电源线较近的地方。

根据制作成本、开发周期以及维护成本等方面考虑，采用光电传感器的方式测量室内人数流动的情况。

11.2.3　光电传感器测量原理以及选型

1. 光电传感器检测原理

常用的红外线光电传感器(光电开关)是利用物体对近红外线光束的反射原理，由同步回路感应反射回来的光，据其强弱来检测物体是否存在，光电传感器首先发出红外线光束到达或透过目标物体，物体或镜面对红外线光束进行反射，光电传感器接收反射回来的光束，根据光束的强弱判断物体是否存在。常见的红外线光电开关有对射式和反射式两种，本系统采用对射式光电开关，由分离的发射器和接收器组成，当无遮挡物时，接收器接收到发射器发出的红外线，其触电动作，输出高电平；当有物体挡住时，接收器便接收不到红外线，其触电复位，保持低电平不变。在本系统中要考虑到人进出的方向，因此要在门的内外两侧均安装光电开关，通过判断两个光电开关产生上升沿的先后顺序来确定人的进出方向。控制器通过电平的先后顺序判断人是进入室内还是走出室内。

2. 光电传感器选型

(1) E3F-5DY1 对射光电传感器的器件参数如下。

尺寸：直径为 23.5mm，长度为 68mm。

检测范围：$(5 \pm 10\%)$m。

电源电压：DC12～24V，脉动 10%以下。

耐压：AC1000V。

消耗电流：20mA。

控制输出：300mA。

工作温度：-30～+65℃。

测量方式：I/O 口直连检测电平高低。

E3F-5DY1 对射光电传感器的实物图如图 11-2 所示。

(2) E18-8MNK 对射光电开关的器件参数如下。

尺寸：直径为 18mm，长度为 60mm。

测量范围：0～8m。

电源电压：5V。

额定电流：100mA。

工作温度：0～+50℃。

测量方式：I/O 口直连检测电平高低。

E18-8MNK 对射光电开关的实物图如图 11-3 所示。

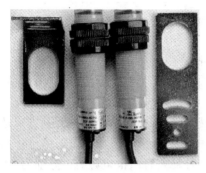

图 11-2　E3F-5DY1 对射光电传感器的实物图

图 11-3　E18-8MNK 对射光电开关的实物图

(3) 金晶光电 M18 弯头的器件参数如下。

尺寸：直径为 18mm，长度为 52mm。

检测范围：(5±10%)m。

电源电压：DC10～30V。

输出：120mA。

工作温度：-30～+65℃。

测量方式：I/O 口直连检测电平高低。

金晶光电 M18 弯头的实物图如图 11-4 所示。

根据以上分析，可以看出这三种光电传感器的参数基本相同，因此在一般情况下，这三种传感器是可以替换的，人们可以根据不同的使用场合选取不同的光电传感器。

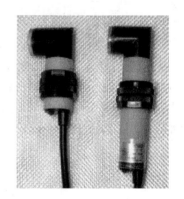

图 11-4　金晶光电 M18 弯头的实物图

11.3　硬　件　设　计

11.3.1　系统硬件框架

该装置主要对进出室内的人数进行采集，并在液晶屏上实时地显示此时室内人数。该装置在硬件上包括两对光电传感器(光电传感器有接收端和发射端两部分)、微处理器、电源模块和液晶显示模块。其中两对光电传感器和液晶显示模块分别与微处理器连接，电源模块为微处理器、光电传感器模块和液晶屏供电。系统硬件框架如图 11-5 所示。

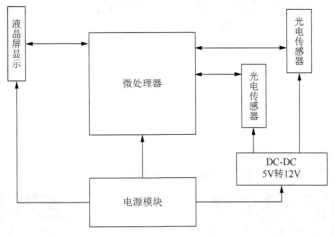

图 11-5 系统硬件框架

11.3.2 光电传感器模块设计

根据 11.3.1 节中的器件选取，可以知道光电传感器检测有无遮挡物的测量方式是根据光电传感器的输出电平的高低确定的。对射光电传感器由两部分组成：发射信号管和接收信号管。其中发射信号管只有两根电源线，分别为 VCC 和 GND，接收信号管为三线结构，分别为 VCC、GND 和 SIGNAL。因此只需要把光电传感器的信号输出端接在控制器的任意一个 I/O 口上即可。其中光电传感器接收端的接线示意图如图 11-6 所示。

图 11-6 接收端的接线示意图

根据装置的结构框图可知，电源模块给光电传感器供电的时候需要经过一个 DC-DC 电源模块，这是因为电源模块输出的电压为 5V，但是光电传感器的供电为 DC10～30V，所以需要把 5V 升压到 12V。5V 转 12V 电源电路如图 11-7 所示，光电传感器的接收端与控制器的连接如图 11-8 所示。

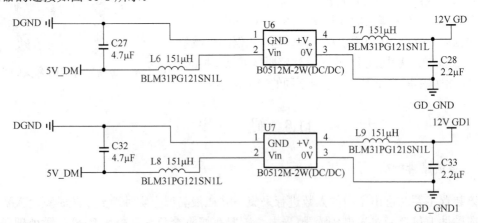

图 11-7 5V 转 12V 电源电路

第 11 章 室内人流量检测系统的工程实例设计

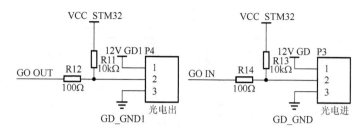

图 11-8 光电传感器接收端电路

11.3.3 LCD 显示模块设计

LCD 显示模块与开发板连接的电路原理图如图 11-9 所示。

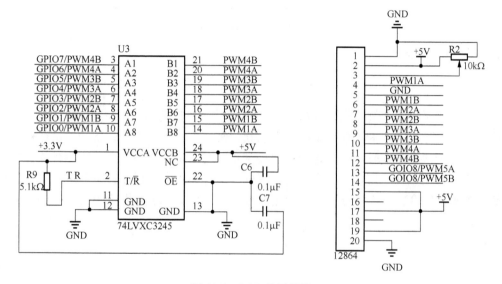

图 11-9 LCD 显示模块

11.4 软 件 设 计

11.4.1 软件设计结构

室内人流量检测系统的软件采用模块化设计方法,整个软件系统可以分为"主程序"、"人数采集程序"和"液晶屏显示程序"几个部分。

在软件设计上,采用应用层、抽象层和底层驱动层三层架构,以数据结构为核心的软件设计思想。在整个系统框架中,抽象层连接应用层和驱动层,保证程序有序正常的运行。其中,应用层主要包括系统时钟管理、参数设定任务、人数采集任务、实时显示任务、误差处理任务、通信任务。系统软件总体框图如图 11-10 所示。

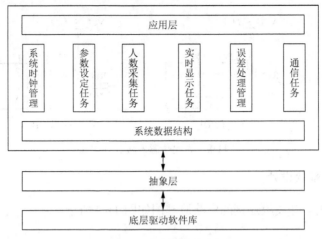

图 11-10　系统软件总体框图

11.4.2　软件程序讲解

1. 主程序

室内人流量检测系统主程序包括：系统初始化、I/O 口初始化、外部中断初始化和液晶屏底层驱动初始化等，为了保证微控制器的软、硬件处于正常工作状态，在执行初始化操作之前会有一段系统延时，确保各个模块处于正常起始状态，并且在系统运行过程中，程序会不断地检测软件是否正常工作，若发现软件运行不正常，程序会自动进行复位；室内人流量检测系统会实时地每分钟对人流进行测量。系统主程序流程图如图 11-11 所示。

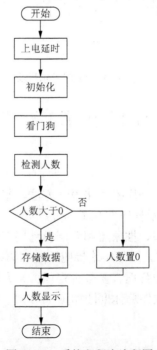

图 11-11　系统主程序流程图

2. 人流量检测程序

判断人进出办公室的逻辑思路如图 11-12 所示。

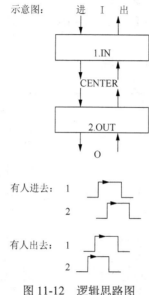

图 11-12 逻辑思路图

其中高电平代表有人通过，上升沿和下降沿都能够触发中断，传感器的距离不超过遮挡物的距离，进出能够正常计数，站在门口的情况也可以排除，不影响计数。

定义了以下九种状态。

没进，没出——NULL。

进去：传感器 1 上升沿 I_TO_IN，下降沿 IN_TO_CENTER；

传感器 2 上升沿 CENTER_TO_OUT，下降沿 OUT_TO_O。

出去：传感器 1 上升沿 CENTER_TO_IN，下降沿 IN_TO_I；

传感器 2 上升沿 O_TO_OUT，下降沿 OUT_TO_CENTER。

程序具体设计如下。

进去室内有以下三种情况。

情况 1　正常情况进去：

NULL—I_TO_IN—CENTER_TO_OUT—IN_TO_CENTER—OUT_TO_O—NULL

情况 2　遮挡了一个传感器后返回：

NULL—I_TO_IN—IN_TO_I—NULL

情况 3　遮挡了两个传感器后返回：

NULL—I_TO_IN—CENTER_TO_OUT—OUT_TO_CENTER—CENTER_TO_IN—IN_TO_I—NULL

同样地，出去也有三种情况。

情况 1　正常情况出去：

NULL—O_TO_OUT—CENTER_TO_IN—OUT_TO_CENTER—IN_TO_I—NULL

情况 2　遮挡了一个传感器后返回：

NULL— O_TO_OUT—OUT_TO_O—NULL

情况 3　遮挡了两个传感器后返回：

NULL—O_TO_OUT—CENTER_TO_IN—IN_TO_CENTER—CENTER_TO_OUT—OUT_TO_O—NULL

数据采集和处理流程图如图 11-13 所示。

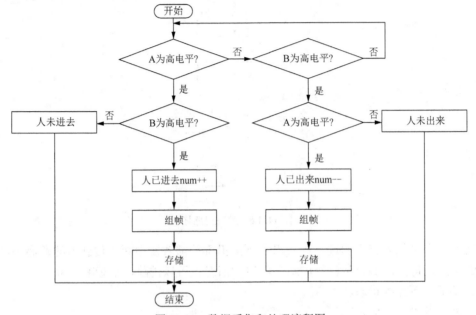

图 11-13　数据采集和处理流程图

数据采集和处理的程序如下。

判断其中一个光电传感器：

```
if(GPIO_ReadInputDataBit(GPIOA,GPIO_Pin_2)>0)//读取 PA2 的电平
    {
    if(state==NULL)
        {
        state=I_TO_IN;
        }
    else{
        state=CENTER_TO_IN;
        }
    }
else{
    if(state==I_TO_IN)
    {
        state=NULL;//进门经过一个传感器返回
    }
        else if(state==CENTER_TO_IN)
        {
        if(GPIO_ReadInputDataBit(GPIOA,GPIO_Pin_3)>0)//读取 PA3 的电平
```

```
        {
            state=IN_TO_CENTER;
        }//出门经过两个传感器返回
        else{
            state=NULL;
            num--;
        }
    }
}
```

判断第二个光电传感器:

```
if(GPIO_ReadInputDataBit(GPIOA,GPIO_Pin_3)>0)
    {
    if(state==NULL)
        {
        state=O_TO_OUT;
        }
    else{
        state=CENTER_TO_OUT;
        }
    }
else{
    if(state==O_TO_OUT)
        {
        state=NULL;//出门经过一个传感器返回
        }
        else if(state==CENTER_TO_OUT)
            {
            if(GPIO_ReadInputDataBit(GPIOA,GPIO_Pin_2)>0)
                {
                state=OUT_TO_CENTER;
                }//进门经过两个传感器返回
            else{
                state=NULL;
                num++;
                }
            }
    }
```

3. 液晶屏显示程序

液晶屏显示程序主要完成：当有人通过人流量装置的时候，液晶屏上需要显示当前室内的人数，例如，当有人从室内走出去的时候，需要将当前的人数减 1，同样的道理，当有人进去室内的时候，人数需要加 1。当然，如果室内人数没有变化，液晶屏上的数据是不需要变化的。同时，室内人数往往并不是没有人，是有一个初始值，这需要在程序里进行设定。液晶屏显示流程图如图 11-14 所示。

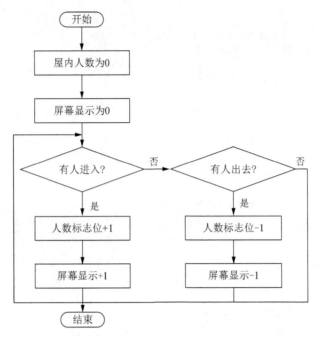

图 11-14 液晶屏显示流程图

具体程序如下：

```
if(NUM != LAST_NUM)      //判断液晶屏上的数据是否和采集到的数据一致
{
        LAST_NUM = NUM;  //不一致,则需要把当前室内的人数值传给液晶屏上显示人数的变量
Display(LAST_NUM,1);     //显示当前人数
}
else
{
    return;              //人数没有变化则返回
}
```

11.5 系统集成与调试

室内人流量检测系统主要对进出室内的人数进行采集，并在液晶屏上实时地显示此时室内人数。该装置在硬件上包括两对光电传感器（光电传感器有接收端和发射端两部分），微处理器、电源模块和液晶显示模块。在根据实际场合选择好光电传感模块后，以微控制器 TMS320F28335 为核心的中央处理系统，以液晶屏作为显示模块，将三个模块按照相应的硬件接口方式进行连接，使其组成一个完整的硬件系统。

在完成硬件平台的搭建后，按照前面所介绍的软件设计方法，以有限状态机为基础编写相应模块的程序。在调试程序时，应注意以下几点。

(1) 先调试各个模块，在各个模块调试好之后，再进行整个系统的调试；

(2) 出现错误时，设置断点，进行单步调试以及部分程序调试，以提高效率。

11.6 本章小结

本装置主要是针对大型公共建筑领域在线测量室内人数而设计的,该装置可以采集通过门口的人流量。本章从硬件设计和软件编写两个方面详细讲解了该装置的工作原理。硬件上讲解了装置的结构框架,以及各个模块之间的连接方式,并附上了相应的硬件原理图;软件上讲解了程序的设计框架,着重讲解了某些功能的程序设计思路,并附上了相应的程序流程图,流程图内有详细的注释。通过讲解硬件选型,说明装置在设计中需要考虑的主要问题;通过讲解软件的框架设计,说明程序的运行机理。

11.7 思考题与习题

11.1 为什么选取光电传感器测量人流量?
11.2 CCD检测人流量的原理是什么?有什么优缺点?
11.3 光电传感器测量人流量的原理是什么?
11.4 判断人进出办公室的逻辑思路是什么?

第 12 章　空调控制系统的工程实例设计

随着人们生活水平的不断提高,智能建筑得到了迅猛发展,并已成为 21 世纪建筑业的发展主流。所谓智能建筑,就是给传统建筑加上"灵敏"的神经系统和"聪明"的头脑,以提高人们生产、生活环境,给人们带来多元化信息和安全、舒适、便利的生活条件而空调系统是智能建筑中楼宇自动化的一个非常重要的组成部分,在各个行业、各个部门中得到了广泛的应用。一方面,在空调系统中,通过对空气的净化和处理,使其温度、湿度、流动速度、新鲜度及洁净度等指标均符合场所的使用要求,以满足人们的生产、生活需要。另一方面,据统计,空调系统的能耗通常占楼宇能耗的 60%以上,为使空调系统以最小的能耗达到最佳的运行效果,即满足国际上最新的"能量效率"的要求,研究空调的控制系统具有重要的经济意义。

12.1　系统功能说明

本系统是针对大型公共建筑在线实时监测并控制楼宇空调系统而设计开发的,对公共建筑能耗的优化具有重要的现实意义。该系统通过实时采集空调数据,并将数据作为初始值,通过计算舒适度的值,动态调节空调参数,即温度、风向、风量等,实现在满足舒适度的条件下,达到节能的目的。本章主要介绍空调控制器的设计,从而实现对空调状态的查询和空调功能的控制。

本章所设计的空调控制系统,主要是针对空调控制器,在硬件和软件方面进行设计,主要包括空调控制器和集中器之间的数据通信、空调控制器的设计、空调控制器与中央空调的通信三部分。

空调控制器和集中器之间采用电力线载波的通信方式,实现数据的向上传输,从而将数据储存在 PC 端;控制器基于 TMS320F28335 的控制芯片进行设计,实现对空调的数据查询与功能的控制;空调控制器与空调之间通过 RS485 总线进行数据传输,将控制器下发的查询或者控制命令传输到空调,实现空调的智能控制。

12.2　系统总体设计

12.2.1　应用系统的结构设计

确定系统的总体方案,是进行系统设计的重要环节。系统总体方案的优劣,直接影响整个系统的运行环境、性能以及具体实时电路的设计。系统整体结构图如图 12-1 所示。本章主要介绍电力线、空调控制器和 RS485 总线三部分。

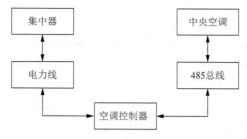

图 12-1　系统整体结构图

12.2.2　低压电力线载波通信技术

电力线载波通信技术（Power Line Carrier Communication，PLC）是指利用已有的配电网作为传输媒介，实现数据传递和信息交换的一种技术。该技术出现于 20 世纪 20 年代初期，最早主要应用电力线传输电话信号。广义的 PLC 技术包含两个大的分支：一个是面向配电网自动化的，简称 DLC（配电线路载波）；另一个是面向进户线路和户内线路的，称为 PLC（线路通信）。两者的区别主要体现为使用对象、技术特征，如线路条件、速率要求、线路共享方式以及用户密度方面的不同。电力线通信具有覆盖范围广，在某些情况下，免除搭建专用通信线路，一线两用，用电器可以直接作为网络终端等优点，而不断成为人们研究的热点之一。

同 10kV 以上中高压电力线相比，220V/380V 低压电力线通信信道具有传输环境恶劣、信号衰减大、干扰特性强，以及时变性大等缺点，而且电力线上突发干扰影响严重，使得低压电力线载波技术的发展受到了牵制。

总体看来，低压电力线载波技术有以下特点。

(1) 信号衰减大。低压配电网直接面向用户，负荷情况复杂，各节点阻抗不匹配，所以信号会产生反射、谐振等现象，使得信号的衰减变得极其复杂。对高频信号而言，低压电力线是一根非均匀分布的传输线，各种不同性质的负载在这根线的任意位置随机地连接或断开。因此，高频信号在低压电力线上的传输必然存在衰减。

(2) 噪声干扰强。低压电力线上大量存在的强噪声是限制数据优质传输的主要障碍之一。电力线上的噪声可分为稳态背景噪声、窄带干扰噪声、突发性噪声和周期脉冲噪声。背景噪声分布在整个通信频带上，低压电网上高斯白噪声可达 22dB 以上。突发性噪声是由用电设备的随机接入或断开而产生的。研究表明，脉冲干扰对低压电力线载波通信的质量影响最大。有文献统计出，脉冲干扰的强度最大可达 40dBm。

(3) 输入阻抗特性复杂。电力线的输入阻抗与频率有着密切的关系。现有的研究结果表明，低压配电网的输入阻抗一般为几欧姆到几十欧姆，并且随着频率的升高而上升。低压配电网的输入阻抗在 100kHz 频率下一般较小，一般用户的输入阻抗在 10～100Hz 内可降至 20Ω。

(4) 随机性和时变性。低压电力线直接面向用户，用户接入负载变化情况十分复杂，难以预计，加上低压配电网络的复杂性以及不可抗拒的自然因素，如雷电等的影响，使得低压电力线载波通信具有很强的随机性与时变性。

随着时代的发展，低压电线载波技术迎来了应用与研究热潮，其大量应用于远程网络监控、调度通信及综合自动化，主要是由于低压电力线载波技术具有以下优点。

(1) 实现成本低，电力线四通八达、遍布城乡、覆盖范围广。电力线载波技术充分利用现有的低压电力线基础设施，无须重新架设线路，节约有限资源，避免了因布线而对公共设施和建筑物的损坏，节省了人力、物力。

(2) 低压电力线载波通信是家居自动化的有效手段，通过遍布住宅内的电源插座，可对智能家用电器联网，并通过网关与外部连接。住宅主人在家可以享受数字化住宅设施的舒适和便利，在外可以通过互联网及时了解和设定住宅内设施。

(3) 利用电力线载波通信的永久在线连接，设备接入电源就等于接入了网络，只要插上电源就永久在线，因此可以构建住宅楼宇自动化系统，如防火、防盗、防有毒气体泄露的保安监控系统，可以构建医疗急救系统，让住有老人、儿童或病人的家庭放心。

传统低压电力线载波通信一般采用频带传输，利用载波调制将携带信息的数字信号的频谱搬移到较高的载波频率上。基本的调制方式分为幅移键控(ASK)、频移键控(FSK)和相移键控(PSK)。对于低压电力线载波通信而言，FSK 系统要求传输带宽比较大，一般用于低速数据传输，PSK 系统的综合性能最好，因此在载波通信技术中得到了广泛的应用。但 ASK 系统由于误码率指标很差，在实际中应用较少。

由于 FSK 系统是使用 2 个不同频率的高频载波传送"0""1"信号，这样通信不必过分依赖于电力线路的质量，能较好地适应频繁变化的线路阻抗和噪声干扰，同时其所需的频带较窄，可以通过划分频带的方法实现多路复用以提高信道的利用效率。既兼顾了设备的抗干扰性能，又不致使系统复杂、昂贵。另外，由于频率调制技术相对成熟而可靠，又有着成本低廉的优势，所以在当前得到了广泛应用。

图 12-2 所示为二进制频移键控信号发生电路，其中 $s(t)$ 为二进制矩形脉冲序列，$e(t)$ 为二进制频移键控信号。

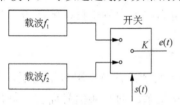

图 12-2　二进制频移键控信号发生电路

12.2.3　RS485 通信技术

随着多微机系统的应用和微机网络的发展，通信功能越来越显得重要。而串行通信是计算机系统中常用的通信机制之一，串行通信的数据是按位进行传输的，外设和计算机间使用一根数据信号线，和按字节传输的并行通信相比，串行通信使用的传输线少，适用于长距离传输而速度要求不高的场合。因此，在数据通信、计算机网络以及分布式工业控制系统中，经常采用串行通信来交换数据和信息。

在串行通信中，数据通常是在两个站点之间进行传送，按照数据流的方向可分成三种传送模式：全双工、半双工、单工。下面就简单介绍这三种传送模式。

(1) 全双工。数据分别由两根可以在两个不同的站点同时发送和接收的传输线进行传送，通信双方都能在同一时刻进行发送和接收操作，如图 12-3 所示。

(2) 半双工。使用同一根传输线，通信双方既可发送数据又可接收数据，但不能同时收发数据，如图 12-4 所示。本系统设计的 RS485 通信接口就是采用半双工的传送方式。

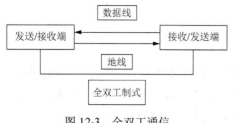

图 12-3　全双工通信

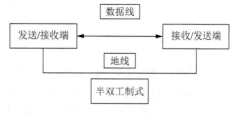

图 12-4　半双工通信

(3) 单工。甲乙双方通信时只能单向传送数据,发送方和接收方固定,如图 12-5 所示。

美国电子工业协会(EIA)于 1983 年制定并发布 RS485 标准,并经美国通信工业协会(TIA)修订后命名为 TIA/EIA-485-A,习惯上称为 RS485 标准。它增加了多点、双向通信能力,通常在要求通信距离为几十米至上千米时,广泛采用 RS485 收发器。现从五方面简单介绍如下。

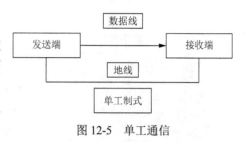

图 12-5　单工通信

(1) 采用平衡发送和差分接收方式,即在发送端,驱动器将电平信号转换成差分信号输出;在接收端,接收器将差分信号变成电平,能有效地抑制共模干扰,提高信号传输的准确率。

(2) 电气特性。对于发送端,逻辑 1 以两线间的电压差为+(2~6)V 表示;逻辑 0 以两线间的电压差为-(2~6)V 表示。对于接收端,A 比 B 高 200mV 以上即认为是逻辑 1,A 比 B 低 200mV 以上即认为是逻辑 0。接口信号电平比 RS232 降低了,不易损坏接口电路的芯片,且该电平与 TTL 电平兼容,可方便地与电路连接。

(3) 共模输出电压是-7~+12V,而 RS422 为-7~+7V,RS485 接收器最小输入阻抗为 12kΩ;RS422 是 4kΩ;RS485 满足所有 RS422 的规范,所以 RS485 的驱动器可以在 RS422 网络中应用。但 RS422 驱动器并不完全适用于 RS485 网络。

(4) 最大传输速率为 10Mbit/s。当波特率为 1200bit/s 时,最大传输距离理论上可达 15km。平衡双绞线的长度与传输速率成反比,在 100Kbit/s 速率以下,才可能使用规定最长的电缆长度。RS422 需要 2 个终接电阻,接在传输总线的两端,其阻值要求等于传输电缆的特性阻抗,为 120Ω。在短距离传输时可不接电阻,即一般在 300m 以下不接电阻。

(5) 采用二线与四线方式。二线制可实现真正的多点双向通信。而采用四线连接时,只能有一个主设备,其余为从设备,它比 RS422 有改进,无论四线还是二线连接方式,总线上可连接多达 32 个设备。RS485 总线挂接多台设备用于组网时,能实现点到多点及多点到多点的通信(多点到多点是指总线上所接的所有设备及上位机任意两台之间均能通信)。连接在 RS485 总线上的设备也要求具有相同的通信协议,且地址不能相同。当不通信时,所有的设备处于接收状态,当需要发送数据时,串口才翻转为发送状态,以避免冲突。

RS485 标准通常作为一种相对经济,具有相当高的噪声抑制、相对高的传输速率、传输距离远、宽共模范围的通信平台。同时,RS485 电路具有控制方便、成本低廉等优点。

本系统正是基于 RS485 进行控制器与中央空调之间的通信,实现了空调状态的查询与各种功能的控制。

12.3 硬件设计

本系统控制器采用 TI 公司的高性能低功耗芯片 TMS320F28335 作为控制器的核心。根据本系统的整体结构设计,考虑到成本以及精度等问题,需要对系统的各个模块进行合理的电路设计,从而完成整个系统的硬件搭建。以下是几种重要的硬件电路设计。

12.3.1 电源模块设计

图 12-6 电源模块

电源模块是整个系统正常工作的关键部分,电源模块设计的好坏直接影响到系统的稳定性和性能。由于系统的供电电压多并且幅值也不相同,系统对电源的性能要求高并且要求体积小、重量轻,因此,电源模块共分为两个部分,即交流直流电源模块和直流直流电源模块。在本系统中,选用金升阳科技有限公司出品的工业级 DC/DC 隔离电源模块 LH10-10D0512-02,如图 12-6 所示。

1) 交流直流电源模块

由于载波通信模块需要提供 220V 的交流电,因此系统中必须引入 220V 电压,同时,系统里的微处理器以及 RS485 通信模块需要 12V 及以下的弱电,所以采用高性能开关电源的形式,通过交流输入转换成直流低压电,既满足了 220V 的需求,也提供了弱电的需求。根据供电需求以及考虑现场的环境因素,加入了金升阳科技有限公司出品的工业级 AC/DC 隔离电源模块,可以提高系统的安全性及可靠度,提高 EMC 的特性并保护二次侧。该方案同时能很好地满足低压电路的需求。电源模块由 220V 转换为两路电压分别为 12V 和 5V 的电源。交流直流电源模块电路原理图如图 12-7 所示。

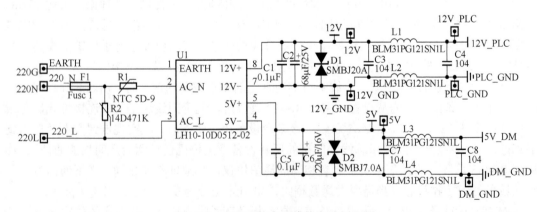

图 12-7 交流直流电源模块电路原理图

2) 直流直流电源模块

在整个系统装置中,微处理器、RS485 通信模块、水表数据采集器以及载波通信模块都需要 3.3~12V 不同的电源来供电，因此需要系统地引入直流电源。在系统设计中，微处理器供电电压为 3.3V，它的来源为：上一部分交流直流电源模块输出的 5V 电源，通过型号为 SPX1117M3-3.3V 的芯片，将电源转换成 3.3V，从而为微处理器提供稳定的 3.3V 电压。5V 转换成 3.3V 电源电路原理图如图 12-8 所示。

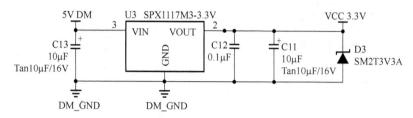

图 12-8　5V 转换成 3.3V 电源电路原理图

载波通信模块不仅需要 220V 的交流电源，同时也需要 5V 和 12V 的电源，因此采取如下方案为载波模块供电：因为交流直流电源模块的双路输出为隔离的，于是选择交流直流电源模块输出的 12V 电源直接提供给载波模块，同时通过型号为 78M05 的芯片，将 12V 电压转换成 5V 电压，直接供给载波模块。载波模块电源部分电路原理图如图 12-9 所示。

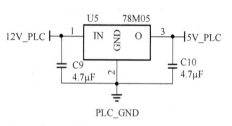

图 12-9　载波模块电源部分电路原理图

12.3.2　载波通信模块设计

图 12-10　单相载波模块

弥亚微电子单相载波模块是基于弥亚微电子的 Mi200E 载波芯片设计的，如图 12-10 所示，其是符合国家电网公司电力用户用电信息采集系统规范要求的高性能电力载波模块，适用于低压集抄系统和其他电力自动化系统。

该模块外围电路简单，成本较低，其主要技术参数如下。

1) 串口通信

（1）单相载波模块与电表主 CPU 采用串口通信。

（2）异步通信，波特率可设置，缺省值为 2400bit/s，偶校验，1 个起始位，8 个数据位，1 个停止位。

2) 载波通信

（1）载波通信速率：200/400/800/1600bit/s。

（2）载波中心频率：76.8±16 kHz。带宽：32kHz。

（3）最大发送功率：不大于 0.4W。

3) 运行环境条件

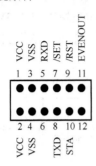

图 12-11 通信模块弱电接口示意图

(1) 温度范围：-40～70℃；
(2) 相对湿度：0～95%相对湿度。

4) 模块供电电压

(1) 系统工作电压：(+5±5%)V/50mA。
(2) 载波发射电压：+(12～15)V/120mA。

载波通信模块弱电接口引脚采用双排针结构，接口引脚定义如图 12-11 所示。单相电能表与通信模块弱电接口引脚定义见表 12-1。

表12-1　电能表与通信模块弱电接口引脚定义说明

编号	信号类别	信号名称	信号方向(针对电表)	说明
1、2	电源	VCC	输出	通信模块模拟电源，由电能表提供，当电能表运行在规定的工作电压范围时，输出电压范围：+(12±1)V（负载电流 0～125mA），通信模块电源故障或短路时不应影响电能表的基本功能（电表应采取保护措施）
3、4	电源地	VSS		通信地
5	信号	RXD	输入	通信模块给电能表发送信号引脚，要求通信模块输出为开漏方式，常态为高阻态
6	预留			预留
7	信号	/SET	输出	模块设置使能；低电平时，方可设置通信模块。开漏方式，常态为高阻态
8	信号	TXD	输出	电能表通信信号输出引脚，开漏方式，常态为高阻态
9	信号	/RST	输出	复位输出（低电平有效），开漏方式，常态为高阻态，可用于复位通信模块，复位信号脉宽不小于 0.2s
10	状态	STA	输入	接收时地址匹配正确模块输出 0.2s 高阻态；通信模块发送过程输出高阻态，表内 CPU 判定通信发送时禁止操作继电器。要求通信模块输出为开漏方式，常态为低电平。通信模块低电平电流驱动能力不小于 2mA
11	状态	EVENOUT	输出	电能表事件状态输出，开漏方式，常态为低电平。当有主动上报事件发生时，输出高阻态，请求查询主动上报状态字；查询完毕输出低电平
12	预留			预留

12.3.3　RS485 通信模块设计

RS485 通信模块由 SN65LBC184 芯片和其外设电路组成。其实现了空调适配器与微处理器之间的通信。SN65LBC184 芯片能够在电气噪声环境下进行数据的通信，在总线上最多可以挂载 128 个设备。中央空调适配器提供了信号线 RS485A 和 RS485B。将两个信号线分别连接到 SN65LBC184 芯片的 RS485A 和 RS485B 引脚，从而实现数据信息的交互。SN65LBC184 芯片与微处理器的串口相连接，微处理器的串口接收引脚、串口发送引脚以及串口控制引脚分别连接 SN65LBC184 芯片的发送引脚、接收引脚以及控制引脚。SN65LBC184 芯片实现了微处理器和中央空调适配器的通信。RS485 通信模块电路原理图如图 12-12 所示。

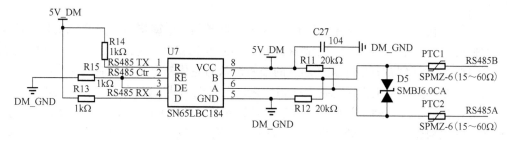

图 12-12　RS485 通信模块电路原理图

12.3.4　数字隔离保护模块设计

系统中存在不同的电平以及不同的信号，因此需要将各个信号进行隔离。数字隔离保护模块分为两部分，分别为载波通信隔离和 RS485 通信隔离。

由于有 220V 强电接入到系统中，因此为了对微处理器进行保护，在微处理器与载波通信模块之间加入了数字隔离保护模块。采用工业级 Si8663BC-B-IS1 型号的数字隔离芯片。Si8663BC-B-IS1 数字隔离芯片具有六路通道，其中三路的传输方向由微处理器到载波通信模块，其余三路通道的传输方向是由载波通信模块到微处理器；它具有宽范围的工作温度，数据传输速率为 150Mbit/s，是目前业界最高的水平；与同类产品比较，其抖动性能最低，可保证具有最低的数据传输错误和误码率。通过 Si8663BC-B-IS1 数字隔离芯片，将载波的电源与微处理器的电源进行隔离，同时将载波模块的信号线与其他模块的信号线进行隔离处理。

空调适配器与微处理器需要通过 RS485 通信模块进行连接，而两者电源不同，因此也需要进行隔离，采用工业级 Si8642BC-B-IS1 型号的数字隔离芯片。Si8642BC-B-IS1 数字隔离芯片具有四路通道，利用其中两路由微处理器到 RS485 通信模块方向进行传输，再利用一路通道由 RS485 通信模块到微处理器进行传输。通过 Si8642BC-B-IS1 数字隔离芯片，将适配器的电源与微处理器的电源进行隔离，同时将 RS485 通信的信号线与其他模块的信号线进行隔离。

12.4　软件设计

本软件系统是针对大型公共建筑在线实时监测并控制楼宇空调系统而开发的嵌入式软件程序，利用低压电力线载波通信和 RS485 通信功能实现实时获取空调数据并进行数据上报的功能，并且对空调系统具有控制作用，控制空调的开关机、运行模式、温度、风量和风向等功能。本节介绍的软件程序设计均是针对微控制器 TMS320F28335 而言的，通过对控制芯片软件程序的编写，实现整个系统的功能。

12.4.1 主程序软件结构设计

控制器主程序负责所有任务的整体调配,实现系统所有功能的同时保证数据的实时性和有效性。

本系统在软件设计方面主要从下行 RS485 数据通信、空调状态数据更新和上行低压电力线数据通信等 3 个方面展开。以微控制器 TMS320F28335 为核心,分别使用单相载波模块和 RS485 模块实现数据的采集和功能的控制,从而完成整个系统功能。

首先,空调控制器主程序包括系统初始化、上行电力线载波通信、下行 RS485 通信、看门狗等。其中系统初始化部分包括系统时钟初始化、GPIO 端口初始化、串口初始化等。为了保证微控制器的软硬件处于正常工作状态,在执行初始化操作之前会有一段系统延时,确保各个模块处于正常起始状态,并且在系统运行过程中,程序会不断地检测软件是否正常工作,若发现软件运行不正常,程序会自动进行复位;初始化完成之后,会对空调适配器模块信息初始化,发送命令,检查适配器状态、空调连接状态、室内机性能和状态,并将所有信息存储起来。数据查询与处理系统实时对空调状态进行查询,可以查询空调的开关机状态、运转模式、温度、风量和风向,并和上一次采集的数据进行对比,若发现不同,则进行数据的更新;通过 RS485 通信,利用 Modbus-RTU 协议格式接收空调信息数据,并通过 MCU 处理,将处理后的数据进行组帧,组帧格式严格按照 DL/T 645—2007 协议,等待接收集中器下发的数据发送命令,将包含有空调数据的完整帧传输至上位机。程序总流程图如图 12-13 所示。

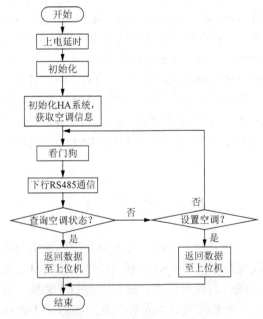

图 12-13 程序总流程图

12.4.2 低压电力线载波通信软件设计

在本空调控制系统软件中,在硬件设计上,微控制器串口 1 的接收端和发送端与载波

第 12 章 空调控制系统的工程实例设计

模块的接收端和发送端分别对应连接，实现终端与上位机的数据传输。数据通信采用一问一答的方式，即集中器通过电力线下发指令，终端通过载波模块接收，然后把接收到的数据传输到微控制器，微控制器把提前组好的完整帧按原有路径发送至集中器。控制器终端与集中器之间使用国家电网《多功能电能表通信协议》，即 DL/T 645—2007 通信协议。DL/T 645—2007 通信协议的数据帧格式如表 12-2 所示。

表12-2 DL/T 645—2007通信协议帧格式定义

说明	代码	说明	代码
帧起始符	68H	帧起始符	68H
地址域	A0	控制码	C
	A1	数据域长度	L
	A2	数据域	DATA
	A3	校验码	CS
	A4	结束符	16H
	A5		

在使用串口通信之前，首先对微控制器的 USART1 接口进行初始化，把控制器的终端设置为接收状态，并设置为终端接收，便于接收外部的命令帧。当终端接收完一组完整的命令帧后，根据帧解析函数进行检验，通过检验后，根据该帧的功能码（AFN）执行不同的任务，任务执行完成后根据通信协议，若需终端回应，则将终端置于发送状态，发送相应应答信号，发送完成后再回到接收状态。由于载波模块在上电 5s 后会给微处理器发送地址请求帧，请求微处理器对其设置地址。因此，通信流程图中包含载波请求地址机制。低压电力线载波通信程序流程图如图 12-14 所示。

参考 DL/T 645—2007 通信协议，解析数据帧的流程如下：首先提取帧的前 6 字节，根据协议任何一帧都是以 0x68 起始，因此判断帧的第一位是否为 0x68，若为 0x68，则继续接收数据并判断帧第 7 位是否也为 0x68，当判断出帧的第 0 位和第 7 位均为 0x68 时，表示已经找到了正确的帧头，可以继续接收后面的信息。继续解析帧的第 9 位，此位为帧的数据长度位，通过提取数据长度便可以确定帧数据的长度。最后判断校验位（CS）和结束位，校验位的值为在校验位之前所有数值的模之和。若以上校验均满足协议的规范，再比较地址域，判断

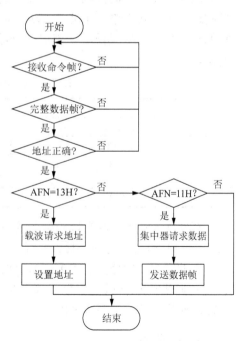

图 12-14 低压电力线载波通信流程图

该帧是否为发给本采集器的命令。若上述处理中，有任何帧解析不满足协议要求，则把接收的数据依次前移一位，重新从帧头解析。

12.4.3 RS485 通信软件设计

在本空调控制系统的软件系统中，RS485 通信需要采用 Modbus 协议来实现软件的设计与编写。Modbus 协议最初是由 Modicon 公司开发的，1979 年末，该公司成为施耐德自动化（Schneider Automation）部门的一部分，现在 Modbus 已经是工业领域全球最流行的协议。此协议支持传统的 RS232、RS422、RS485 和以太网设备。Modbus 协议包括 ASCII、RTU、TCP 等，并没有规定物理层。Modbus 的 ASCII、RTU 协议规定了消息、数据的结构、命令和就答的方式，数据通信采用 Master/Slave 方式，Master 端发出数据请求消息，Slave 端接收到正确消息后就可以发送数据到 Master 端以响应请求；Master 端也可以直接发消息修改 Slave 端的数据，实现双向读写。

Modbus 通信协议有两种传送方式：RTU 方式和 ASCII 方式。在本程序设计中，需要使用 Modbus-RTU 模式。使用 Modbus-RTU 模式时，传送字符以十六进制的 0，…，9，A，…，F 进行传输，并且至少以 3.5 个字符时间的停顿间隔开始传输。在此过程中，网络设备不断侦测网络总线，当接收到第一个域（地址域），每个设备都进行解码以判断是否为发往自己的消息；在最后一个字符传输完成之后，以一个至少 3.5 个字符时间的停顿间隔结束传输。一个新的消息可在此停顿后开始。整个消息帧必须作为连续的流传输。如果在帧完成之前有超过 1.5 个字符时间的停顿，接收设备将刷新不完整的消息并假定下一字节是一个新消息的地址域。同样地，如果一个新消息在小于 3.5 个字符时间内接着前一个消息开始，接收的设备将认为它是前一个消息的延续。Modbus-RTU 通信协议的数据帧格式如表 12-3 所示。

表12-3 Modbus-RTU通信协议帧格式定义

说明	格式
从机地址	1 字节，有效代码范围为 1~255
功能域	1 字节，有效代码范围为 1~255
数据域	N 字节，包含终端执行特定功能所需要的数据或者终端响应查询时采集到的数据
校验域	2 字节，采用 CRC 校验

在硬件设计上，本空调控制系统的微控制器串口 2 的接收和发送端与 RS485 硬件接口的 A 端和 B 端分别对应连接，实现了空调适配器与微控制器的数据传输。数据通信采用一问一答的方式，即微控制器通过数据线下发指令，空调适配器接收到指令后，将空调数据通过数据线传输到微控制器。微控制器与适配器之间通过 Modbus-RTU 通信协议进行 RS485 通信，从而实现数据的交互。

12.4.4 系统程序

1）主程序

在空调控制系统中，主程序主要包括系统初始化、低压电力线载波通信、RS485 通信和看门狗，具体程序如图 12-15 所示。

```
55 void main(void)
56 {
57
58     InitSysCtrl();              //系统初始化
59     InitGpio();                 //引脚初始化
60     DINT;                       //禁止全局中断
61     InitPieCtrl();              //初始化PIE控制寄存器
62     IER=0x0000;
63     IFR=0x0000;
64     InitPieVectTable();         //初始化PIE向量表
65     USART_Configuration();      //载波串口以及引脚定义
66     USART2_Configuration();     //RS-485串口初始化
67     initialize();               //采集所有空调的所有信息
68     while(1)
69     {
70
71         Modbus_485();           //RS-485数据通信
72         Rx_buf();               //低压电力线载波数据通信
73         ServiceDog();           //看门狗
74     }
75 }
76
```

图 12-15　系统主程序

2) 子程序

低压电力线载波通信程序和 RS485 通信程序是严格按照 DL/T 645—2007 协议和 Modbus-RTU 通信协议，以有限状态机的思想进行程序编写。低压电力线载波通信主要是接收集中器下发的对空调状态的查询和功能控制的命令，并将结果返回集中器，程序如图 12-16 所示。RS485 通信主要是将集中器的命令通过空调控制器以 Modbus-RTU 协议的格式直接实现对空调的控制，具体程序如图 12-17 所示。

```
103     switch(Rxbuf[8])            //判断645协议的控制字
104     {
105         case 0x13:
106             star_add();         //返回节点地址
107             break;
108
109         case 0x11:
110             switch (Rxbuf[15])
111             {
112                 case 0x33:
113                     query();    //查询空调信息
114                     break;
115
116                 case 0x34:
117                     control();  //控制空调
118                     break;
119
120                 default:
121                     break;
122             }
123             break;
124
125         default:
126             break;
127     }
```

图 12-16　低压电力线载波通信程序

```
165    concision_state_one();            //发送查询状态命令1
166    delay_ms(250);
167    flag_12=0;                         //中断标志位清0
168    concision_state_two();             //发送查询状态命令2
169    delay_ms(250);
170    flag_22=0;                         //中断标志位清0
171    concision_state_three();           //发送查询状态命令3
172    delay_ms(250);
173    flag_4=0;                          //中断标志位清0
174    Transmit();                        //更新状态信息
175    addr++;                            //空调地址递增，查询下一台空调
176      if(addr==5)                      //查询完第五台空调，地址清0
177      {
178        addr=0;
179        step_pm=0;
180        query_end=1;
181
```

图 12-17　RS485 通信程序

12.5　系统集成与调试

在本系统中，以微控制器 TMS320F28335 作为中央处理系统的核心，以 RS485 通信模块和载波通信模块分别作为下行和上行的通信模块；最后将三个模块按照相应的硬件接口方式进行连接，使其组成一个完整的硬件系统，完成空调的查询与控制等功能。

在完成硬件平台的搭建后，以有限状态机为基础编写相应模块的程序。在调试程序时，应注意以下几点：

（1）先调试每个模块，在每个模块调试好之后，再进行整个系统的调试；

（2）善用断点，设置断点可以使程序暂停在你所想要停止的地方，从而进行单步跟踪与执行，方便检查错误来源；

（3）经常查看某些变量的值，观察程序运行状态；

（4）在程序中插入打印语句，比较容易检查源程序的有关信息。

12.6　本　章　小　结

本章从空调控制系统整体设计出发，首先介绍了系统的功能特征、整体结构、低压电力线载波通信技术以及 RS485 通信技术；其次，介绍了以 TMS320F28335 为基础的硬件系统设计，包括电源模块、载波通信模块、数字隔离模块和 RS485 通信模块及其电路图，使读者对整个硬件系统有更深的理解；然后，对微控制器软件程序进行设计，详细介绍了载波通信和 RS485 通信的程序设计，以 DL/T 645—2007 通信协议和 Modbus-RTU 通信协议为基础，采用有限状态机的思想对程序进行设计，最终能够让读者对于程序的编写有一定的了解和掌握。最后，将系统硬件平台集成，对软件程序进行调试，实现整个系统的功能。

12.7 思考题与习题

12.1 简述空调控制系统的功能与结构。

12.2 简要阐述低压电力线载波的特点以及优点。

12.3 比较全双工、半双工、单工的区别。

12.4 简要介绍空调控制系统的硬件设计。

12.5 结合本章所讲知识，画出空调控制系统的程序流程图。

12.6 根据本章的介绍，编写 RS485 通信和电力线载波通信程序。

12.7 请参照 DL/T 645—2007 通信协议和 Modbus-RTU 通信协议，如何理解每一位所代表的含义，如何进行数据的解析？

第 13 章　智能照明与吊扇系统的工程实例设计

随着人们生活水平的提高、网络化数字技术的发展，人们对照明和吊扇系统的要求不再是简单地提供亮度和降低温度，而是为了能够方便灵活地控制它们，传统的照明和吊扇系统已经不能满足人们的需求。因此，便捷的智能化照明和吊扇系统的研究与设计具有重要的意义。

智能照明和吊扇控制是系统设计中的核心内容，同时，节能环保也是智能系统中不可缺少的部分。与传统照明和吊扇相比智能系统的特点可以归纳为以下两方面。

(1) 方便灵活的控制技术使人们摆脱传统的控制方式。智慧控制是将远程控制方式与家庭内部网络有效地联系起来的智能信息平台。远程终端、网络、无线遥控等多样化的控制方式也可增加用户的选择性，保证了系统方便、灵活、可控。

(2) 节约能源。智慧照明系统通过对照明环境的监测，如光照度的检测、人体目标的检测，真正地实现"人来灯亮，人走灯灭"的效果，并充分利用自然光照，在满足人们对照明要求的同时减少电能的使用，从而达到节能的效果；同样，智能吊扇系统实现自动控制吊扇的启停及挡位变化，根据屋内人数、温度智能控制吊扇，在满足人们舒适度的同时节约电量，也达到节能的目的。

13.1　智能照明与吊扇系统的总体方案设计

13.1.1　系统功能说明

本章设计了一个集成多种功能和自动化模式控制方式于一体的办公楼宇智能系统。系统设计的总体目标是实现良好环境的构建，采用方便灵活的控制技术以达到节约能源的目的。由于上位机部分不在本章的讨论范围之内，这里不再赘述。

良好的室内环境由灯光和吊扇的控制来实现，具有如下功能。

(1) 实时状态查询：实时通过上位机查询不同位置、不同时刻的照明和吊扇状态，并可将数据存储，以便进行分析，制定节能策略。

(2) 灯光和吊扇挡位控制：根据每一个区域的环境变换或者人数的变化，控制照明的开关和吊扇的挡位，从而在满足人们舒适度的要求同时达到节能的目的。

13.1.2　应用系统的结构设计

整个系统是在系统硬件和软件的配合及协调下运行的，按照分布式的形式进行设计，系统的各个模块通过无线通信网络进行通信。整个系统可以依据物联网对全面感知、可靠传递、智能处理这三项功能的需求将其框架划分为传感层、网络层和应用层三个层次，如图 13-1 所示。

(1)传感层：传感层由网关和 ZigBee 网络系统两部分组成，是智能照明与吊扇系统的重要组成部分。

① 网关是智能系统中重要的枢纽，是数据传输的中转站。网关可以通过其带有的协调器接收终端节点发送来的数据并上传给上位机，也可以接收上位机下发的指令并通过协调器下发给终端节点。

② ZigBee 网络系统由协调器和终端节点两部分组成。终端节点包括照明控制器和吊扇控制器。

(2)网络层：网络层在智能系统中起承上启下的作用，下接传感层，上接应用层，是数据通信通道的主要部分。网络层具体指的是无线传输的 GPRS 和有线传输的宽带和路由器。

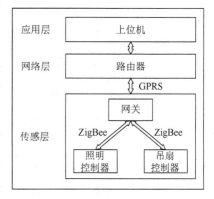

图 13-1　系统整体结构图

(3)应用层：在本章所设计的系统中，应用层指的是计算机终端，可以利用一些上位机软件实现数据的接收和指令的下发，如 LabVIEW 等。在本章所设计的系统中，网络层和应用层不是重点介绍的内容，因此不再赘述。

13.1.3　数据通信流程概述

在本章设计的系统中，不同层或不同模块之间的数据传输方式不一样，整个系统中存在多种通信模式。节点控制器与协调器之间用无线 ZigBee 传输，协调器与网关之间通过串口进行信息传输，网关与上位机之间通过 GPRS 传输方式通信。一个清晰明确的数据流分析，可以帮助我们更好地了解系统的结构框架。具体的流程图如图 13-2 所示。

图 13-2　通信流程图

13.2　照明和吊扇控制器设计

通常对于照明和吊扇系统的控制是通过室内外的开关面板实现的，同时满足上位机对照明和吊扇系统的控制，这样实现人为和远程的同时控制。根据以上功能要求：上位机控制照明系统的亮灭、吊扇系统的开关以及挡位；同时开关面板实现同样的控制要求。控制结构图如图 13-3 所示。

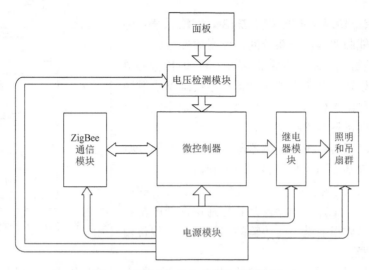

图 13-3　照明和吊扇系统控制结构图

13.2.1　微控制器

微控制器是控制模块的核心，在本系统中，使用 TI 公司生产的高性能 TMS320F28335 芯片。微处理器主要完成继电器控制、状态查询以及与上位机的通信功能。通过软件设计，实现微处理器对各个模块的初始化、控制和状态查询与通信等操作，然后微处理器再把包含开关地址、当前照明和吊扇状态的信息发送给上位机。

13.2.2　电源模块

电源模块是整个系统正常工作的关键部分，电源模块设计得好坏直接影响到系统的稳定性和性能。由于系统的供电电压多、幅值也不相同，系统对电源的性能要求高并且要求体积小、重量轻，因此，采用高性能开关电源的形式，根据供电需求以及考虑现场的环境因素，加入了金升阳科技有限公司出品的工业级 AC/DC 隔离电源模块，其可以提高系统的安全性及可靠度，提高 EMC 的特性并保护二次侧。该方案能很好地满足低压电路的需求。电源模块由 220V 转换为 5V。5V 电源为继电器模块控制端供电，并且 5V 电源自身转 3.3V 供电至微处理器和 ZigBee 模块。电源系统电路图如图 13-4 所示。

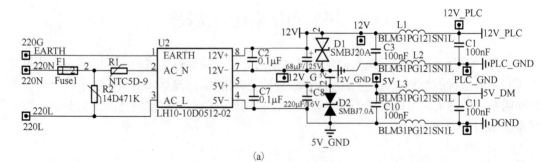

(a)

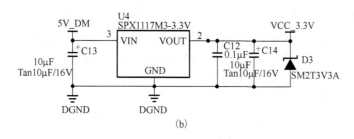

(b)

图 13-4 电源系统电路图

13.2.3 继电器模块与照明和吊扇群

继电器模块控制端有 5V 供电电源和微处理器引出的控制线,工作电路电压为市电 220V。照明和吊扇群继电器都是在两种情况下会吸合或者断开。

1) 照明群

(1) 当外界对开关面板进行控制时,微处理器会判断出开关面板有动作,然后微控制器对继电器控制回路进行翻转(由断开到吸合或由吸合到断开),从而实现对照明系统的控制。

(2) 上位机下发命令,此命令分为两个方面:查询照明系统的当前状态和控制照明系统状态。当为查询状态命令时,微控制器查询照明群的状态,把查询的状态返回至上位机;当为控制命令时,微控制器解析此命令为控制照明群的开灯或者关灯命令,按照命令来对继电器做相应的控制,然后把确认帧发送至上位机以确定控制器已完成控制要求。由此便可以实现外界和上位机同时控制照明群。

2) 吊扇群

(1) 当外界对吊扇调速面板进行控制时,微处理器会判断出吊扇调速面板有动作,断开控制调速的继电器,从而实现对吊扇的控制。

(2) 上位机下发命令,此命令分为两个方面:查询吊扇的当前挡位状态和控制吊扇的挡位。当为查询命令时,微控制器查询电压检测模块检测到的电压值的状态,把查询的状态返回至上位机;当为控制命令时,微控制器解析此命令为控制吊扇的挡位命令,按照命令来对继电器做相应的控制,通过调速电容控制吊扇的转速,然后把确认帧发送至上位机以确定控制器已完成控制要求。由此便可以实现外界和上位机同时控制吊扇。

13.2.4 ZigBee 通信模块

ZigBee 通信模块的作用是将要发送的数据以符合 IEEE 802.15.4 协议规定的数据格式利用 ZigBee 技术发送出去或者接收协调器传来的数据并将它交给微控制器进行处理,起到了无线收发机的作用。

13.3 ZigBee 网络系统设计

13.3.1 ZigBee 技术

ZigBee 技术(智蜂技术,也被称作 Home RF 或 Fire Fly 技术)是一种介于无线标记技术与蓝牙技术之间的、用于近距离连接的低速率无线网络技术。ZigBee 这个名字来源于蜜蜂的通信方式,即蜜蜂通过跳 Zig Zag 形状的舞蹈来传递各种信息,如食物的位置、方向和距离等。蜜蜂的这种通信方式和 ZigBee 的网络拓扑方式、短距离与低功耗等特点十分相似,所以人们将这种技术命名为 ZigBee 技术。

因为 ZigBee 技术具有以下优点而被广泛应用。

(1) 低功耗。ZigBee 技术的最大特点就是低功耗,在工作模式下,由于其数据传输速率低且每次传输的数据量较小,所以每次的通信时间较短。而一旦没有数据传输的时候,ZigBee 模块就会自动进入休眠状态。以上这些特点使 ZigBee 技术的功耗很低,每个节点在普通电池的支持下可以连续工作长达 6 个月~2 年,这也是 ZigBee 技术相对于蓝牙、WiFi 等其他无线通信技术的最大优势。同时根据电池的种类、容量和应用场合的不同,ZigBee 技术在协议上也进行了优化:对于典型应用场合的情况,一节普通碱性电池可以使用数年;对于某些工作周期很短的情况,电池寿命可达 10 年以上。

(2) 高可靠性。由于 ZigBee 技术在 MAC 层采用了 talk-when-ready 的防撞机制,这使得当节点要传送数据的时候就立刻发送并且要求发送的每一个数据包都得到确认信息,如果节点没有接收到目的节点发送回来的确认信息,就表示该数据包发生了碰撞,则该节点就会重新发送一次,直到接收到确认信息。这种防碰撞机制提高了信息传输的稳定性和可靠性并且为需要固定带宽的通信业务预留了相应的通道,避免了发送数据的冲突。

(3) 高网络扩充性。ZigBee 网络具有高度的可扩充性。每一个网络可以包括 255 个网络节点,如果再通过网络协调器扩充,则可达到 65000 个网络节点。而且每个网络协调器可以互相连接,这使得 ZigBee 技术的网络节点数目大大超过了实际应用所需求的数目。

(4) 无线自组织网络。ZigBee 技术通过采用格栅状的网络拓扑结构使得节点或接入点无须经过中央交换机节点即可相互通信,这样就可以在有节点加入或退出的时候实现自我组织的功能。在普通的无线网络中,一个节点的瘫痪有可能导致整个网络无法运行,而 ZigBee 网络由于具有无线自组织的功能,某一节点无法工作时仍可保障网络的正常运行。

(5) 高宽带。由于无线通信中通信的路程越长,数据出错或丢失的因素出现的概率就越大,数据传输的正确性就不能保障。当发射器功率固定的时候,数据的出错概率会和发射节点与接收节点之间的距离成正比。所以大多数无线网络协议都以牺牲带宽的方法来减少噪声的干扰。而在 ZigBee 技术中,由于其具有无线自组织的功能,数据可以多次传递,这就大大缩短了每次传递的路程,提高了系统的带宽。

(6) 维护成本低。ZigBee 技术大大简化了网络的维护成本,每一个节点具有多条不同的通路,当某一条通路出现故障而无法正常工作的时候,并不会影响网络的正常运行,方便了整个网络的维护和升级。

(7) 高安全性。ZigBee 技术采用了计数模式(CTR)加密、密码链块-信息鉴权码(CBC-MAC)验证、计数模式和密码链块-信息鉴权码(CCM)的加密和验证、高级加密标准(AES)加密与个域网信息库(PIB)等安全要素。目前大多数应用中多采用 AES 高级加密标准。该标准由美国国家标准及技术协会(NIST)于 1997 年开始启动并征集算法,在 2000 年确定采用 Rijndael 算法作为最终算法。该算法是一个对称的分组加密算法，长度和密钥长度都可变，可以指定为 128 位、192 位和 256 位。目前大多数 ZigBee 都采用 AES-128 的安全加密机制。

13.3.2 ZigBee 通信模块

本设计中无线 ZigBee 通信模块选用的是挪威 Chipcon 公司生产的 CC2480 芯片。CC2480 芯片是一款完全符合 IEEE 802.15.4 协议的高效率、低功耗并且具有 TI 公司独有的 Z-Accel 功能的能够提供完整的 ZigBee 功能的 ZigBee 射频芯片。

Z-Accel 技术是 TI 公司的一项独有的技术，它是将 TI 公司的 ZigBee 协议栈集成到 CC2480 芯片中，当上电后，该处理器就会自动运行协议栈。而传统的 ZigBee 芯片则需要将协议栈加载到微控制模块中运行，由此可看出 Z-Accel 技术将协议栈放在专门的处理器进行处理，极大地释放了微控制芯片的资源和减轻了微控制芯片的负担，明显地提高了运行速度。Z-Accel 技术通过对外提供简单的 API 函数供用户调用，用户只需要掌握十几个简单的函数用法即可使用该芯片，而在无 Z-Accel 技术支持下，用户需要完全理解协议栈的内容才能掌握芯片的用法，因此 Z-Accel 技术极大地减少了开发所耗时间。

1) CC2480 芯片技术特点

CC2480 芯片作为 Chipcon 公司最新的一款 ZigBee 无线射频芯片，具有以下优点。

(1) 运行的 TI 的协议栈完全兼容 ZigBee2006 协议栈，该协议栈已经十分成熟和稳定，被各大公司广泛使用和认可。

(2) 集成了 UART 和 SPI 总线，具有多种数据传输方式。

(3) 支持简单 API 和完全 API 调用并支持全部类型的 ZigBee 设备，可以将设备定义为协调器、路由器和终端节点中的任意一种。

(4) 当设备类型设置为终端节点时，如果设备处于空闲状态则自动进入低功耗模式（电流<0.5μA）。

(5) 完全兼容 IEEE 802.15.4 协议的 2.4GHz 频段 DSSS 射频收发机，其灵敏度高于 IEEE 802.15.4 协议所规定的接收灵敏度。

(6) 工作电压范围宽(2.0~3.6V)，功耗低(27mA)。

(7) 4 个通用 I/O 口可以用来扩展，其中 2 个带有上拉电阻。

(8) 具有电源监测功能和温度传感器。

(9) 具有一个 2 通道的 7~12 位可选增强型 ADC。

2) CC2480 射频部分

CC2480 射频部分电路结构如图 13-5 所示。射频芯片从天线接收无线信号，首先经过低噪声放大器(LNA)将信号放大，然后将信号的 I 和 Q 分量通过混频器下变频到 2MHz 的中频上进行滤波和放大，处理过的信号经 ADC 转化为数字信号。转化后的数字信号通过数字解调器解调出来，一部分通过自动增益控制(AGC)返回给放大器进行增益调节，另一部分送给数字处理部分进行处理。

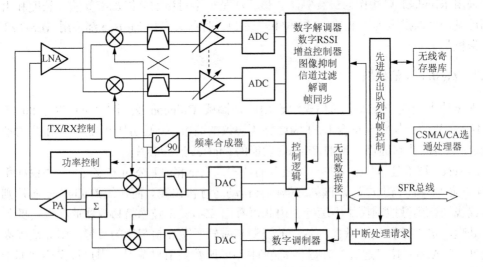

图 13-5　射频部分电路结构图

发送部分与接收部分过程相反，芯片将要发送的数字信号经数字调制器进行调制并交给 DAC 转化为模拟信号，转化好的模拟信号通过上变频器进行变频并由功率放大器(PA)放大，最后由天线发射出去。

3) 芯片接口和引脚

CC2480 芯片采用标准 QPL48 封装，实际使用 45 个引脚，引脚分布如图 13-6 所示。

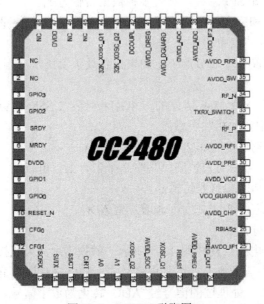

图 13-6　CC2480 引脚图

其中各个引脚功能如表 13-1 所示。

第13章 智能照明与吊扇系统的工程实例设计

表13-1　CC2480引脚说明

引脚	名称	类型	说明
	GND	接地	芯片接地
1	NC	未用	
2	NC	未用	
3	GPIO3	数字 I/O	通用 I/O
4	GPIO2	数字 I/O	通用 I/O
5	SRDY	数字输出	SPI 的从机就绪
6	MRDY	数字输入	SPI 的主机就绪
7	DVDD	数字电源	2.0～3.6V 电源
8	GPIO1	数字 I/O	具有驱动能力的通用 I/O
9	GPIO0	数字 I/O	具有驱动能力的通用 I/O
10	RESET_N	数字输入	复位，低电平有效
11	CFG0	数字输入	配置 0
12	CFG1	数字输入	配置 1
13	SO/RX	数字输入	SPI 从机输出/UART 接收
14	SI/TX	数字输出	SPI 主机输入/UART 发送
15	SS/CT	数字 I/O	SPI 从机选择输入/UART 清除发送
16	C/RT	数字输入	SPI 时钟/UART 发送请求
17	A0	模拟输入	模拟转化输入
18	A1	模拟输入	模拟转化输入
19	XOSC_Q2	模拟 I/O	32MHz 晶振
20	AVDD_SOC	模拟电源	2.0～3.6V 电源
21	XOSC_Q1	模拟 I/O	32MHz 晶振
22	RBIAS1	模拟 I/O	参考电流
23	AVDD_RREG	模拟电源	2.0～3.6V 电源
24	RREG_OUT	输入功率	1.8V 稳压电源输出
25	AVDD_IF1	模拟电源	带通滤波器
26	RBIAS2	模拟输出	外接电阻
27	AVDD_CHP	模拟电源	相位探测器
28	VCO_GUARD	模拟电源	屏蔽环
29	AVDD_VCO	模拟电源	PLL
30	AVDD_PRE	模拟电源	分频器
31	AVDD_RF1	模拟电源	LNA
32	RF_P	RF I/O	LNA
33	TXRX_SWITCH	模拟电源	PA 调节电源电压
34	RF_N	RF I/O	信号通路
35	AVDD_SW	模拟电源	2.0～3.6V 电源
36	AVDD_RF2	模拟电源	2.0～3.6V 电源
37	AVDD_IF2	模拟电源	2.0～3.6V 电源

续表

引脚	名称	类型	说明
38	AVDD_ADC	模拟电源	2.0～3.6V 电源
39	DVDD_ADC	数字电源	2.0～3.6V 电源
40	AVDD_DGUARD	数字电源	2.0～3.6V 电源
41	AVDD_DREG	数字电源	2.0～3.6V 电源
42	DCOUPL	数字电源	2.0～3.6V 电源
43	32K_XOSC_Q2	模拟 I/O	晶振
44	32K_XOSC_Q1	模拟 I/O	晶振
45	NC	未用	
46	NC	未用	
47	DVDD	数字电源	晶振
48	NC	未用	

CC2480 与网关微控制器的通信采用 UART 模式，其接口引脚为 SO/RX、SI/TX、SS/CT 与 C/RT，其中 SO/RX 与 SI/TX 作为数据收发引脚，SS/CT 与 C/RT 引脚作为通信同步和控制引脚。CC2480 通过 SO/RX 引脚接收微控制器传来的数据，通过 SI/TX 引脚将数据发送出去。当芯片接收到数据后，首先会将每个字节分为 2 个 4bit 的 symbol，然后会将每个 symbol 映射到 16 个伪随机序列中的一个作为 chip 输出。每个 chip 分别修整为一个半正弦波并在互补的半周期 I、Q 通道上轮流发送。

13.4 软 件 设 计

本系统软件设计主要包括网关的软件设计、ZigBee 网络系统的软件设计。而在本章节中主要介绍 ZigBee 网络系统的软件设计。

ZigBee 网络包含一个协调器和两种终端节点群，协调器建立 ZigBee 网络，终端节点自动加入该网络中，实现对节点群的查询与控制。

网络结构拓扑图如图 13-7 所示。

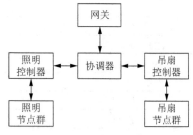

图 13-7 网络结构拓扑图

13.4.1 协调器软件设计

首先，协调器上电之后会自动建立网络，等待终端节点加入。协调器建立网络之后，接收终端节点发来的数据帧，然后直接通过串口发送给网关，也可以通过串口接收上位机下发的命令，之后利用广播的方式发送出去。

协调器的工作流程图如图 13-8 所示。

协调器建立网络的时候，信道和 PAN ID 可以使用默认设置，也可以自己选择，但是在一个网络中协调器和终端节点的信道和 PAN ID 必须一致。上电之后，所有具有相同信道和 PAN ID 的模块会自动加入网络中。

第 13 章 智能照明与吊扇系统的工程实例设计

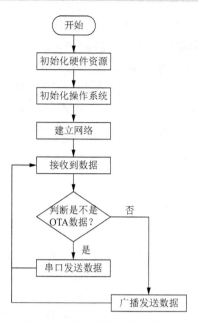

图 13-8 协调器的工作流程图

13.4.2 ZigBee 网络程序设计

ZigBee 技术是基于 IEEE 802.15.4 协议的(即该技术的物理层与 MAC 层完全与 IEEE802.15.4 相同)，因此 ZigBee 技术是一种低速的无线局域网。

1) 协议架构

ZigBee 协议是建立在 IEEE 802.15.4 标准之上的，IEEE 802.15.4 标准规定了 ZigBee 的物理层和 MAC 层的工作方式，而 MAC 层以上的网络层与应用层则是 ZigBee 联盟所制定的。各层示意如图 13-9 所示。

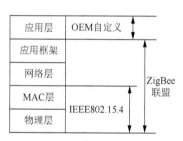

图 13-9 ZigBee 协议组成

由图 13-9 可以看出，ZigBee 协议的组成是以 OSI 七层模型为基础但是又有别于 OSI 七层模型，可以看作该模型的一个简化版。协议中每一层为上层提供数据服务功能，其中又分为数据实体和管理实体两种。数据实体负责提供数据传输服务，管理实体提供相应层的管理请求。相邻两层之间通过服务访问节点(SAP)来交换数据。

物理层的作用主要体现在提供物理层数据服务和物理层管理服务上，包括无线收发机的开关管理、链路质量指示、能量检测、信道评估和数据包的收发等功能。

MAC 层的主要作用是提供该层的数据服务和管理服务，包括信道访问控制机制 CSMA/CA、信标同步与提供可靠的数据传输机制。

网络层的功能是提供组网和设备退出网络的机制、数据帧安全机制、路由的发现及维护等功能，其中协调器的网络层还应该具有为其他加入网络的设备分配和管理 16 位短地址的功能。

2) 数据帧格式

ZigBee 网络通信的数据帧有三种：控制帧、应答帧和报警帧。

对于控制帧，其数据帧结构为：地址+控制属性+控制参数。

地址信息包含目的地址和源地址信息，都是 ZigBee 节点的物理地址，或者是组地址。控制属性标识了命令的属性，不同的数值分别代表查询命令、参数设置命令、灯光开关命令、吊扇挡位设置命令。控制参数包含被控设备地址信息以及根据命令不同设定的相关参数。

ZigBee 通信的应答帧为对控制的成功与否或者状态查询做出应答。而报警帧则是 ZigBee 终端节点向上级节点主动发送的照度采集数据或灯光工作异常信息。

13.4.3 照明和吊扇控制器软件设计

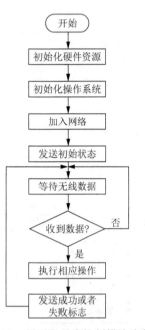

图 13-10 照明和吊扇控制模块流程图

由于照明和吊扇都是由继电器控制，开关灯和开关吊扇实际上都是调节继电器的开关，它们在基本原理上是一致的，不同的是吊扇除了可以控制开关，还可以控制吊扇的挡位变换，但本质也是控制继电器的开关。

协调器建立网络之后，把照明和吊扇控制模块的终端节点的信道设置为与协调器相同的信道，终端节点就可以自动加入网络。加入网络之后终端节点会首先向上发送一条节点的状态信息到协调器，协调器再发送给网关，网关再上传到上位机。然后等待上位机下发给它们发送的控制信号。如果收到上位机发送的信号，则解析这则信号，并根据数据信息执行相应的操作，如查询照明状态、吊扇状态、开灯、关灯、开吊扇、关吊扇、调节吊扇挡位等。流程图如图 13-10 所示。

照明控制系统和吊扇控制系统在硬件设计原理上基本一致，都是通过控制继电器的开关实现各种功能的控制，但在软件设计上吊扇系统是可以控制吊扇的挡位的，具体软件设计如下。

1. 照明系统软件设计

根据功能要求：上位机和开关面板都可以控制照明群的亮和灭，这两种方式都是通过控制器控制继电器的闭合，从而实现照明的通断。

1）上位机控制

为实现上位机控制照明群，首先上位机对网关下发命令，网关再通过串口把命令发送给协调器，协调器再下发指令，最后照明控制器得到指令后控制照明群。其中协调器与照明控制装置通过 ZigBee 进行通信。

首先，判断是否加入网络成功，加入网络成功之后，判断继电器的状态，也就是照明灯的状态，然后发送相应的状态信息。之后就等待协调器发送的无线信号的到来，如果接收到无线信息，根据通信协议可以知道，控制器节点通过判断数据的第 0 字节、第 1 字节和第 2 字节就可以知道是不是自己的数据。接收到自己的数据之后，根据第 4 字节来执行相应的操作，执行完相应的操作后，微控制器把提前组好的完整帧按原有路径发送至协调器，返回成功或者失败标志。流程图如图 13-11 所示。

2) 开关面板控制

外界对开关面板进行工作时，控制器会认为外界的操作是要让现有的照明状态变成相反的状态。

详细的逻辑操作为：当外界对面板动作时，控制器会检测继电器的当前状态，如果继电器的当前状态为闭合，那么意味着照明群是亮的状态，此时微控制器会使继电器断开，从而实现照明群的灭；如果继电器的当前状态为断开，那么意味着照明群是灭的状态，此时微控制器会使继电器闭合，从而实现照明群的亮。软件设计流程图如图 13-12 所示。

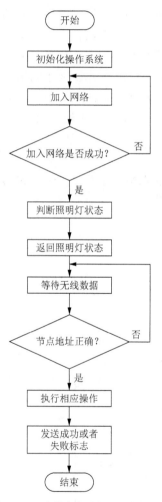
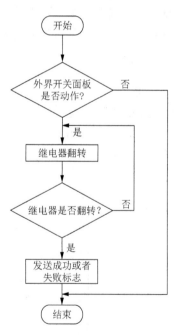

图 13-11　上位机控制照明群流程图　　图 13-12　开关面板控制照明群流程图

2. 吊扇系统软件设计

根据功能要求：上位机控制吊扇群的开关和挡位，开关面板控制吊扇群的开关和挡位，这两种方式都可以通过控制器控制继电器的闭合，从而实现不同的功能。由于需要控制挡位，所以在硬件设计上，就需要 6 个继电器相互配合，从而能实现 0～5 挡的挡位控制。

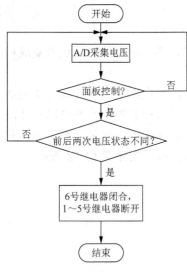

图 13-13　面板控制吊扇群流程图

1）上位机控制

上位机对吊扇群的控制与照明系统大致相同，唯一不同的是需要在数据位中某一位设置控制挡位命令，如 0x00 代表关吊扇、0x01 代表 1 挡等。从而调节 6 个继电器的开关，实现上位机的控制要求。

2）面板控制

微控制器采用 ADC 来实时采集电压，判断吊扇的状态。为了减小误差，微控制器首先采集 50 个电压值取平均值作为 1 次电压采集的真实值，用于继电器的动作，防止电压波动导致的误动作，当面板控制挡位从 1～5 挡（记为 1）变为 0 挡（记为 0）或从 0 挡（记为 0）变为 1～5 挡（记为 1）时，微控制器控制继电器保证 A/D 采集的那一路继电器（6 号继电器）通路，其他继电器（1～5 号继电器）断开，实现面板的绝对控制权。具体流程图如图 13-13 所示。

13.4.4　系统程序

在照明和吊扇系统中，软件设计基于有限状态机的思想，主要是关于控制器与协调器之间的通信和控制继电器的开关两个方面。具体程序设计如下。

1．照明系统

1）数据通信

照明系统数据通信程序如图 13-14 所示。

```
100  if(Rx_len!=0)
101  {Rx_len=0;}
102  else return;
103      switch (Rxbuf[2])
104      {
105          case 0x01:                              //控制照明开关1
106              if(Rxbuf[4]==0x00)
107              {
108                  GPIO_ResetBits(GPIOB,GPIO_Pin_15);
109                  sw1_off();                      //关灯
110              }
111              else if(Rxbuf[4]==0x01)
112              {
113                  GPIO_SetBits(GPIOB,GPIO_Pin_15);
114                  sw1_on();                       //开灯
115              }
116              else{}
117          break;
118
119          case 0x02:                              //控制照明开关2
120              if(Rxbuf[4]==0x00)
121              {
122                  GPIO_ResetBits(GPIOB,GPIO_Pin_13);
123                  sw2_off();                      //关灯
124              }
125              else if(Rxbuf[4]==0x01)
126              {
127                  GPIO_SetBits(GPIOB,GPIO_Pin_13);
128                  sw2_on();                       //开灯
129              }
130              else{}
131          break;
132
133          default:
134          break;
135      }
```

图 13-14　照明系统数据通信程序

第 13 章　智能照明与吊扇系统的工程实例设计

2)继电器控制

照明系统继电器控制程序如图 13-15 所示。

```
149  void GPIO_State(void)
150  {
151      //开关1，通过检测GPIOC10的状态，进而控制GPIOB15的状态
152      //开关2，通过检测GPIOB14的状态，进而控制GPIOB13的状态
153
154      Now2_Flag=GPIO_ReadInputDataBit(GPIOB, GPIO_Pin_14);   //判断GPIOB14的状态
155      Now1_Flag=GPIO_ReadInputDataBit(GPIOB, GPIO_Pin_12);   //判断GPIOC10的状态
156
157      if(Lsat1_Flag!=Now1_Flag)
158         {
159            GPIOB->ODR ^= GPIO_Pin_15;                        //改变继电器1的状态
160            Lsat1_Flag=Now1_Flag;
161         }
162
163      if(Lsat2_Flag!=Now2_Flag)
164         {
165            GPIOB->ODR ^= GPIO_Pin_13;                        //改变继电器2的状态
166            Lsat2_Flag=Now2_Flag;
167         }
168  }
```

图 13-15　照明系统继电器控制程序

2. 吊扇系统

1)数据通信

在这里只介绍控制一个吊扇 0、1 挡的情况，其他挡位与其基本相同，只是在控制不同继电器的开关状态上不同，这里不再赘述。吊扇系统数据通信程序如图 13-16 所示。

```
100  if(Rx_len!=0)
101  {Rx_len=0;}
102  else return;
103      switch (Rxbuf[2])
104         {
105            case 0x02:                                        //控制吊扇1
106               if(Rxbuf[4]==0x00)
107                  {
108                     GPIO_ResetBits(GPIOA,GPIO_Pin_5);
109                     delay_ms(100);
110                     GPIO_ResetBits(GPIOA,GPIO_Pin_6);
111                     delay_ms(100);
112                     GPIO_ResetBits(GPIOA,GPIO_Pin_7);
113                     delay_ms(100);
114                     GPIO_ResetBits(GPIOC,GPIO_Pin_4);
115                     delay_ms(100);
116                     GPIO_ResetBits(GPIOC,GPIO_Pin_5);
117                     delay_ms(100);
118                     GPIO_SetBits(GPIOB,GPIO_Pin_0);          //控制吊扇为0挡
119                  }
120               else if(Rxbuf[4]==0x01)
121                  {
122                     GPIO_SetBits(GPIOA,GPIO_Pin_5);
123                     delay_ms(100);
124                     GPIO_ResetBits(GPIOA,GPIO_Pin_6);
125                     delay_ms(100);
126                     GPIO_ResetBits(GPIOA,GPIO_Pin_7);
127                     delay_ms(100);
128                     GPIO_ResetBits(GPIOC,GPIO_Pin_4);
129                     delay_ms(100);
130                     GPIO_ResetBits(GPIOC,GPIO_Pin_5);
131                     delay_ms(100);
132                     GPIO_SetBits(GPIOB,GPIO_Pin_0);          //控制吊扇为1挡
133                  }
134               else{}
135               break;
136
137            default:
138               break;
139         }
```

图 13-16　吊扇系统数据通信程序

2）继电器控制

吊扇系统继电器控制程序如图 13-17 所示。

```
180  void Voltage_State(void){
181  static int step_pm=0; static uint16_t pm_t;
182  switch(step_pm)
183    {
184    case 0:
185        gather_voltage();                       //AD采集电压，取50个电压，求平均值
186        step_pm++;
187    break;
188    case 1:
189        if(voltage_flag==1){                    //采集到的电压值是1-5挡
190            if(last_voltage==0){                //上一次采集到的电压是0挡电压
191                GPIO_ResetBits(GPIOA,GPIO_Pin_5);
192                GPIO_ResetBits(GPIOA,GPIO_Pin_6);
193                GPIO_ResetBits(GPIOA,GPIO_Pin_7);
194                GPIO_ResetBits(GPIOC,GPIO_Pin_4);
195                GPIO_ResetBits(GPIOC,GPIO_Pin_5);
196                GPIO_ResetBits(GPIOB,GPIO_Pin_0); //6个继电器全部断开
197                last_voltage=voltage_flag;        //更新电压值状态
198                step_pm=0;
199            }
200            else{                                 //上一次采集到的电压是1-5挡电压
201                last_voltage=voltage_flag;        //所有继电器状态不变，更新电压值状态
202                step_pm=0;
203            }
204        }
205        else{                                     //采集到的电压值是0挡
206            if(last_voltage==1){                  //上一次采集到的电压是1-5挡电压
207                GPIO_ResetBits(GPIOA,GPIO_Pin_5);
208                GPIO_ResetBits(GPIOA,GPIO_Pin_6);
209                GPIO_ResetBits(GPIOA,GPIO_Pin_7);
210                GPIO_ResetBits(GPIOC,GPIO_Pin_4);
211                GPIO_ResetBits(GPIOC,GPIO_Pin_5);
212                GPIO_ResetBits(GPIOB,GPIO_Pin_0); //6个继电器全部断开
213                last_voltage=voltage_flag;        //更新电压值状态
214                step_pm=0;
215            }
216            else{                                 //上一次采集到的电压是0挡电压
217                last_voltage=voltage_flag;        //所有继电器状态不变，更新电压值状态
218                step_pm=0;
219            }
220        }
221    break;
222    }
223  }
```

图 13-17　吊扇系统继电器控制程序

13.5　本 章 小 结

本章从照明和吊扇控制系统整体设计出发，首先介绍了系统的功能特征、整体结构、数据通信的流程；其次，介绍了以 TMS320F28335 为基础的硬件系统设计，包括照明和电扇控制器、ZigBee 通信模块的硬件设计及其电路图，使读者对整个硬件系统有了更深的理解；然后，作为本系统一个重要的方面，详细介绍了 ZigBee 通信技术及其 CC2480 芯片的相关知识；最后，对微控制器软件程序进行了设计，主要详细介绍协调器、ZigBee 通信及其照明和吊扇控制器的程序设计，以 ZigBee 通信协议为基础，以有限状态机的思想对程序进行设计，以便读者了解与掌握程序的编写，从而实现整个系统的功能。

13.6 思考题与习题

13.1 画出智能照明和吊扇系统的结构图和通信流程图。

13.2 简要阐述 ZigBee 通信技术的特点。

13.3 结合本章所讲知识，总结使用 ZigBee 通信技术时，应该注意哪些方面？

13.4 说明照明和吊扇控制系统是如何实现智能控制的？

13.5 根据自己所学的知识，概括 ZigBee 通信技术、蓝牙、WiFi 和 GPRS 技术的优缺点。

13.6 根据自己的理解，画出照明和吊扇控制系统面板、上位机控制的流程图。

13.7 编写 ZigBee 通信模块程序。

第 14 章 基于 LabVIEW 的人机界面系统工程实例 DSP 设计

14.1 系统功能说明

公共建筑能耗监控系统是基于 LabVIEW 设计的带有人机界面的工程实例。系统通过使用 LabVIEW 编写的服务器与基于 DSP 设计的集中器通信，获取集中器采集到的数据，并将数据进行综合分析，以表格或折线图的方式向用户显示。同时用户还可以通过服务器软件对集中器进行设置或直接操控终端采集节点。通过与使用 LabVIEW 设计的人机界面交互，能够直观清晰地获取数据变化情况，并对公共建筑设施进行控制。

本章所介绍的工程实例，以 LabVIEW 服务器软件设计以及编程为核心，介绍服务器与集中器之间的数据通信、基于数据库的 LabVIEW 数据存储以及 LabVIEW 人机界面设计三部分。

基于 LabVIEW 的服务器软件与集中器之间可以使用串口或者以太网的方式进行数据通信，获取数据后，服务器软件与 SQL Server 通信，将数据存入数据库。用户可以通过操作软件界面，读取数据库内的数据，并生成报表。

14.2 系统总体设计

整个系统分为三部分，分别是基于 LabVIEW 的服务器软件、基于 DSP 的集中器以及基于 DSP 的数据采集节点和控制节点。服务器软件与集中器之间通过串口进行有线通信，或者通过 GPRS 的无线方式，进行 TCP/IP 数据通信。集中器与采集和控制节点之间通过低压电力线载波的方式通信(已在前面章节中介绍)。系统整体框图如图 14-1 所示。

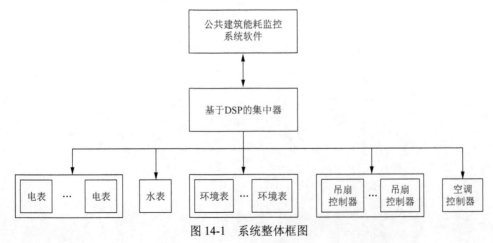

图 14-1 系统整体框图

14.3　LabVIEW 介绍

LabVIEW 是 Laboratory Virtual Instrument Engineering Workbench（实验室虚拟仪器集成环境）的简称，是由美国国家仪器公司（National Instruments，NI）推出的一个功能强大而又灵活的仪器和分析软件应用开发工具。NI 公司生产基于计算机技术的软硬件产品，其产品帮助工程师和科学家进行测量、过程控制及数据分析和存储。NI 公司于 40 多年前由 James Truchard、Jeffrey Kodosky 和 William Nowlin 创建于得克萨斯州的奥斯汀（Austin）。当时 3 人正在位于奥斯汀的得克萨斯大学应用研究实验室为美国海军进行声呐应用研究，寻找将测试设备连接到 DEC PDP-11 计算机的方法。James Truchard 于是决定开发一种接口总线，并吸纳 Jeffrey Kodosky 和 William Nowlin 的共同研究，终于成功地开发出 LabVIEW 并提出了"虚拟仪器"（Virtual Instrument）这一概念。在此过程中，他们创建了一家新公司——NI 公司。图 14-2 为 LabVIEW 图标和用户界面。

 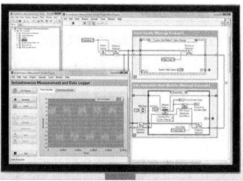

图 14-2　LabVIEW 图标和用户界面

25 年来，无论是初学乍用的新手还是经验丰富的程序开发人员，虚拟仪器在各种不同的工程应用和行业的测量及控制的用户中广受欢迎，这都归功于其直观化的图形编程语言。虚拟仪器面板器的图形化数据流语言和程序框图能自然地显示用户的数据流，同时用户界面可直观地显示数据，能够轻松地查看、修改数据或控制输入。

NI 公司提出的虚拟仪器概念，引发了传统仪器领域的一场重大变革，使得计算机和网络技术进入仪器领域，和仪器技术结合起来，从而开创了"软件即是仪器"的先河。

"软件即是仪器"这是 NI 公司提出的虚拟仪器理念的核心思想。从这一思想出发，基于计算机或工作站、软件和 I/O 部件来构建虚拟仪器。I/O 部件可以是独立仪器、模块化仪器、数据采集板（DAQ）或传感器。NI 公司所拥有的虚拟仪器产品包括软件产品（如 LabVIEW）、GPIB 产品、数据采集产品、信号处理产品、图像采集产品、DSP 产品和 VXI 控制产品等。

从事研究、开发、生产、测试工作的工程师和科学家以及在如汽车、半导体、电子、化学、电信、制药等行业工作的工程师和科学家已经使用并一直使用 LabVIEW 来完成他们的工作。LabVIEW 在试验测量、工业自动化和数据分析领域起着重要的作用。例如，在

NASA(美国国家航空航天局)的喷气推进实验室,科学家使用 LabVIEW 来分析和显示"火星探测旅行者号"自行装置的工程数据,包括自行装置的位置和温度、电池剩余电量,并总体检测旅行者号的全面可用状态,如图 14-3 所示为 LabVIEW 在航空和军工自动化测试中的应用实例。

面向航空和军工的自动化测试
- 高性能混合信号测试
- 融合传统仪器标准(如GPIB、VXI和LAN)
- 集成的软件套件适合设计、开发和部署

图 14-3　LabVIEW 在航空和军工自动化测试中的应用

14.3.1　LabVIEW 数据类型

在 LabVIEW 中有多种数据类型可用于数据表示,包括数值型、布尔型、字符串型、枚举型、动态数据类型等。其中,数值型数据又可分为整型和浮点型。

1. 数值数据类型

数值数据类型用于表示各种不同类型的数字。LabVIEW 的数据类型隐含在前面板的输入控件和显示控件中。数值控件主要位于控件选板的数值选板中,图 14-4 所示分别为数值控件选板在前面板和程序框图中的显示。在 LabVIEW 中右击输入控件、显示控件或常量,选择表示法即可改变数字的表示类型,如图 14-5 所示。

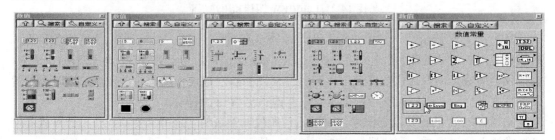

图 14-4　数值控件选板和数值常量

如果把两个或者多个不同表示法的数值输入连接到一个函数,函数将以较大较宽的格式返回输出的数据。函数在执行前会自动将短精度表示法强制转换为长精度表示法,同时,LabVIEW 将在发生强制转换的接线端放置一个强制转换点,如图 14-6 所示。

数值数据类型的子类型包括浮点型、整型和复数。

1) 浮点型

浮点型用于表示分数。LabVIEW 中,用橘黄色代表浮点型。其中,浮点型又可以分为以下三种。

(1) 单精度(SGL)——单精度浮点数为 32 位 IEEE 单精度格式。在 LabVIEW 中使用单精度浮点数可以节省内存并避免溢出。

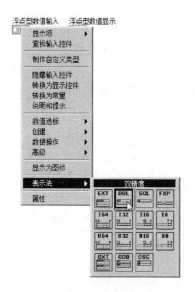

图 14-5 更改数字的表示类型　　　　　图 14-6 强制转换点

(2) 双精度(DBL)——双精度浮点数为 64 位 IEEE 双精度格式。双精度为数值对象的默认格式。大多数情况下都使用双精度浮点数。

(3) 扩展精度(ETX)——在内存中，扩展精度数的字长和精度随所在平台的不同而不同。在 Windows 中，扩展精度数为 80 位 IEEE 扩展精度格式。

2) 整型

整型用于表示整数。有符号整型可以是整数也可以是负数。无符号整型用于表示正整数。LabVIEW 中，用蓝色代表整型。

LabVIEW 将浮点数转换成整数时，VI(即 LabVIEW 程序)会对其四舍五入并转换为最接近的偶数。例如，LabVIEW 将 2.5 舍入为 2，将 3.5 舍入为 3。整型又可分为以下四种。

(1) 字节(I8)——单字节整数占 8 位存储空间。
(2) 字(I16)——双字节整数占 16 位存储空间。
(3) 长整型(I32)——长整型数占 32 位存储空间。大多数情况下，最好使用 32 位的长整型。
(4) 64 位整型(I64)——64 位整型数占 64 位存储空间。

3) 复数

复数由内存中两个相连的数值表示：一个表示实部，另一个表示虚部。由于复数属于浮点数的一种，所以 LabVIEW 中也用橘黄色代表复数。复数可分为以下三种。

(1) 单精度复数——单精度浮点型复数由 32 位 IEEE 单精度格式的实数和虚数构成。
(2) 双精度复数——双精度浮点型复数由 64 位 IEEE 双精度格式的实数和虚数构成。
(3) 扩展精度复数——扩展精度浮点型复数由 IEEE 扩展精度格式的实数和虚数构成。在内存中，扩展精度数的字长和精度随所在平台的不同而不同。在 Windows 中，扩展精度数为 80 位 IEEE 扩展精度格式。

2. 布尔型数据类型

LabVIEW 用 8 位二进制数保存布尔型数据。如果 8 位的值均为 0，布尔值为 FALSE。非零值表示 TRUE。在 LabVIEW 中，用绿色代表布尔型数据。布尔型比较简单，只有 0 和 1，或真(True)和假(False)两种状态，也叫逻辑型。布尔型主要包含在控件选板的布尔子选板中。和数字型类似，布尔常量存在于函数选板的布尔子选板中。布尔型控件子选板和布尔常量如图 14-7 所示。

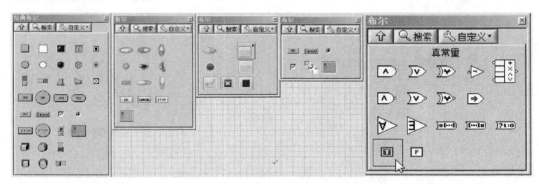

图 14-7　布尔型控件子选板和布尔常量

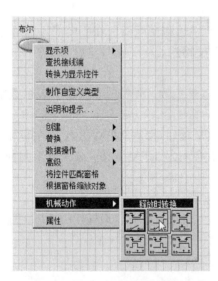

图 14-8　布尔型控件的机械动作

布尔值还有一个与其相关的机械动作，如图 14-8 所示。触发和转换是两种主要的机械动作。触发动作与门铃的动作方式类似；转换动作与照明开关的动作方式类似。触发和转换动作各有 3 种发生方式：单击时、释放时、保持直到释放。关于机械动作的更多信息详见"NI 范例查找器"中的 Mechanical Action of Booleans VI。

3. 字符串型数据类型

字符串在 LabVIEW 编程中会频繁地用到，因此 LabVIEW 封装了功能丰富的字符串函数用于字符串的处理。字符串相关控件在前面板中的位置如图 14-9 所示，包括输入控件、显示控件和下拉框。另外，文件路径是 LabVIEW 中一种特殊的数据类型，方便用于文件的操作。但是由于它也兼具了字符串的特征，因此可以用一个很简单的 VI 函数实现它和字符串之间的转换(图 14-9 中也显示了路径控件与字符串常量)。LabVIEW 中，用粉红色代表字符串。

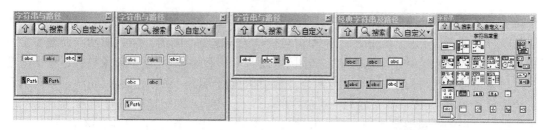

图 14-9　字符串相关控件

字符串是可显示的或不可显示的 ASCII 字符序列。字符串可以提供与平台无关的信息和数据的格式。常用的字符串应用包括以下几方面。

(1) 创建简单的文本信息。
(2) 将数值数据以字符串形式传送到仪器，再将字符串转换为数值。
(3) 将数值数据存储到磁盘。如果需要将数值数据保存到 ASCII 文件中，必须在数值数据写入磁盘文件前将其转换为字符串。
(4) 用对话框向用户显示提示信息。

前面板上的表格、文本输入框和标签中都会出现字符串。LabVIEW 提供了用于对字符串进行操作的内置 VI 和函数，可对其进行格式化字符串、解析字符串等编辑操作。

右击前面板上的字符串输入控件或显示控件，从表 14-1 列出的显示类型中选择一种类型，如图 14-10 所示。表 14-1 列出了字符串可显示的类型以及相应的说明，并且还给出了每个显示类型的范例。

图 14-10　可选择的字符串显示类型

表14-1　字符串显示类型及说明与举例

显示类型	说明	消息
正常显示	可打印字符以控件字体显示。不可显示字符通常显示为一个小方框	There are four display types. □ is a backslash.
"\" 代码显示	所有不可显示字符均显示为反斜杠	There\sare\sfour\sdisplay\stypes.\n\\\sis\sa\sbackslash.
密码显示	星号(*)显示包括空格在内的每个字符	***
十六进制显示	每个字符显示为其十六进制的 ASCII 值，字符本身并不显示	5468 6572 6520 6172 6520 666F 7572 2064 6973 706C 6179 2074 7970 6573 2E0D 0A5C 2069 7320 6120 6261 636B 736C 6173 682E

LabVIEW 将字符串保存为指向某个结构的指针，该结构包含一个 4 字节长的值和一个一维数组，该数组元素为单字节型整数(即 8 位字符)。

4. 枚举型

LabVIEW 中的枚举类型和 C 语言中的枚举类型定义相同。它提供了一个选项列表，其中每一项都包含一个字符串标识和数字标识，数字标识与每一选项在列表中的顺序一一对应。枚举类型包含在空间选板的下拉列表与枚举子选板中，如图 14-11 所示，而枚举常量数包含在函数选板的数值子选板中，如图 14-12 所示。枚举型（枚举型输入控件、枚举型常量或枚举型显示控件）是数据类型的组合。枚举型数据可以代表一对数值（如一个字符串和一个数值型数字），枚举型数据为一组值中的一个值。例如，可以创建一个名称为月份的枚举类型，月份的变量值可能为一月—0，二月—1，…，十二月—11，如图 14-13 所示，图中显示了该例中的枚举型输入控件的属性对话框。

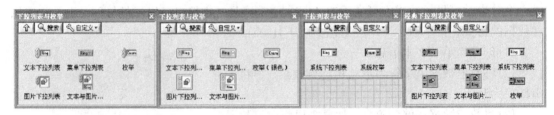

图 14-11　下拉列表与枚举子选板

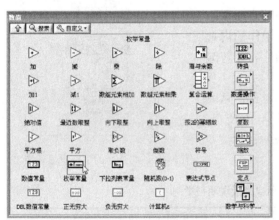

图 14-12　在数值子选板中的枚举常量

图 14-13　枚举类型属性对话框

枚举型数据非常有用，因为在程序框图上处理数字要比处理字符串简单得多。枚举数据类型可以以 8 位、16 位或 32 位无符号整数表示，这 3 种表示方式之间的转换可以通过右键快捷菜单中的转换选项实现。在使用时，首先从上述的选板中选择枚举类型的输入控件添加到前面板中，然后右击该控件，从快捷菜单中选择"编辑"选项，打开如图 14-14 所示的枚举型编辑对话框。

图 14-15 中显示了前面板上的枚举型输入控件月份、枚举型输入控件中的数据选择及其在程序框图中相应的接线端。

第 14 章 基于 LabVIEW 的人机界面系统工程实例 DSP 设计

图 14-14 枚举类型编辑对话框

图 14-15 枚举类型控件在前面板上的选择项以及程序框图中的接线端

14.3.2 相关函数

数据处理是 LabVIEW 编程的重要内容。LabVIEW 对数据的操作是通过各种基本函数实现的。与常规语言不同，LabVIEW 不存在专门的运算符，它的所有运算符都是通过函数实现的，因此，掌握 LabVIEW 基本函数的用法是编程者必须具备的技能。

LabVIEW 中经常会遇到节点、函数、函数节点等术语。函数节点通常也称为函数，节点包括函数。LabVIEW 经常用节点的数量来统计 VI 的性能，所以了解节点的真正含义是非常有必要的。

节点是程序框图上的对象，类似于文本编程语言中的语句、运算符、函数和子程序。它们有输入/输出端，可以在 VI 运行时进行运算。LabVIEW 提供以下类型的节点。

(1) 函数：内置的执行元素，相当于文本编程语言中的操作符、函数或语句。

(2) 子 VI：用于另一个 VI 程序框图上的 VI，相当于子程序。

(3) Express VI：协助常规测量任务的子 VI，Express VI 是在配置对话框中配置相应的函数参数。

(4) 结构：执行控制元素，如 For 循环、While 循环、条件结构、平铺式和层叠式顺序结构、定时结构和事件结构。

(5) 公式节点和表达式节点：公式节点是可以直接向程序框图输入方程的结构，其大小可以调节。表达式节点是用于计算含有单变量表达式或方程的结构。

(6) 属性节点和调用节点：属性节点是用于设置或读取类属性的结构。调用节点是设置对象执行方式的结构。

(7) 通过引用节点调用：用于调用动态加载的 VI 的结构。

(8) 调用库函数：用于调用大多数标准库或 DLL 的结构。

(9) 代码接口节点：用于调用以文本编程语言所编写的代码的结构。

1. 数值运算函数

在 LabVIEW 函数选板的数值子选板中，提供了许多数值运算符。这些数值运算符通过输入操作数和连线实现数值的相关运算。

连线并不是程序框图中的对象，因为根本无法设置独立的连线线段。连线的建立取决于数据源和数据终端的存在，并且二者的数据类型必须完全一致。

1) 一元数值运算符

所谓一元数值运算符就是指具有一个操作输入端的数值运算符。图形化代码提供了多种一元运算符，如加1、减1、绝对值、平方、平方根、取负数、倒数等，见图14-16。

图 14-16　图形化代码的一元运算符

显然，图形化的一元运算符要比基于文本语言的一元运算符丰富得多。所以在程序设计中使用起来会方便很多。当然还有数组元素相加、数组元素相乘、向上取整、向下取整等。

这些运算符适用于数值的计算，包括对波形数据中的数组元素(波形的幅值)的计算。对于枚举和下拉列表，它们也是按数字显示的数值来进行处理的。

2) 二元数值运算符

与其他基于文本的语言类似，加、减、乘、除也是图形化代码中最基本的二元数值运算符。通过操作数(输入控件和常量)、连线与运算符相接(包括显示控件)就构成了最基本的控制程序流程。这种控制程序流程的方式也是最直观的。

二元运算符加、减、乘、除的基本运算规律是清楚的，但是对于数组和波形数据的处理是特殊的。

数组加、减、乘、除一个常数，其结果是常数与数组中每个元素分别进行加、减、乘、除，见图14-17。

数组加、减、乘、除一个数组，数组间的元素对应相互运算，结果是一个最小元素个数的新数组，如图14-18所示。

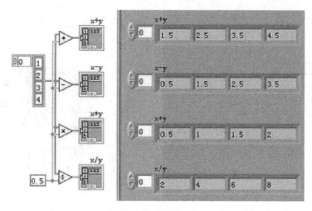

图 14-17 数组元素与常数的加、减、乘、除

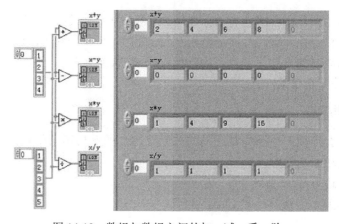

图 14-18 数组与数组之间的加、减、乘、除

波形数据加、减一个常数就是将波形所有的点的幅值均加、减一个常数，因此可以看成是对波形的零位的起始点的位移，见图 14-19。

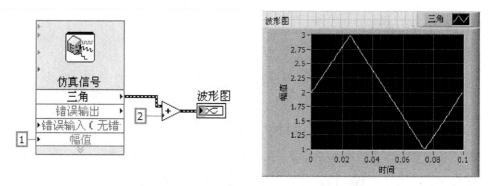

图 14-19 将波形数据与常数相加(减类似位移方向相反)

由图 14-19 可知，波形数据加一个常数(2)，导致波形的位移上移一个常数值(2)。当然，减一个常数相当于位移下降一个常数值。

波形数据与常数相乘、除，相当于波形幅值的线性缩放。其物理意义是实现波形幅度的增益或衰减的调节，如图 14-20 所示。类似于示波器的增益(衰减)开关。

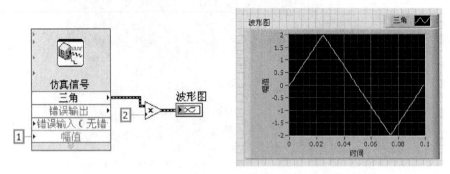

图 14-20　波形数据使用乘除运算进行缩放

波形数据是图形化语言所特有的，通过波形数据与运算符之间的关系来更深入地理解波形数据的一些特殊性。同时，波形数据在对应的工程应用中也给出了实际物理意义。例如，对比虚拟示波器的设计，一个是垂直位移的调节(加、减一个常数)，另一个是垂直增益的调节(乘、除一个常数)。

2. 关系运算函数

关系运算符会评估两个操作数之间的关系，评估的结果用布尔量来表示。关系运算符在函数选板的比较子选板中。

1) 一元关系运算符

基本的一元关系运算符如图 14-21 所示。

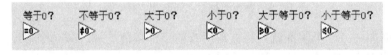

图 14-21　一元关系运算符

2) 二元关系运算符

基本的二元关系运算符如图 14-22 所示。

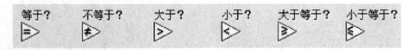

图 14-22　二元关系运算符

由于关系运算符输出的是布尔量，所以利用比较关系可以控制程序的运行方向。例如，比较结构为真，执行 A 程序段；比较结果为假，执行 B 程序段，如图 14-23 所示。

图 14-23　利用比较关系控制程序的执行

3. 逻辑运算函数

图形化代码满足了基本逻辑运算要求，包括很多个逻辑运算符，见图 14-24。

图 14-24　基本逻辑运算符

逻辑运算符中，其他函数相对都比较容易理解，只有"蕴含"这个函数有些特别。假设该函数的输入分别为 x 和 y(图 14-25)，则其操作为：使 x 取反，然后计算 y 和取反后的 x 的逻辑或。两个输入必须为布尔值、数值或错误簇。如果 x 为真(True)且 y 为假(False)，则函数返回假(False)，否则返回真(True)。

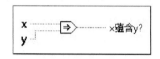

图 14-25　蕴含函数输入简图

与关系运算符一样，逻辑运算关系也是控制程序流程的一种基本方法。

14.4　服务器与集中器通信协议设计

14.4.1　通信协议简介

通信协议是指双方实体完成通信或服务所必须遵循的规则和约定。协议定义了数据单元使用的格式，信息单元应该包含信息与含义、连接方式、信息发送和接收的时序，从而确保网络中数据顺利地传送到确定的地方。

无论通信的载体是什么，都可以使用通信协议实现终端之间的数据传输。如基于 RS485，可以使用 Modbus 作为应用层通信协议；使用 CAN 总线，可以使用 CAN 通信协议；使用以太网，可以使用 TCP/IP 通信协议。以计算机之间的通信为例，通信协议用于实现计算机与网络连接之间的标准，网络如果没有统一的通信协议，计算机之间的信息传递就无法识别。通信协议是指通信各方事前约定的通信规则，可以简单地理解为各计算机之间进行相互会话所使用的共同语言，两台计算机在进行通信时，必须使用的通信协议。

通信协议具有以下三要素。

(1) 语法：即如何通信，包括数据的格式、编码和信号等级(电平的高低)等。

(2) 语义：即通信内容，包括数据内容、含义以及控制信息等。

(3) 定时规则(时序)：即何时通信，明确通信的顺序、速率匹配和排序。

同时，一般通信协议具有分层的体系结构特点。

(1) 将通信功能分为若干个层次，每一个层次完成一部分功能，各个层次相互配合共同完成通信的功能。

(2) 每一层只和直接相邻的两层通信，它利用下一层提供的功能，向高一层提供本层所能完成的服务。

(3) 每一层是独立的，隔层都可以采用最适合的技术来实现，每一个层次可以单独进行开发和测试。当某层技术进一步发生变化时，只要接口关系保持不变，则其他层不受影响。

将网络体系进行分层就是把复杂的通信网络协调问题进行分解，再分别处理，使复杂的问题简化，以便于网络的理解及各部分的设计和实现。

14.4.2 通信协议设计

在进行本系统的通信协议设计时，基于三层参考模型"增强性能体系结构"。通信协议的链路层传输为小端模式，即低位在前，高位在后；低字节在前，高字节在后。协议的格式为异步传输帧格式，定义如图 14-26 所示。

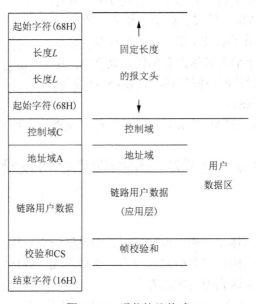

图 14-26 通信协议格式

当数据进行传输时，需要遵循以下传输规则。

(1)线路空闲状态为二进制 1。

(2)帧的字符之间无线路空闲间隔；两帧之间的线路空闲间隔最少需 33 位。

(3)如按(5)检出了差错，两帧之间的线路空闲间隔最少需 33 位。

(4)帧校验和(CS)是用户数据区的 8 位位组的算术和，不考虑进位。

(5)接收方校验。

① 对于每个字符：校验启动位、停止位、偶校验位。

② 对于每帧：检验帧的固定报文头中的开头和结束所规定的字符以及协议、标识位；识别 2 个长度 L；每帧接收的字符数为用户数据长度 $L1+8$；帧校验和；结束字符；校验出一个差错时，校验按(3)的线路空闲间隔。

若这些校验有一个失败，舍弃此帧；若无差错，则此帧数据有效。进行数据校验的流程图如图 14-27 所示。

1)起始字符

起始字符包含两个 68H，分别位于长度域之前和之后。

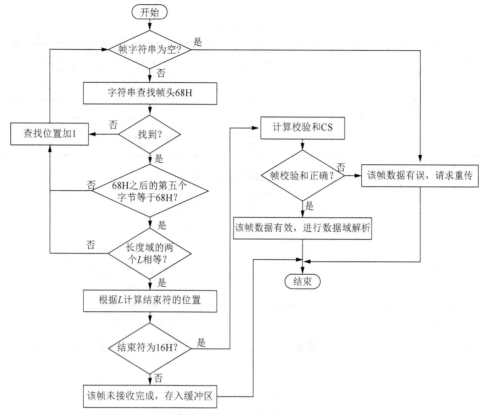

图 14-27　数据校验流程图

2）长度 L

长度 L 由 2 字节组成，表示用户数据域的长度，采用 BIN 编码，是控制域、地址域、数据域的字节总数，总长度不超过 65535。

3）控制域 C

控制域 C 表示报文传输的方向和所提供的传输服务类型，格式定义如表 14-2 所示。

表14-2　控制域字定义

D7	D6	D5	D4	D3	D2	D1	D0

D7：传输方向位（DIR）。D7=0，表示此帧报文是上位机发出的下行报文；D7=1，表示此帧报文是测量仪发出的上行报文。

D6：启动标志位（PRM）。D6=0 表示此帧报文来自上位机；D6=1 表示此帧报文来自测量仪。

D5～D4：保留。

D3～D0：功能码。

采用 BIN 编码，功能码定义见表 14-3 和表 14-4。

表14-3 功能码定义(PRM=0)

功能码	帧类型	服务功能
0	—	备用
1	发送/确认	复位命令
2~8	—	备用
10	请求/响应帧	请求一类数据
11	请求/响应帧	请求二类数据

表14-4 功能码定义(PRM=1)

功能码	帧类型	服务功能
0	确认	认可
1~7	—	备用
8	响应帧	用户数据
9	响应帧	否认：无所召唤的数据
10~15	—	备用

4) 地址域

地址域由行政区划码 A1、终端地址 A2、主站地址和组地址标志 A3 组成，格式见表 14-5。

表14-5 地址域定义

地址域	数据格式	字节数
行政区划码 A1	BCD	2
终端地址 A2	BIN	2
主站地址和组地址标志 A3	BIN	1

终端地址 A2：地址范围为 1~65535，A2=00000H 为无效地址，A2=FFFFH 且 A3 的 D0 位为零时表示系统广播地址，上位机向所有节点发送命令，且每个节点需做出响应。

主站地址和组地址标志 A3：D3=0 表示终端地址 A2 为单地址，按节点标号标记；D3=1 表示终端地址 A2 为组地址，即集中器的地址。A3 的 D1~D7 组成 0~127 个主站地址 MSA，即上位机所在地址。

上位机启动的发送帧的 MSA 应为非零值，终端响应帧的 MSA 跟随上位机的 MSA。

终端启动发送帧的 MSA 应为零，上位机响应帧也为零。

5) 用户数据域

用户数据域是一帧数据中包含信息量最大的区域，它包含了该帧数据真实所要传递的信息，其格式定义如表 14-6 所示。

表14-6 用户数据域格式定义

功能码 AFN
帧序列域 SEQ
数据单元标识 1
数据单元 1
⋮
数据单元标识 n
数据单元 n
附加信息域

(1) 功能码。功能码由一个字节组成，采用 BIN 编码，具体格式定义如表 14-7 所示。

表14-7 功能码AFN格式定义

功能码	描述	功能码	描述
AFN	功能定义	06H	备用
00H	确认/否认	07H	采集控制命令
01H	复位	08H~09H	备用
02H~03H	备用	0AH	查询参数
04H	设置参数	0BH	请求任务数据
05H	控制命令	0CH	请求 1 类数据

(2) 帧序列域 SEQ。帧序列域格式定义如表 14-8 所示。

表14-8 帧序列域格式

D7	D6	D5	D4	D3~D0
Tpv	FIR	FIN	CON	PSEQ/RSEQ

Tpv=0：表示附加信息 AUX 中无时间标签。
Tpv=1：表示附加信息 AUX 中带有时间标签。
FIR=0，FIN=0：要传输多帧数据，该帧表示中间帧。
FIR=0，FIN=1：要传输多帧数据，该帧表示结束帧。
FIR=1，FIN=0：要传输多帧数据，该帧表示起始帧。
FIR=1，FIN=1：单帧。
CON=0：接收方不需要对该帧报文进行确认。
CON=1：接收方需要对该帧报文进行确认。
PSEQ：启动帧序列号，取自启动帧计数器低 4 位计数值，范围为 0~15。
RSEQ：响应帧序列号，跟随收到的启动帧序列号。

(3) 数据单元标识。数据单元标识由信息点标识和信息类标识组成，分别包含两个字节。

信息点由信息点元 DA1 和信息点组 DA2 两个字节组成，信息点组采用二进制编码，信息点元 DA1 对位表示某一信息点组的 1~8 个信息点，具体格式定义见表 14-9。信息类标识 DT 由信息类元 DT1 和信息类组 DT2 两个字节组成，编码方式与信息点标识相同，具体格式定义见表 14-10。

表14-9 信息点标识

信息点组 DA2	信息点元 DA1							
D7~D0	D7	D6	D5	D4	D3	D2	D1	D0
1	P8	P7	P6	P5	P4	P3	P2	P1
2	P16	P15	P14	P13	P12	P11	P10	P9
3	P24	P23	P22	P21	P20	P19	P18	P17
⋮	⋮	⋮	⋮	⋮	⋮	⋮	⋮	⋮
255	P2040	P2039	P2038	P2037	P2036	P2035	P2034	P2033

表14-10 信息类标识

信息类组 DT2	信息类元 DT1							
D7~D0	D7	D6	D5	D4	D3	D2	D1	D0
0	F8	F7	F6	F5	F4	F3	F2	F1
1	F16	F15	F14	F13	F12	F11	F10	F9
2	F24	F23	F22	F21	F20	F19	F18	F17
⋮	⋮	⋮	⋮	⋮	⋮	⋮	⋮	⋮
30	F248	F247	F246	F245	F244	F243	F242	F241
⋮	⋮	⋮	⋮	⋮	⋮	⋮	⋮	⋮
255	F2040	F2039	F2038	F2037	F2036	F2035	F2034	F2033

(4) 数据单元。数据单元的定义见表 14-11。

表14-11 数据单元

应用层功能码	数据单元标识	功能
AFN=00H(确认/否认)	F1	全部确认,无数据体
	F2	全部否认,无数据体
	F3	按数据单元标识确认和否认
	F4	历史数据确认
AFN=01H(复位命令)	F1	硬件初始化
	F2	数据区初始化
	F3	参数初始化
	F4	参数及全体数据区初始化
AFN=04H(设置参数)	F1	终端组地址
	F2	终端 IP
	F3	终端 MAC 地址
	F4	重发次数
	F5	采样频率
	F6	节点地址
	F7	设置终端密码
AFN=05H(控制命令)	F31	系统校时
AFN=07H	F1	启动采集
	F2	停止采集
AFN=0AH(查询参数)	F1	终端组地址
	F2	终端 IP
	F3	终端地址
	F4	重发次数
	F5	采样频率
	F6	节点地址
	F7	设置终端密码

续表

应用层功能码	数据单元标识	功能
AFN=0BH	F1	实时电表数据请求
	F2	实时环境表数据请求
	F3	实时水表数据请求
	F4	表数据自动上传
	F5	节点状态查询
	F6	节点控制

(5) 附加信息 AUX。附加信息域可根据需要加入时间标签或其他信息。

(6) 帧校验和。帧校验和是用户数据区所有字节的 8 位位组算术和,不考虑溢出位。用户数据区包括控制码、地址域、用户数据域。

14.5 服务器与集中器接口设计

基于 LabVIEW 的服务器与基于 DSP 的集中器之间通信时,有两种通信方式可以使用,分别是串口通信以及以太网通信。其中,串口通信用于软件调试、参数配置或服务器与集中器距离较近的情况,而以太网通信用于服务器与集中器相隔两地,或集中器处于不易维护的位置时的数据通信。

服务器及集中器之间的数据通信模型如图 14-28 所示。

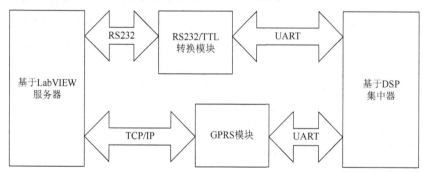

图 14-28 服务器及集中器之间的数据通信模型

如图 14-28 所示,在服务器与集中器间进行串口通信时,服务器使用了 RS232/TTL 转换模块,将 RS232 电平转换为 TTL 电平,与集中器之间通信;在进行以太网通信时,集中器使用 UART 外设对 GPRS 模块进行驱动,GPRS 内置 SIM 卡,通过 GPRS 的通信技术与服务器之间进行基于 TCP/IP 的以太网通信。下面分别介绍 LabVIEW 及 DSP 的串口和以太网通信的实现方式。

14.5.1 LabVIEW 串口及以太网通信实现

1. VISA 串口通信

1) VISA 简介

NI-VISA(Virtual Instrument Software Architecture,以下简称为 VISA)是 NI 公司开发的

一种用来与各种仪器总线进行通信的高级应用编程接口。VISA 总线 I/O 软件是一个综合软件包，不受平台、总线和环境的限制，可用来对 USB、GPIB、串口、VXI、PXI 和以太网系统进行配置、编程和调试。VISA 是虚拟仪器系统 I/O 接口软件。基于自底向上结构模型的 VISA 创造了一个统一形式的 I/O 控制函数集。一方面，对初学者或是简单任务的设计者来说，VISA 有简单易用的控制函数集，在应用形式上相当简单；另一方面，对复杂系统的组建者来说，VISA 提供了非常强大的仪器控制功能与资源管理。当进行 USB 通信时，VISA 有两类函数供 LabVIEW 调用：USB INSTR 设备与 USB RAW 设备。USB INSTR 设备是符合 USBTMC 协议的 USB 设备，可以通过使用 USB INSTR 类函数控制，通信时无须配置 NI-VISA；而 USB RAW 设备是指除了明确符合 USBTMC 规格的仪器之外的任何 USB 设备，通信时要配置 VISA。

2）VISA 串口通信设计

在编写串口通信程序之前，首先需要对串口通信函数有所了解，LabVIEW 提供的串口通信函数选板如图 14-29 所示。

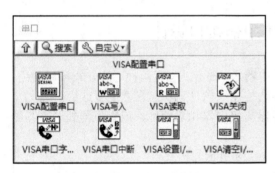

图 14-29　串口通信函数选板

VISA 配置串口：使 VISA 资源名称指定的串口按特定设置初始化。通过连线数据至 VISA 资源名称输入端可确定要使用的多态实例，也可手动选择实例。

VISA 写入：使写入缓冲区的数据写入 VISA 资源名称指定的设备或接口。

VISA 读取：从 VISA 资源名称指定的设备或接口中读取指定数量的字节，并使数据返回至读取缓冲区。

VISA 关闭：关闭 VISA 资源名称指定的设备会话句柄或事件对象。

VISA 串口字节数：返回指定串口的输入缓冲区的字节数。

VISA 串口中断：发送指定端口上的中断。

VISA 设置 I/O 缓冲区大小：设置 I/O 缓冲区大小。如需设置串口缓冲区大小，须先运行 VISA 配置串口 VI。

VISA 清空 I/O 缓冲区：清空由屏蔽指定的 I/O 缓冲区。

串口通信可以使用中断方式或者轮询方式完成，本章介绍一种采用轮询方式进行数据收发的串口通信方式。一个完整的串口收发程序框图如图 14-30 所示。

由于 LabVIEW 是自动多线程的语言，其一个 while 循环会自动开启一个线程，因此把数据的收发设计在一个线程中执行。在设计时，按照串口初始化—数据发送—数据接收的顺序编写程序。

单击"运行"按钮后，程序首先在 while 循环外对串口进行初始化设置，在本程序框图中，使用前面板中的 PortID 以及 baud rate 初始化串口通信的端口号以及通信波特率，除此之外，还可以通过与奇偶校验、停止位等输入端的连线来初始化其他通信参数，在此不再一一赘述。除了初始化串口外，程序中还初始化了一个队列，当程序中的数据发送较频繁时，使用队列可以防止数据丢失的现象。

第 14 章 基于 LabVIEW 的人机界面系统工程实例 DSP 设计

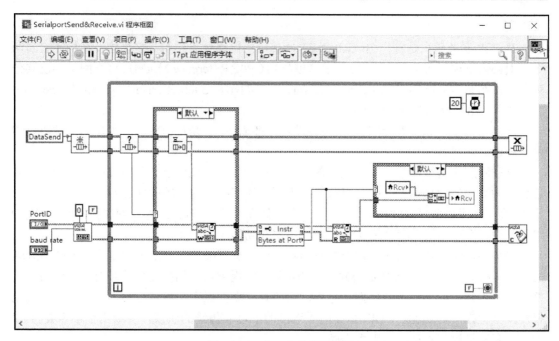

图 14-30 串口收发程序框图

进入 while 循环后，程序首先检查数据发送队列中有无待发送数据，若无数据待发送，则队列中元素数量为 0，程序进入条件结构值为 0 的分支，不做任何操作，否则进入默认分支，数据出队，并使用"VISA 写入"函数发送数据。

发送部分执行结束后，程序使用 Number of Bytes at Serial Port 属性节点检查计算机串口缓冲区有无数据，若有数据，则属性节点输出数据字节个数，并使用"VISA 读取"函数读取相应字节个数，进入条件结构的默认分支。在默认分支中，使用一个字符串局部变量来储存接收到的数据，为防止数据丢失，将新收到的数据接在原有数据的后面，模拟一个先入先出队列的实现形式。

在 while 循环中，程序会不断对上述发送和接收过程进行轮询，并使用"等待(ms)"函数控制轮询间隔时间。在完成了串口收发操作后，若用户终止程序运行，则需要完成关闭串口以及释放队列的工作，否则除非将 LabVIEW 关闭，串口将会一直被占用，这导致其他程序无法使用此串口。因此在程序框图 14-30 中，在 while 循环右侧连接"VISA 关闭"以及"释放队列引用"函数。由于 LabVIEW 是基于数据流的编程语言，因此程序执行的过程为串口和队列初始化—while 循环轮询发送和接收—关闭串口并释放队列。

2. 基于 TCP/IP 的以太网通信

1) TCP/IP 通信技术简介

Internet 协议(Internet Protocol，IP)、用户数据报协议(User Datagram Protooal，UDP)和传输控制协议(Transmission Control Protocal，TCP)是网络通信的基本工具。名称 TCP/IP 来自两个最著名的互联网协议套件——传输控制协议和互联网协议。通过 TCP/IP，用户可以通过单个网络或 Internet 进行通信。TCP/IP 通信为用户提供了简单的界面，隐藏了确保可靠网络通信的复杂性。

TCP/IP 参考模型是首先由 ARPANET 所使用的网络体系结构。这个体系结构在它的两个主要协议出现以后被称为 TCP/IP 参考模型(TCP/IP Reference Model)。这一网络协议共分为四层：网络访问层(Network Access Layer)、互联网层(Internet Layer)、传输层(Transport Layer)和应用层(Application Layer)。

网络访问层在 TCP/IP 参考模型中并没有详细描述，只是指出主机必须使用某种协议与网络相连。

互联网层是整个体系结构的关键部分，其功能是使主机可以把分组发往任何网络，并使分组独立地传向目标。这些分组可能经由不同的网络，到达的顺序和发送的顺序也可能不同。高层如果需要顺序收发，那么就必须自行处理对分组的排序。互联网层使用 IP。TCP/IP 参考模型的互联网层和 OSI 参考模型的网络层在功能上非常相似。

传输层使源端和目的端机器上的对等实体可以进行会话。在这一层定义了两个端到端的协议：TCP 和 UDP。TCP 是面向连接的协议，它提供可靠的报文传输和对上层应用的连接服务。为此，除了基本的数据传输外，它还有可靠性保证、流量控制、多路复用、优先权和安全性控制等功能。UDP 是面向无连接的不可靠传输的协议，主要用于不需要 TCP 的排序和流量控制等功能的应用程序。

应用层包含所有的高层协议，包括：虚拟终端协议(Telecommunications Network，TELNET)、文件传输协议(File Transfer Protocol，FTP)、简单邮件传输协议(Simple Mail Transfer Protocol，SMTP)、域名服务(Domain Name Service，DNS)、网络新闻组传输协议(Net News Transfer Protocol，NNTP)和超文本传输协议(HyperText Transfer Protocol，HTTP)等。TELNET 允许一台机器上的用户登录到远程机器上，并进行工作；FTP 提供有效地将文件从一台机器移到另一台机器的方法；SMTP 用于电子邮件的收发；DNS 用于把主机名映射到网络地址；NNTP 用于新闻的发布、检索和获取；HTTP 用于在 WWW 上获取主页。

TCP/IP 中各层之间的关系如图 14-31 所示。

2) LabVIEW 网络通信设计

在使用 LabVIEW 完成网络通信的过程中，主要涉及两个部分，即 TCP Server 和 TCP Client。其中 TCP Server 作为服务器主机，等待来自 TCP Client 的连接，而 TCP Client 作为客户端，主动连接服务器，在二者建立连接后，即可进行网络通信交换数据。

在 LabVIEW 中，采用 TCP 节点进行网络通信的通信函数位于：函数选板—数据通信—协议—TCP。其包括 TCP 侦听、打开 TCP 连接、读取 TCP 数据、写入 TCP 数据、关闭 TCP 连接、IP 地址至字符串转换、字符串至 IP 地址转换、解释机器别名、创建 TCP 侦听器、等待 TCP 侦听器，如图 14-32 所示。

TCP 侦听：创建侦听器并等待位于指定端口的已接收 TCP 连接。

打开 TCP 连接：打开由地址和远程端口或服务名称指定的 TCP 网络连接。

读取 TCP 数据：从 TCP 网络连接读取字节并通过数据输出返回结果。

写入 TCP 数据：使数据写入 TCP 网络连接。

关闭 TCP 连接：关闭 TCP 网络连接。

IP 地址至字符串转换：使 IP 地址转换为字符串。

图 14-31　TCP/IP 中各层之间的关系

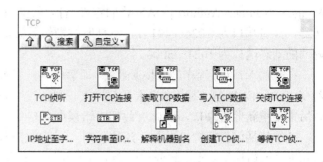

图 14-32　TCP 通信函数选板

字符串至 IP 地址转换：使字符串转换为 IP 地址或 IP 地址数组。

解释机器别名：返回机器的网络地址，用于联网或在 VI 服务器函数中使用。

创建 TCP 侦听器：为 TCP 网络连接创建侦听器。连线 0 至端口输入可动态选择操作系统认为可用的 TCP 端口。使用打开 TCP 连接函数向 NI 服务定位器查询与服务名称注册的端口号。

等待 TCP 侦听器：等待已接收的 TCP 网络连接。

本书将分别介绍 TCP Server 以及 TCP Client 的实现方式。

(1) TCP Server 的实现。

图 14-33 为 TCP Server 程序实现。程序实现的功能是打开计算机上第一个可用的端口，并等待客户端连接，当有客户端连入后，发送预先编辑好的数据客户端，然后关闭连接，等待另一个连接。

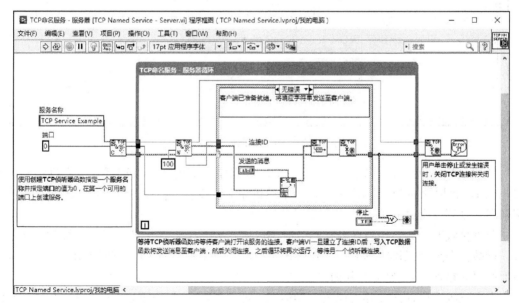

图 14-33　TCP Server 程序实现

当程序开始运行时，首先会使用"创建 TCP 侦听器"函数制定一个服务端口，由于端口的输入值为 0，因此函数会直接选定系统第一个可用的端口作为服务器端口。依据 Internet

Assigned Numbers Authority(IANA)的定义,有效的端口号为49152～65535。常用端口为0～1023,注册端口为1024～49151。不是所有操作系统都支持 IANA 标准。例如,Windows 返回的动态端口为1024～5000。

在开启端口后,程序进入侦听状态,即等待客户端连接。设定函数的超时时间为100ms,若在100ms 内未监测到有客户端发起连接,则函数结束,并返回超时错误码代56。由于超时后需要重新监听端口,因此对此超时错误做忽略处理,函数继续等待客户端连接。

若等待期间有客户端发起了连接,则"等待TCP 侦听器"函数立即返回,并进入条件语句的"无错误"分支,此分支中会立即将用户预输入的数据发送给客户端,发送完毕后,将此连接关闭,之后 while 循环再次执行,等待另一个侦听器连接。

(2) TCP Client 的实现。

图 14-34 为 TCP Client 的 LabVIEW 实现。程序实现的功能是根据预先设定好的 IP 地址以及端口号,连接目标服务器,然后等待服务器返回数据,当检测到服务器的返回数据后,读取一定的字节数,并断开与服务器之间的连接。

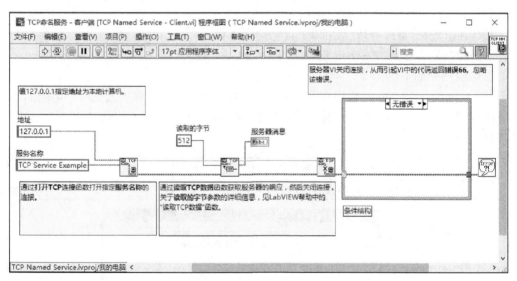

图 14-34　TCP Client 程序实现

如图 14-34 所示,首先设定目标地址,本程序为了进行单机测试,设定目标地址为127.0.0.1,此地址为 TCP 回环地址,用于单机完成自收发。在超时时间内,若成功连接了服务器,则程序会进入数据接收阶段。

数据接收时,设定函数在默认超时时间内接收 512 字节,无论此时间内接收成功或失败,函数都会返回已接收到的字节数以及字符串。若超时时间内能够收到 512 字节,则函数返回"无错误",否则返回超时错误。

在上述处理中,还需要考虑另一种情况,即服务器主动关闭连接,此时函数会返回错误代码66。当所有操作执行完毕后,程序通过"关闭 TCP 连接"函数将连接断开,完成本次通信。

这样,我们就完成了基于 TCP/IP 的网络通信。

14.5.2 DSP 串口及以太网通信实现

前面已经介绍，LabVIEW 与集中器之间通信使用了串口以及以太网，对应服务器的两种通信方式，集中器使用了相同的接口与服务器软件通信，下面介绍基于 DSP 的串口通信及以太网通信实现。

1. 串口通信

1）串口通信简介

串口通信(Serial Communications)的概念非常简单，串口按位(bit)发送和接收字节。尽管比按字节(byte)的并行通信慢，但是串口可以在使用一根线发送数据的同时用另一根线接收数据。它很简单并且能够实现远距离通信。例如，IEEE 488 定义并行通行状态时，规定设备线总长不得超过 20m，并且任意两个设备间的长度不得超过 2m；而对于串口而言，长度可达 1200m。典型地，串口用于 ASCII 码字符的传输。通信使用 3 根线完成，分别是地线、发送和接收。由于串口通信是异步的，端口能够在一根线上发送数据同时在另一根线上接收数据。串口通信最重要的参数是波特率、数据位、停止位和奇偶校验。对于两个进行通信的端口，这些参数必须匹配。

(1) 波特率：这是一个衡量符号传输速率的参数。指的是信号被调制以后在单位时间内的变化，即单位时间内载波参数变化的次数，如每秒钟传送 240 个字符，而每个字符格式包含 10 位(1 个起始位，1 个停止位，8 个数据位)，这时的波特率为 240Bd，比特率为 10 位×240 个/秒=2400bit/s。一般调制速率大于波特率，如曼彻斯特编码)。通常电话线的波特率为 14400Bd、28800Bd 和 36600Bd。波特率可以远远大于这些值，但是波特率和距离成反比。高波特率常常用于放置得很近的仪器间的通信，典型的例子就是 GPIB 设备的通信。

(2) 数据位：这是衡量通信中实际数据位的参数。当计算机发送一个信息包，实际的数据往往不会是 8 位的，标准的值是 6 位、7 位和 8 位。如何设置，取决于你想传送的信息。例如，标准的 ASCII 码是 0～127(7 位)。扩展的 ASCII 码是 0～255(8 位)。如果数据使用简单的文本(标准 ASCII 码)，那么每个数据包使用 7 位数据。每个包是指一字节，包括开始/停止位、数据位和奇偶校验位。由于实际数据位取决于通信协议的选取，术语"包"指任何通信的情况。

(3) 停止位：用于表示单个包的最后一位。典型的值为 1 位、1.5 位和 2 位。由于数据是在传输线上定时的，并且每一个设备有其自己的时钟，很可能在通信中两台设备间出现了小小的不同步，因此停止位不仅表示传输的结束，而且提供计算机校正时钟同步的机会。适用于停止位的位数越多，不同时钟同步的容忍程度越大，但是数据传输率同时也越慢。

(4) 奇偶校验位：在串口通信中一种简单的检错方式。有四种检错方式：偶、奇、高和低。当然，没有校验位也是可以的。对于偶校验和奇校验的情况，串口会设置校验位(数据位后面的一位)，用一个值来确保传输的数据有偶数个或者奇数个逻辑高位。例如，如果数据是 011，那么对于偶校验，校验位为 0，保证逻辑高的位数是偶数个。如果是奇校验，校验位为 1，就有 3 个逻辑高位。这样使得接收设备能够通过校验位的状态来判断是否有噪声干扰了通信,或者判断传输和接收的数据是否同步。

2) DSP 串口通信实现

集中器与服务器之间的一种通信方式基于 DSP 的串行通信(SCI)模块,SCI 模块提供了 DSP 与其他标准 NRZ 格式的异步外围之间的数字通信。本设计中使用的串口即异步串行通信接口,即通常所说的 UART 口。DSP 中串行通信模块具有自己独立的使能和中断位,可以独立操作,在全双工模式下也可同时操作。

在串口通信时,可以使用不同的收发方式。其中接收方式一般有 DMA 接收以及中断接收,而发送方式一般有 DMA 发送、中断发送以及轮询发送。

DMA 接收时,使用 DMA 控制器对芯片收到的数据进行接收,并在收到一定量的数据时产生中断或者由处理器查询接收进度,进而对收到的数据进行处理;中断接收时,处理器每接收到一字节数据,就产生一次中断,软件在中断函数中对数据进行处理。DMA 发送时,处理器将需要发送数据的地址告知 DMA 控制器,全部数据的发送由 DMA 控制器一次性完成;中断发送时,处理器将一字节数据写入发送寄存器后,继续执行其他程序,本字节发送结束时将产生中断,通知处理器进行下一步的操作;轮询发送时,处理器将一字节数据写入发送寄存器后,不执行其他程序,而是一直查询发送结束标志,若查询到此标志置位,表示发送结束。

DMA(Direct Memory Access,直接内存存取)允许与不同速度的硬件装置来沟通,而不需要依赖于处理器的大量中断负载。否则,处理器需要从来源把每一片段的资料复制到暂存器,然后把它们再次写回到新的地方。在这个时间中,处理器对于其他的工作来说就无法使用。在实现 DMA 传输时,是由 DMA 控制器直接掌管总线,因此,存在着一个总线控制权转移问题。即 DMA 传输前,CPU 要把总线控制权交给 DMA 控制器,而在 DMA 传输结束后,DMA 控制器应立即把总线控制权交回给处理器。一个完整的 DMA 传输过程必须经过 DMA 请求、DMA 响应、DMA 传输、DMA 结束 4 个步骤。DMA 的数据传输如图 14-35 所示。

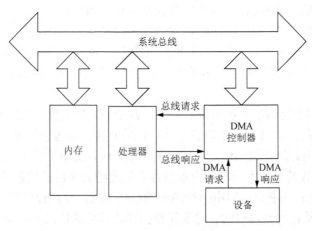

图 14-35 DMA 的数据传输示意图

在本设计中,使用中断方式进行数据接收,使用 DMA 方式进行数据发送。使用上述方式的好处在于:接收时,由于使用中断方式,每接收到一字节就会进入一次中断,因此可以对当前字节的奇偶校验位进行校验，以判断本字节是否由于干扰出现传输错误，若出现错误，则将这一字节舍弃；发送时，由于使用了 DMA 发送，可以将 DSP 内核从数据发送工作中解脱出来，去执行其他代码，而发送工作由 DMA 控制器完成。基于 DSP 的集中器串口接收和发送通信流程如图 14-36 和图 14-37 所示。

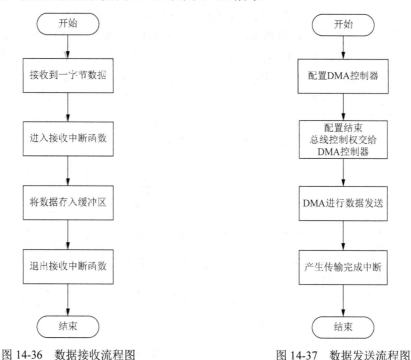

图 14-36　数据接收流程图　　　　图 14-37　数据发送流程图

为了保证数据的可靠性，避免接收时出现丢失数据的情况，在中断接收的时候，每接收到一字节，就将其存入缓冲区，然后退出中断服务函数，由后台程序处理缓冲区中的数据。这样保证程序能够及时取出接收寄存器中的数据，避免通信速率高的情况下，后接收到的数据将先接收到的数据覆盖。

2. GPRS 通信

集中器与服务器软件之间的网络通信基于 TCP/IP，使用了 SIM 卡的 GPRS 通信手段，实现数据的无线传输。

通用分组无线服务技术（General Packet Radio Service，GPRS）是是 GSM 移动电话用户可用的一种移动数据业务，属于第二代移动通信中的数据传输技术。GPRS 可说是 GSM 的延续。GPRS 和以往连续在频道传输的方式不同，是以封包（Packet）式来传输的，因此使用者所负担的费用是以其传输资料单位计算的，并非使用其整个频道，理论上较为便宜。GPRS 的传输速率可提升至 56Kbit/s 甚至 114Kbit/s。

在进行数据通信时，将集中器作为 Client，服务器软件作为 Server，使用集中器访问服务器 IP 的某个指定端口，连接成功后即可进行数据通信。集中器搭载了移动通信模块，在使用时，需要在模块中插入 SIM 卡，模块与 DSP 之间通过 UART 通信，模块响应 DSP 的指令，完成SIM卡驱动、模块初始化、联网以及数据收发的操作。

DSP与移动通信模块之间使用了AT指令集。AT即Attention，AT指令集是从终端设备(TE)或数据终端设备(DTE)向终端适配器(TA)或数据电路终端设备(DCE)发送的。通过TA，TE发送AT指令来控制移动台(MS)的功能，与GSM网络业务进行交互。用户可以通过AT指令进行呼叫、短信、电话本、数据业务、传真等方面的控制。

DSP与移动通信模块之间的通信过程包括两个部分：设备初始化以及数据通信。在设备初始化阶段，移动通信模块不进行GPRS数据的收发，只通过串口接收DSP的AT指令，并根据指令完成网络注册、链路连接等功能。当初始化完成之后，移动通信模块进入数据通信模式，此模式下，完成数据从以太网到串口的透传，即移动通信模块通过GPRS接收网络上的数据，并将数据原样通过串口发送给DSP进行处理。

DSP对移动通信模块初始化的流程图如图14-38所示。

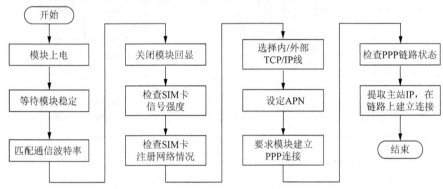

图14-38 DSP对移动通信模块初始化的流程图

在进行完移动通信模块的初始化后，模块就进入数据透传模式，进行透传时的数据收发与前面讲到的DSP串口通信完全相同，也是通过中断接收串口收到的数据，通过DMA将数据发送给移动通信模块，模块再将数据转发到网络。由于数据通信模式与串口直接收发相同，这里不再赘述。

14.6 数据存储设计

14.6.1 服务器数据库存储设计

1. 数据库简介

结构化查询语言(Structured Query Language，SQL)是一种用于数据库查询和进行程序设计的语言，可以存取数据，更新、查询和管理关系数据库系统；同时，SQL也是数据库脚本文件的扩展名。结构化查询语言属于高级的非过程化编程语言。它不仅不需要用户指定数据的存放方法，也不要求用户了解数据的存放方式。所以，即使具有完全不相同的底层结构的不同数据库系统也可以使用相同的结构化查询语言作为管理数据的接口。SQL的主要功能就是与各种数据库建立联系。根据美国国家标准学会(American National Standards

Institute,ANSI)的规定,SQL 是关系型数据库管理系统的标准语言。而目前,绝大多数流行的关系型数据库的管理系统都采用了 SQL 标准。

SQL Server 是一个关系型数据库管理系统,在 1988 年由 Sybase、Microsoft 和 Ashton-Tate 三家公司共同开发。Microsoft SQL Server 2005 是一个全面的数据库平台,具有非常强大的功能,同时也具有可观的安全性与可靠性。

LabVIEW 可以支持 Windows 操作系统中任何基于 OBDC 的数据库,也具有多种访问的方法。本节介绍如何利用 NI 公司的附加工具包 LabVIEW SQL Toolkit 来进行数据库的访问。

LabVIEW SQL Toolkit 又称为 Database Connectivity Toolkit,是 NI 公司开发的用于数据库访问的附加工具包,拥有大多数的数据库操作功能。其主要特点如下:

(1)支持所有 Microsoft ActiveX Data Object(ActiveX 数据对象)所支持的数据库引擎;
(2)与 ODBC 或 OLE DB 数据库驱动程序兼容;
(3)与 SQL 兼容;
(4)高度的可移植性,使用者只需要改变 DB Tools Open Connection VI 中的输入参数 Connection String 就可以变更数据库;
(5)不需要使用 SQL 语句就可以实现对数据库记录的查询、修改以及删除等操作,使用者不需要学习 SQL 语法也可以轻松操作。

2. 建立数据源

打开控制面板,选择管理工具,然后选择数据源 ODBC、系统 DSN,最后在 DSN 中添加一个应用数据源(sqlabview),如图 14-39 所示。

图 14-39　建立数据源

3. 建立表

有以下两种方式可以在数据库里面建立表。
(1)手动建立。打开 Microsoft SQL Server Management Studio 手动建立自命名的数据库,

并且设置表格的表头、数据类型和长度。

(2) 使用 LabVIEW 应用程序自动建立表。自动建立表的时候在 vi.lib\addons\database\Auxilliary.lib 里面可以调用默认的表格设置模式 DB.Tool.column.info.ctl。如果表格的形式固定，则可以右击该项目，改为 constant，然后输入固定的信息即可。

本书使用了第一种方式建立表，如图 14-40 所示。

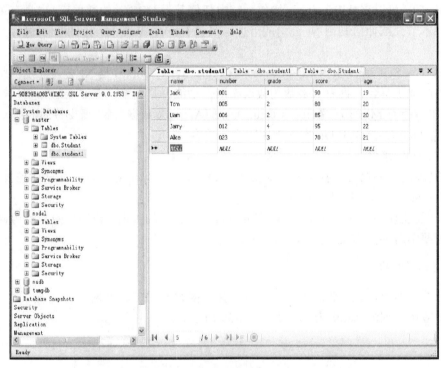

图 14-40　建立表

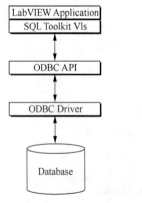

图 14-41　通过 ODBC 建立数据库连接

4. 建立与数据库的连接

与建立好的数据库连接有两种方法。

(1) 使用通用数据连接文件 UDL (Universal Data Link)，新建*.udl 文件，从而与数据库建立连接关系。

(2) 通过 ODBC 建立数据库连接。

此处采用 ODBC 方式与数据库建立连接，其原理如图 14-41 所示。

图 14-42 所示的界面即实现了对数据库表格所有数据的读取。

第 14 章 基于 LabVIEW 的人机界面系统工程实例 DSP 设计

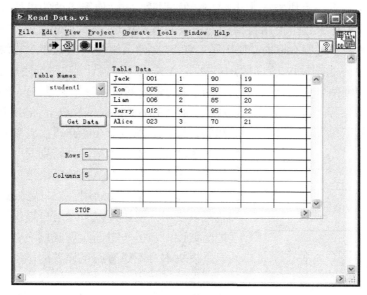

图 14-42 数据读取

14.6.2 集中器 SD 卡存储设计

集中器通过电力线载波通信对节点数据进行抄读后，会将收到的数据进行存储。集中器搭载有 SD 卡模块，通过驱动 SD 卡对数据进行存取，同时为便于操作，集中器使用了 FAT 文件系统对存储空间进行管理。

1. 文件系统以及 FATFS 模块简介

在使用 SD 卡进行数据存取时，可以直接以扇区为单位对卡进行操作，然而这种方式操作烦琐，进行数据存取时要求直接编写的代码量大，而且数据结构不易管理，此外，还需要编程人员对 SD 卡的底层驱动具有一定的了解。因此在本设计中并不直接对 SD 卡底层操作，而是通过移植文件系统模块，使用文件系统对数据进行管理。

文件系统是操作系统用于明确存储设备(常见的是磁盘，也有基于 NAND Flash 的固态硬盘)或分区上的文件的方法和数据结构，即在存储设备上组织文件的方法。操作系统中负责管理和存储文件信息的软件机构称为文件管理系统，简称文件系统。文件系统由三部分组成：文件系统的接口、对对象操纵和管理的软件集合、对象及属性。从系统角度来看，文件系统是对文件存储设备的空间进行组织和分配，负责文件存储并对存入的文件进行保护和检索的系统。具体地说，它负责为用户建立文件，存入、读出、修改、转储文件，控制文件的存取，当用户不再使用时撤销文件等。

目前常用的文件系统有两类：基于微软 Windows 操作系统的 FAT16、FAT32、NTFS、exFAT 文件系统；Linux 系统下的 EXT3、EXT4 等。在本设计中，选择使用 FAT 文件系统来对数据进行管理。在实现 FAT 文件系统时有两种方法，分别是直接法和移植法。直接法通过分析 FAT32 文件系统的组织结构，遵循文件生成机制，编写程序代码实现功能；移植法通过移植 FAT 文件系统模块，调用其提供的应用函数接口，同样可以实现功能。由于直接移植已有的文件系统模块能够大大减少开发周期，同时使用成熟的模块能够提高系统的可靠性，因此本设计中通过使用移植成熟模块的方式实现 FAT 文件系统。

在集中器对数据进行存取时，使用了 FATFS 文件系统模块。FATFS 模块是一种完全免费开源的 FAT 文件系统模块，专门为小型的嵌入式系统而设计。它完全用标准 C 语言编写，所以具有良好的硬件平台独立性，只需做简单的修改就可以移植到 8051、PIC、AVR、SH、Z80、H8、ARM 等系列单片机上。它支持 FAT12、FAT16 和 FAT32，支持多个存储介质；有独立的缓冲区，可以对多个文件进行读写，并特别对 8 位单片机和 16 位单片机做了优化。FATFS 模块不依赖于芯片本身的特性，具有非常高的通用性，只需要进行极少的修改就可以使用。模块一方面为用户提供了文件操作的各种函数接口，另一方面实现底层对存储设备的管理，但是模块本身不带有底层设备的驱动，对存储设备进行操作的函数需要用户提供给模块，这样一来模块就能够正常对存储设备进行读写了。FATFS 的整体架构如图 14-43 所示。

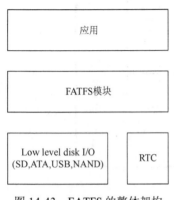

图 14-43　FATFS 的整体架构

2．集中器数据结构以及数据存储方式

在使用了 FAT 文件系统以后，集中器采集到的数据就可以存放在文件中。数据在存储时，需要遵循一定的数据结构，按照既定的方式来组织数据，能够使数据井然有序。

存储时，需要将不同节点的数分门别类地放在不同的文件中，因此以数据采集时间以及节点编号为基准，配置了如图 14-44 所示的文件路径。

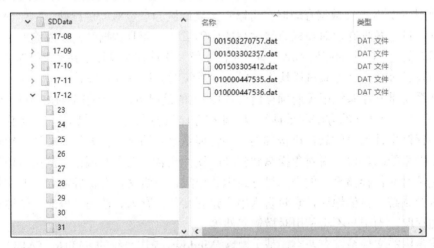

图 14-44　节点数据存储路径

在图 14-44 中，根目录下为 YY-MM 格式的文件夹，如 17-12 表示本文件夹中的文件为 2017 年 12 月的数据文件。在此文件夹下，建立了以 DD 作为文件名的文件夹，如 25 表示本文件夹中的文件为 12 月 25 日的数据文件。最下级目录是以节点地址作为名称的数据文件,如 001503270757.dat,表示当前.dat 文件中存放的数据为节点 001503270757 采集到的数据。通过使用这种文件目录结构,程序能够根据时间以及节点地址建立数据存储文件并完成存储,同时也能够快速地找到需要的数据进行读取。

上面的目录结构明确了特定时间、特定节点的数据存储位置,而一天中某节点不同时刻采集到的数据也需要特定的数据结构来进行存储,以提高数据的存储和查找效率。集中器采集到的数据有以下几个特点:数据量大、数据采集时间规律、数据种类多。鉴于这些特点,节点数据在文件中的存储使用了哈希表来对数据进行存储,数据的存储位置与采集时间相关。假定存储时使用的 SD 卡容量足够大,集中器在抄读节点数据时以分钟为最小时间单位,并且程序为当前节点每分钟的数据都预留出存储位置,那么根据关键码值(key value)映射的数据存储位置就可以按照公式:存储地址 POS =(小时×60+分钟)×10 来计算。其中"小时×60+分钟"表示集中器采集时间相对于当日零点的总分钟数,"10"为每次采集到的数据在 SD 卡中存储所占的空间,单位为字节。由于 SD 卡可以被取出,供用户直接读取数据,因此 SD 卡中的数据以 ASCII 码的形式存储。如采集到某电表节点的数据为 876543.21kW 时,那么存储此数据时实际写入 SD 卡中的为数字 8～1 的 ASCII 码,同时需要在小数点位置写入"."的 ASCII 码,并在数据的最后写入"换行符"的 ASCII 码,用于将本次数据与下次数据分开。数据在文件中的存储形式如图 14-45 所示。

图 14-45　数据在文件中的存储形式

根据上面的描述,可以得到存储数据时编写程序的伪代码如下。

```
if (到达采集时间)
{
```

```
    采集某节点数据;
    if (采集结束)
    {
根据节点编号和日期算出文件路径;
根据采集时间算得数据存储位置;
打开文件路径;
将数据转换为 ASCII 格式并写入文件;
关闭文件;
    }
}
```

14.7　LabVIEW 人机界面设计

应用程序的界面是提供给使用者的第一印象,直接影响到应用程序的用户体验。因此,有效、合理的界面能够为程序增色不少。LabVIEW 提供了丰富的界面控件供开发者选择,有经验的程序员往往能够利用这些控件做出令人称赞的界面效果。

在 LabVIEW Development Guidelines 和 The LabVIEW Style book 中都有专门的章节来论述 LabVIEW 程序界面的设计规范和方法。本节主要从应用开发的角度描述一些通用的界面设计的方法。

1. 人机界面设计要点

在 LabVIEW 中,控件通常被笼统地分为控制型控件(Control)和显示型控件(Indicator)。而对某一个具体的应用而言,更需要把 Control 和 Indicator 进行细分,使得具有同样功能的控件排放在一起,甚至组成若干个 Group 组。

LabVIEW 提供了一系列工具供程序员排列和分布控件的位置以及调整控件的大小,如图 14-46~图 14-49 所示。图 14-46 是排列对齐工具,其中的图标可以很清楚地知道各个按钮的作用。使用 Ctrl+Shift+A 键可以重复上一次的排列方式。图 14-47 是位置分布工具,可以快速地分布各个控件的位置。图 14-48 是大小调整工具,可以快速地调整多个不同控件的大小(注意:部分控件的大小是不允许被调整的)。图 14-49 是组合和叠放次序工具,"组"表示把当前选择的控件组合起来形成一个整体;"取消组合"与"组"相反,表示分散已经整合起来的各个控件;"锁定"表示锁定当前选择的控件,此时控件将无法被编辑(包括移动控件的位置。调整控件的大小等);"解锁"是解锁指令;"向前移动"、"向后移动"、"移至前面"和"移至后面"表示修改当前选择控件的排放次序。

图 14-46　排列对齐工具

图 14-47　位置分布工具

第 14 章 基于 LabVIEW 的人机界面系统工程实例 DSP 设计

图 14-48 大小调整工具

图 14-49 组合和叠放次序工具

2. 颜色的使用

颜色在程序中的应用有多种功能，除了能够确保界面的丰富和完善之外，还能够重点区分不同控件的功能，强调某些控件的作用和位置。LabVIEW 提供了传统的取色工具和着色工具，如图 14-50 所示。取色工具是获取 LabVIEW 开发环境中某个点的颜色值（包括前景色和背景色），并将获取的颜色设置为当前的颜色。着色工具是将当前的颜色值（包括前景色和背景色）设置到某个控件上。

（1）在使用着色工具时，按住 Ctrl 键可以将工具暂时切换成取色工具，释放 Ctrl 键后将返回着色工具。

（2）在使用着色工具时，使用"空格"键可以快速地在前景色和背景色之间切换。

在着色工具中，右上角的"T"表示透明色，可以单击该图标设定当前的颜色为透明色，如图 14-51 所示。此外，LabVIEW 还提供了一系列预定义的标准颜色供程序员选择，其中"系统"的第一个颜色是 Windows 的标准界面颜色。

图 14-50 取色与着色工具

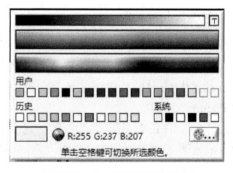

图 14-51 LabVIEW 颜色选框

LabVIEW 允许设置一个 VI 窗口的透明色，执行"文件→VI 属性"命令，在弹出的对话框中选择"窗口外观"选项，然后单击"自定义"按钮将弹出如图 14-52 所示的对话框。勾选"运行时透明显示窗口"选项，并设置透明度（0%～100%）。

3. LabVIEW 控件

在 LabVIEW 中有 4 种不同外观的控件可供选择，分别是：新式、银色、系统和经典。其中"新式"控件是 NI 专门为 LabVIEW 设计的具有 3D 效果的控件，它能够确保在不同的操作系统下显示始终是一样的；而"系统"是采用系统控件，它的外观与操作系统有关，不同的操作系统下控件的显示外观有所不同。大多数的程序员似乎更愿意选择"系统"控件。但是LabVIEW并不允许程序员任意自定义"系统"控件的外观，这同时也限制了"系统"控件的使用。

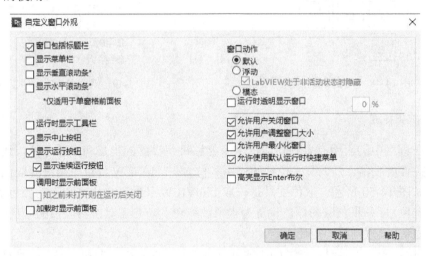

图 14-52　自定义窗口外观对话框

LabVIEW 允许程序员在现有控件的基础上重新定义控件的外观(Type Def.和 Strict Type Def.技术)。图 14-53 是使用自定义控件的方法重新设计的控件，原本为程序默认的指示灯形状，通过使用自定义控件的方式，将其外观改变成齿轮图标的形状。程序员可以修改控件的各种显示表达方式，但是却不能修改控件的功能(可以使用 XControl 技术)。

4．插入图片和装饰

程序中必要的图片不仅能够给用户直观的视觉感受，还能够描述程序的作用(当然，不能使用过量的图片)。最简单的插入图片的方式是：将准备好的图片直接拖入到 VI 的前面板中或者使用 Ctrl+C/V 键粘贴到前面板中。当然，还可以使用 Picture 控件将图片动态地载入到 Picture 控件中。

此外，LabVIEW 还提供了一种自定义程序背景图的方式。新建一个 VI，在 VI 的垂直滚动条或水平滚动条上右击将弹出如图 14-54 所示的快捷菜单。

图 14-53　使用自定义控件方法改变控件外观

图 14-54　快捷菜单

选择"属性"选项，将弹出如图 14-55 所示的"窗格属性"对话框。在"背景"选项卡中有供编程人员选择的背景，也可以使用"浏览"按钮导入外部自定义的图片。

图 14-55 "窗格属性"对话框

如果需要导入不规则的图片，可以将图片的部分背景色设置为透明并保存为 png 格式。

在"控件→修饰"和"控件→系统"选项中有一些装饰用控件，程序员可以使用这些装饰控件为应用程序增色。

5. 界面分隔和自定义窗口大小

控件的显示效果与监视器是密切相关的，因此在程序设计时需要考虑目标监视器的颜色、分辨率等因素，并明确运行该应用程序所需要的最低硬件要求。在编程中经常遇到的问题：如何才能确保应用程序的界面在更高的分辨率上运行时不会变形？这实际上是一个界面设计问题，而思考如何解决它却是应该从程序设计时就开始，而不是等到程序设计完成后再探讨解决方案。LabVIEW 中并没有提供一种有效的方式或工具来解决这个问题，但更应该把它归纳为通用的程序设计问题，解决它需要比较良好的界面设计、布局和分配作为前提。

程序往往会规定一个最低的运行分辨率，在此分辨率以上的显示器上程序界面应该能够正确地被显示出来。而在 LabVIEW 中，控件往往在高分辨率的显示器上被拉大或者留有部分的空白，这使得程序员最初设计的界面被扭曲。

为了使问题的本质更加清晰和寻求解决问题的方案，有必要对 LabVIEW 的前面板界面进行确认和分析。如图 14-56 所示，一个 VI 的窗口由几部分组成：最外侧矩形框包围的区域称为一个窗口(Windows)，而内侧的矩形包围的区域称为一个面板(Panel)。从图中可以看出，窗口中的标题栏、菜单栏和工具栏并不属于面板。

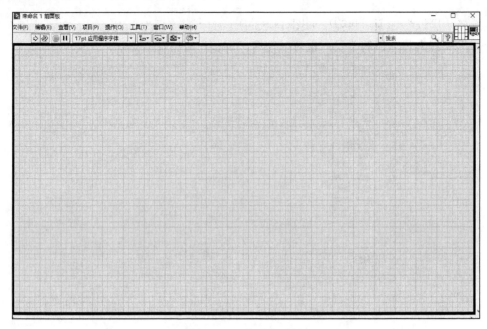

图 14-56　窗口和面板

LabVIEW 允许程序员将面板划分为若干个独立的窗格(Pane)。使用"控件→容器"选项中的"水平分隔栏"和"垂直分隔栏"可以将 VI 的面板进行任意的划分。

划分之后的 VI 前面板如图 14-57 所示,可以看出图中的面板已经被划分为 3 个窗格,每一个区域都被称为一个窗格。当面板上只有一个窗格时,面板与窗格会重合。因此,窗口包含整个界面,而 1 个窗口只有 1 个面板,该面板能够被划分为若干个独立的窗格。每个窗格都包含其特有的属性和滚动条,而窗格之间使用分隔栏进行分隔。

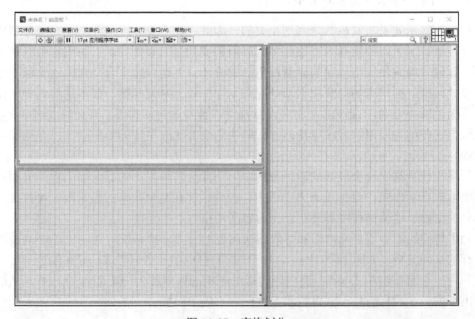

图 14-57　窗格划分

在分隔栏上右击可以设置其相关属性，如图14-58所示。"已锁定"属性可以设置分隔栏是否被锁定，被锁定的分隔栏的位置将无法被移动。与控件类似，LabVIEW提供了3种分隔栏样式：新式、系统和经典。程序员可以使用着色工具设置新式和经典分隔栏的颜色，使用手形工具调整位置以及使用选择工具调整大小。

6. 程序中字体的使用

LabVIEW会自动调用系统中已经安装的字体，因此不同的计算机上运行的LabVIEW程序会因为安装的字体库不同而不同。对于字体大小可以使用 Ctrl++以及 Ctrl+-键增加和减小当前选择项的字体大小。

图14-58　分隔栏右击菜单

为了避免不同的操作系统给字体显示带来的影响，LabVIEW提供了应用程序字体、系统字体和对话框字体三种预定义的字体。它们并不表示某一种确定的字体，对不同的操作系统所表示的含义不同，这样可以避免某一种字体缺失导致的应用程序界面无法正确显示的问题。此外，LabVIEW也提供了一种方式来人为地指定三种预定义的字体代表的具体含义。选择菜单栏的"工具→选项"菜单项，选择"环境"选项，如图14-59所示。单击"字体样式"按钮，可以指定应用程序字体、系统字体和对话框字体所代表的字体名称和大小。

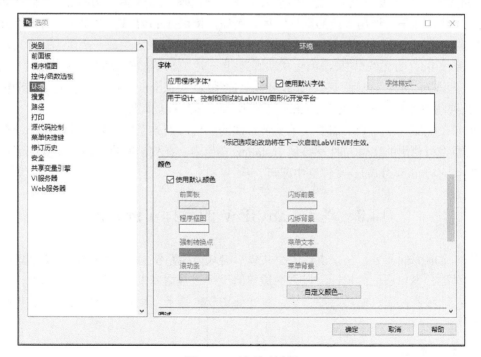

图14-59　选项对话框

在默认下，LabVIEW 会自动设置界面的字体为应用程序字体、系统字体和对话框字体，因为这可以避免应用程序移植所导致的字体缺失。但是同时也会带来分辨率的问题，因为不同的系统所表示的字体样式和大小都不相同，因此不同分辨率的监视器显示界面的字体时会发生"变形"。

为了解决这两者的矛盾以及带来的显示问题，可以将目标计算机上的应用程序字体、系统字体和对话框字体与开发计算机上的字体保持一致。

(1)尽量使用通用的字体显示。如中文使用宋体，英文使用 Tahoma，字号使用 13 号。

(2)确保目标计算机上的 LabVIEW Runtime 将应用程序字体、系统字体和对话框字体与开发计算机上的字体所代表的含义保持一致。

第一点需要在程序设计时注意，而第二点可以通过程序自动指定。如前所述，LabVIEW 允许手动指定预定义字体的实际含义，这些设置被保存在 LabVIEW 安装目录下的 <…\National Instruments\LabVIEW 8.X\LabVIEW.ini>文件中。使用记事本打开 LabVIEW.ini 文件，找到如下的三行代码。也就是说 LabVIEW 通过这三行代码来决定应用程序的字体、系统字体和对话框字体表示的具体含义。

```
appFont="Tahoma" 13
dialogFont="Tahoma" 13
systemFont="Tahoma" 13
```

在生成任意一个 exe 时，LabVIEW 会在 exe 文件的相同目录中自动生成一个与 exe 同名的 ini 文件。只需要在该 ini 文件中加入上述三行代码，LabVIEW Runtime 就会自动调用相应的字体，而不会调用系统的默认字体。例如，使用 LabVIEW 生成一个名为"公共建筑能耗监控系统.exe"的独立应用程序，同时也会在相同目录下生成一个名为"公共建筑能耗监控系统.ini"的文件(如果没有生成，则运行一次"公共建筑能耗监控系统.exe"应用程序)。打开该 ini 文件，找到"[公共建筑能耗监控系统]" Section 文字(如果没有则手动键入)。在"[公共建筑能耗监控系统]" Section 下方加入上述三行代码即可。

如果在程序开发中确实需要使用某种特殊的字体，而为了防止目标计算机上没有该字体，需要将所使用的字体同时发布到 Installer 文件中。在安装时直接将字体复制到目标计算机的<C:\Windows\Fonts>文件夹中即可。

14.8 基于 LabVIEW 的工程实例分析

在本章前面的部分，分别讲解了公共建筑能耗监控系统中 LabVIEW 与集中器间通信协议的设计、串口通信的设计、以太网通信的设计、数据库设计以及人机界面设计。在本小节中，针对公共建筑能耗监控系统，对 LabVIEW 服务器编程的整体思路以及代码进行讲解和分析。

14.8.1 数据通信的实现

本软件可以分别实现串口通信以及以太网通信，用户通过操作前面板上的下拉列表来选择使用的通信方式，建立连接后打开通信端口。数据通信管理程序设计如图 14-60 所示。

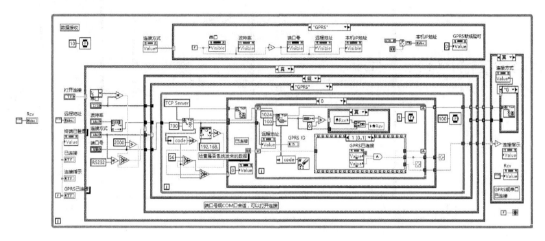

图 14-60　数据通信管理程序设计

在开启数据通信端口前，程序会不断检测"打开连接"控件的值，一旦发现用户通过操作前面板开启了通信端口，程序便会执行端口开启流程。程序首先根据相关协议，进行通信口参数正确性校验。若用户选择串口通信方式，则程序检验用户所选串口号是否可用；若用户选择以太网通信参数，则程序检验用户所开端口号是否合法。

参数校验通过后，开始进行数据通信。串口接收函数比较简单，实现时只需要将主机接收缓冲区中的数据取出并存入软件的数据缓冲区中即可。在进行以太网通信时，除按期进行数据接收外，还需要管理网络通信状态。由于集中器与服务器软件之间通过 GPRS 方式进行无线通信，因此需要通过定期发送"心跳"报文的方式验证连接畅通。服务器软件会按预定时间检测是否收到"心跳"报文，若在规定超时时间内未收到报文，则软件主动断开连接，做通信超时处理。

程序能够响应前面板用户操作，若用户单击"关闭连接"按钮，则程序会在接收到数据后注销端口，结束通信。在通信结束后，数据通信管理程序将所有的通信状态量初始化，等待用户启动新的通信。

在进行数据发送时，为避免数据丢失，发送程序会将数据写入名为"FrmSnd"的队列，数据在发送线程中完成出队操作，并写入指定的发送端口进行数据发送。数据发送程序如图 14-61 所示。

使用队列的好处是可以实现异步处理，减少了请求响应时间并对操作进行解耦。由于本设计的系统不要求即时同步返回结果，因此若处理器正忙于其他操作时出现了用户的数据请求操作，系统就可以将此操作放入队列，当处理器空闲时，从队列中取出用户的请求并将其组成报文发送给集中器。

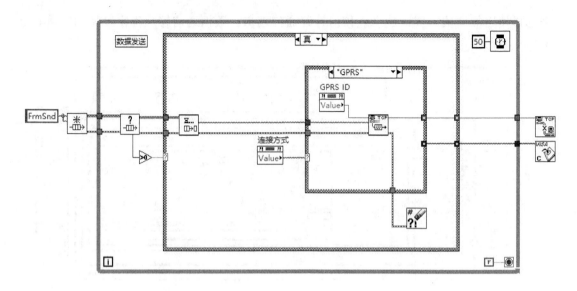

图 14-61　数据发送程序

14.8.2　协议成帧、解析及其操作实现

1. 协议的成帧操作

在服务器软件与集中器通信过程中，需要遵循既定的报文格式完成数据的交互，因此设计一个数据成帧函数，将数据输入函数的入口，经过函数处理后，直接得到所需的规范报文格式，即可进行发送。生成链路用户数据程序框图如图 14-62 所示。

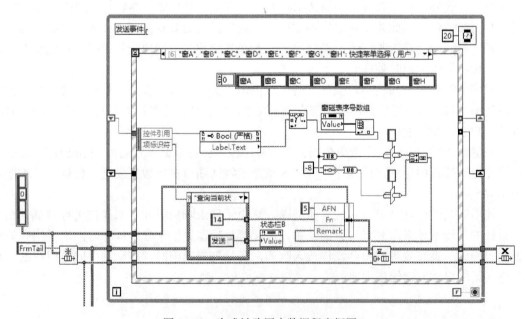

图 14-62　生成链路用户数据程序框图

第 14 章 基于 LabVIEW 的人机界面系统工程实例 DSP 设计

在图 14-62 中，用户单击前面板，对某节点的状态进行查询，这部分程序响应用户的操作，并生成了"链路用户数据区"的数据。生成这部分数据后，代码会将数据放入名为 FrmTail 的队列中，在队列中的数据等待出队，进行进一步的"加工"。所谓的进一步"加工"，即在当前数据的基础上加入帧头帧尾、校验和、地址域以及控制域等内容，使之成为一个符合协议要求的完整报文。数据的成帧程序如图 14-63 所示。

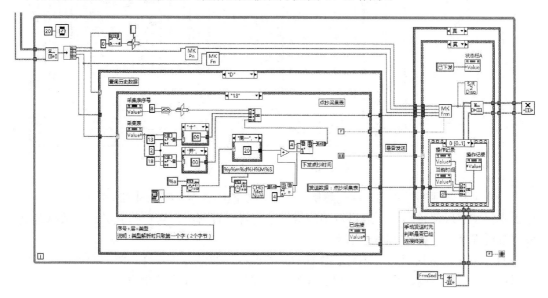

图 14-63　数据的成帧程序

在图 14-63 中，链路用户数据区的数据首先从队列中出队，接着程序将链路用户数据补全，添加帧序列域、功能码和子功能码，最后加入地址域以及帧头、帧尾，并计算校验和。全部流程结束后，一个完整的报文已经生成，可以将此报文加入发送队列等待发送。

2. 协议的解析操作

前面已经介绍了协议的成帧操作，即完成服务器软件向集中器发送数据，下面对协议的解析进行讲解，介绍服务器软件如何对收到的报文进行解析。协议解析的程序实现如图 14-64 所示。

在数据接收线程将数据存入数据缓冲区后，协议解析线程会将收到的数据从缓冲区中提取出来，逐字节进行检验，并在通过校验后生成一帧完整报文。在本部分程序的设计过程中，使用了"生产者-消费者"的设计模式，即使用一个线程产生数据，另一个线程处理数据。这种模式的优点在于，当消费者线程的处理速度变慢时，生产者线程能够将数据暂时放在队列中，当消费者将数据处理完毕后，再从队列中提取下一个数据进行处理，保证数据不会丢失。如图 14-64 所示，程序进行完整报文的提取以及校验，为生产者线程。

报文格式校验无误后，需要对报文内容进行解析，确定接下来执行什么操作。在上面的协议设计小节中已经介绍，报文中相应字节，或具体到某一位都有具体的含义，按照协议要求进行解析后，能够了解数据传输的具体流程以及具体数据含义。

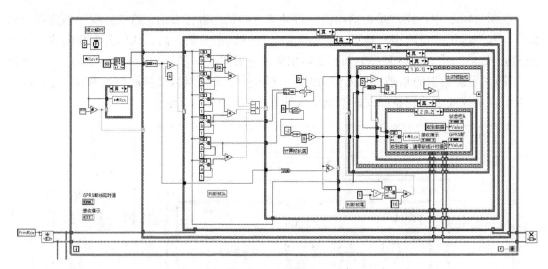

图 14-64 协议解析的程序实现

在本协议实现的过程中,首先解析协议中的功能码位置,在此基础上再解析子功能码,分析本报文实现何种功能,最后对用户数据区内容进行解析,可以得到具体的数据含义。报文解析程序框图如图 14-65 所示。

图 14-65 所示代码为对环境表数据的解析过程,通过分析报文,能够得到某块环境表所测得的 CO_2、温度、湿度以及 PM2.5 值,并通过前面板显示给用户。

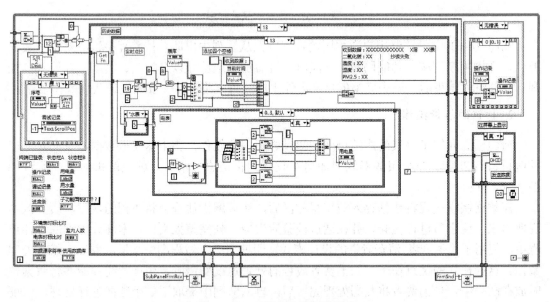

图 14-65 环境表数据解析程序

14.8.3 数据库及其操作实现

本章中所设计的服务器软件,使用 MySQL 对采集到的数据进行管理,将数据分为不同的类别存入数据库,在 LabVIEW 软件编程方面,使用了 Database Connectivity Toolkit 工

第 14 章 基于 LabVIEW 的人机界面系统工程实例 DSP 设计

具包与数据库进行连接，实现完整的 SQL 功能。软件对数据库的操作如图 14-66 所示。

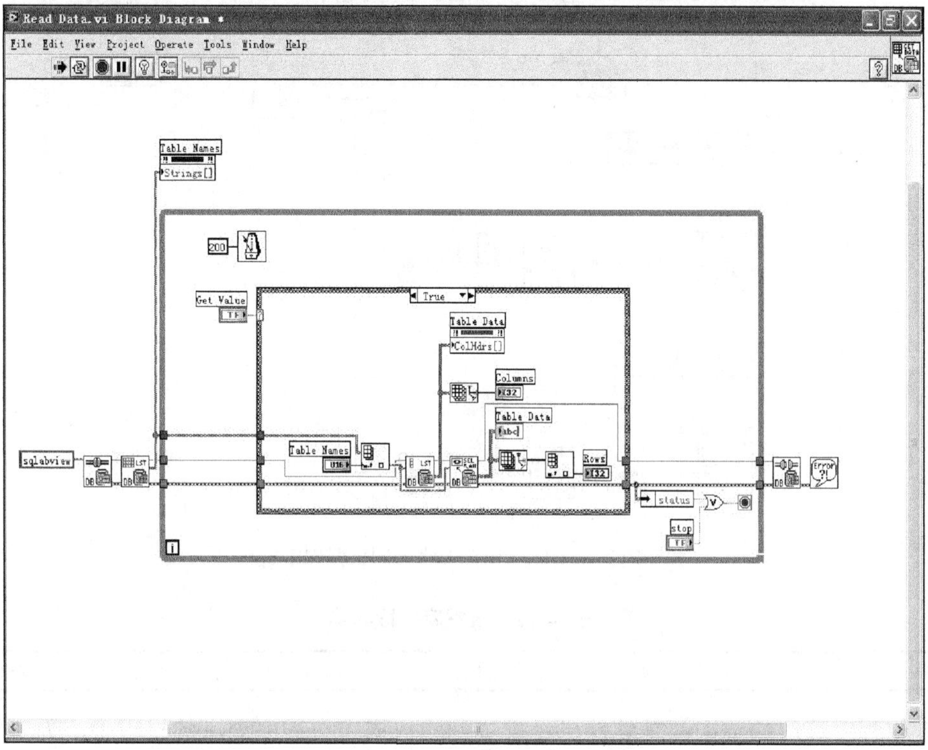

图 14-66 数据读取程序图

首先为 DB Tools Open Connection.vi 配置参数，在本程序中，只需将数据源名称连接至 connection information 处即可，其他输入配置端保持默认即可。所以在 connection information 处输入"sqlabview"即可。

本程序中，我们的目标是把数据库表中的数据全部读取并显示在前面板上，因此首先需用 DB Tools List Tables.vi 来获取数据库中的所有表的名称。在循环中使用 DB Tools Select All Data.vi 获得表中数据并显示在前面板的表格中。最终使用 DB Tools Close Connection.vi 来关闭数据库引用，并在程序的最后放置错误处理器。

使用工具包的好处在于其已经将操作数据库所需的功能进行了高度的封装，若通过 SQL 语句搭配 LabVIEW 的格式化字符串函数来生成 SQL 代码并对数据库进行操作时，需要通过图 14-67 所示的 LabVIEW 编程来实现语句输出。

而通过使用工具包，只需要调用 DB Tools Select All Data.vi 函数，即可从相应的表中读取数据到程序中进行处理。

在数据库中建表时，使用统一的表名称，由于节点的种类多，且每节点的数据量大，因此为每一个节点建立一个单独的表用于存储节点数据。表名称的统一格式为"表类型+表 MAC"，如"环境表 010000447536"。本设计中，环境表的字段名称(键名)如表 14-12 所示。

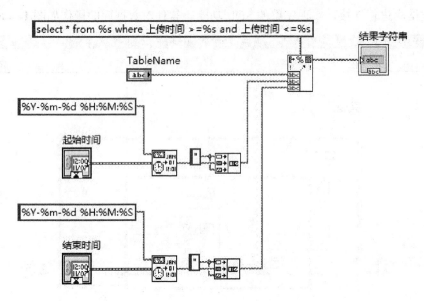

图 14-67　SQL 语句在 LabVIEW 编程中实现

表14-12　数据库字段名称

序号	上传时间	采集时间	温度	湿度	CO_2	PM2.5

使用程序读取的数据都是软件已经采集到的数据，在程序调试的过程中，为了使调试过程更加顺利，可以使用一些数据库可视化软件来显示数据，验证程序读取的数据是否有差错。例如，使用 Sqlyog，可以查询到数据库中存储的所有表的数据。

14.8.4　界面实例分析

本章使用 LabVIEW 设计了公共建筑能耗监控系统软件，在本小节中，通过对软件的介绍，将使读者对 LabVIEW 人机界面设计有进一步的认识。

1. 软件总体介绍

软件作为公共建筑能耗监控系统的服务器软件，主要完成与集中器的数据通信、数据存储以及分析和显示。软件通过人机界面与用户交互，并完成对用户操作的响应，实现不同的功能。

参数设置界面如图 14-68 所示。

界面左侧的按钮为功能选择按钮，通过选择不同的按钮，能够改变右侧显示面板中的内容，从而使用户完成不同的操作。

参数设置：设置软件与集中器之间的通信参数，完成通信连接并监测通信状态；设置软件账户以及集中器访问密钥。

终端初始化：对集中器的参数进行配置。

实时数据：对集中器采集到的实时数据进行图形化以及文本显示。

第 14 章 基于 LabVIEW 的人机界面系统工程实例 DSP 设计

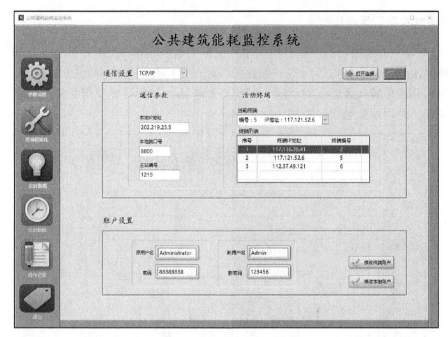

图 14-68 参数设置界面

历史数据：查询数据库中存储的数据，或请求存储在集中器中的历史数据。

操作记录：查询用户在软件中对集中器进行的操作指令。

退出：关闭并退出软件。

在本小节中，主要介绍参数设置、实时数据、历史数据三类功能。

2."参数设置"界面设计

通过单击软件左侧的"参数设置"按钮，用户进入参数设置界面。在此界面中，可以完成通信及账户设置。由于两种功能完全不同，因此使用上凸框(控件→修饰→上凸框)将两种功能包含的内容隔开，一目了然。

1)通信设置

在上凸框左上方，使用系统组合框(控件→系统→字符串与路径→系统组合框)来选择通信方式，并在右上方放置连接按钮(控件→银色→布尔→按钮→向前按钮)以及指示灯(控件→经典→经典布尔→方形灯)控件，用作连接状态显示。

在界面中插入两个下凹圆盒(控件→修饰→下凹圆盒)，并在其左上角放置标签(控件→修饰→标签)，标识框中的内容。标签中的各显示控件，分别使用字符串输入控件以及多列列表框来实现。

2)账户设置

"账户设置"框的实现形式与"通信设置"相同，其不同之处在于控件样式使用了"控件→银色→字符串与路径→字符串输入控件"。具体使用何种样式，需要依据软件的整体风格来确定。

3. "实时数据"界面设计

"实时数据"界面用于显示软件从集中器获取的最新数据,数据中包含了用电量、用水量、室内温湿度、风扇挡位等一些节点数据。通过鼠标指向室内平面图中的控件,用户可以获取室内相应位置设备的实时状况。同时在此界面中,还可以获得每楼层的电表电量数据以及大楼的总用水量数据,如图14-69所示。

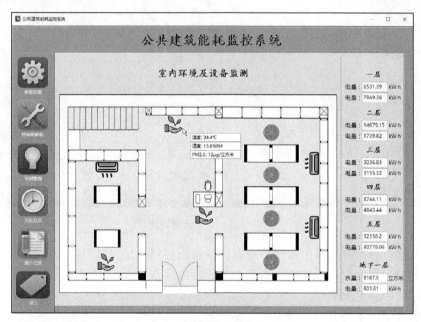

图 14-69 "实时数据"界面

在进行本界面的设计时,有如下几个设计要点。

(1) 室内平面图以及设备图标均为不规则图形。在这里,平面图使用了粘贴图片的方式进行插入。操作时,首先选中一幅图片,并对其复制,选择 LabVIEW 软件前面板中的"编辑→粘贴"选项,即可将图片插入前面板。设备图标实际为布尔型控件,操作时直接使用"自定义控件"的功能,将贴图替换即可。

(2) 鼠标指向时显示设备状态的效果。虽然 LabVIEW 具有鼠标指向显示提示信息的功能,但是提示信息内容不能动态改变。因此在实现本界面的效果时,首先在前面板插入"字符串显示控件"并隐藏,接着对设备图标添加鼠标进入事件,设置鼠标进入时显示"字符串显示控件",同时在显示控件中更新设备当前的状态。如果想要效果更生动,可以实时获取鼠标的位置,并设置"字符串显示控件"相对于鼠标的显示位置。

(3) 由于室内环境及设备监测与楼层用电量为两个不同类别,因此使用细分隔线将二者分开。

4. "历史数据"界面设计

在"历史数据"界面(图14-70)中,用户通过输入相关信息,完成软件对数据库的访问,并将查询到的历史数据显示在界面上。此外,用户还可以对表中内容进行复制、导出以及查找等操作。

第 14 章　基于 LabVIEW 的人机界面系统工程实例 DSP 设计

图 14-70　"历史数据"界面

在进行此界面的设计时，依然需要遵照同种类别控件集中放置的原则。表格左上侧放置表示节点信息的控件，右上侧控件用于选择查询数据的起始时间以及终止时间。在表格的右侧，使用带有图标及文字的按钮，列出了用户可对数据进行的操作，简单易懂，人机界面友好。

14.9　本章小结

本章首先对公共建筑能耗监控系统的系统架构进行总体介绍，在此基础上，介绍了 LabVIEW 与集中器的通信协议设计。介绍通信接口设计时，从 VISA 串口以及以太网通信两方面说明了通信的实现方式，然后介绍了数据库以及 LabVIEW 通过 LabVIEW SQL Toolkit 对数据库进行访问的实现，最后介绍了 LabVIEW 界面的设计方法，并通过对公共建筑能耗监控系统软件的介绍，使读者对 LabVIEW 的程序设计有了更深的认识。

14.10　思考题与习题

14.1　LabVIEW 有几种数据类型？分别是什么？
14.2　谈谈对本系统通信协议的理解。
14.3　简述 VISA 串口通信的程序编写流程。

14.4 如何实现 DSP 的串口和以太网通信设计？
14.5 什么是 SQL Server？什么是 ODBC？
14.6 如何建立与数据库的连接？
14.7 简述使用 DMA 进行数据发送的特点。
14.8 在设计 LabVIEW 人机界面设计时，需要注意什么？
14.9 在 LabVIEW 中，实现通信、数据库的软件设计。
14.10 试使用控件在前面板设计一个类似"用户登录界面"的窗口(不必编写程序)。

参 考 文 献

符晓, 朱洪顺. 2017. TMS320F28335 DSP 原理、开发及应用[M]. 北京: 清华大学出版社.
顾卫钢. 2011. 手把手教你学 DSP-基于 TMS320X281X[M]. 北京: 北京航空航天大学出版社.
李哲英, 骆丽, 刘元盛. 2002. DSP 理论基础与应用技术[M]. 北京: 北京航空航天大学出版社.
合众达电子. 2010. SEED-DTK28335 用户指南[M]. 北京: 北京合众达电子技术有限责任公司.
合众达电子. 2012. SEED-BLDC 用户指南[M]. 北京: 北京合众达电子技术有限责任公司.
彭启琮, 李玉柏, 管庆. 2002. DSP 技术的发展与应用[M]. 北京: 高等教育出版社.
申敏, 邓矣兵, 郑建宏, 等. 2001. DSP 原理及其在移动通信中的应用[M]. 北京: 人民邮电出版社.
宋莹, 高强, 徐殿国, 等. 2010. 新型浮点型 DSP 芯片 TMS320F283xx[J]. 微处理机, (1): 20-22.
苏奎峰, 吕强, 常天庆, 等. 2008. TMS320X281X DSP 原理及 C 程序开发[M]. 北京: 北京航空航天大学出版社.
苏奎峰, 吕强, 邓志东, 等. 2009. TMS320x28xxx 原理与开发[M]. 北京: 电子工业出版社.
孙丽明. 2008. TMS320F2812 原理及其 C 语言程序开发[M]. 北京: 清华大学出版社.
王金龙, 沈良, 徐光辉, 等. 2003. DSP 芯片的原理与开发应用[M]. 3 版. 北京: 电子工业出版社.
王念旭, 等. 2001. DSP 基础与应用系统设计[M]. 北京: 北京航空航天大学出版社.
谢青红, 张筱荔. 2009. TMS320F2812DSP 原理及其在运动控制系统中的应用[M]. 北京: 电子工业出版社.
徐科军, 张翰, 陈志渊. 1997. TMS320x281x DSP 原理与应用[M]. 北京: 电子工业出版社.
张卿杰, 徐友, 左楠, 等. 2015. 手把手教你学 DSP-基于 TMS320F28335[M]. 北京: 北京航空航天大学出版社.
张雄伟, 曹铁勇, 陈亮, 等. 2009. DSP 芯片的原理与开发应用[M]. 4 版. 北京: 电子工业出版社.
张雄伟. 2008. DSP 芯片的原理与开发应用[M]. 北京: 电子工业出版社.
赵红怡. 2003. DSP 技术与应用实例[M]. 北京: 电子工业出版社.
智泽英, 杨晋岭, 刘辉. 2009. DSP 控制技术实践[M]. 北京: 中国电力出版社.
周霖. 2003. DSP 系统设计与实现[M]. 北京: 国防工业出版社.
朱铭镐, 赵勇, 甘泉. 2002. DSP 应用系统设计[M]. 北京: 电子工业出版社.
Texas Instruments. 2007. TMS320F28335, TMS320F28334, TMS320F28332 Digital Signal Controllers (DSCs)[EB/OL].
Texas Instruments. 2007. TMS320x28335, 2823x System Control and Interrupts Reference Guide[EB/OL].
Texas Instrument. 2007. TMS320x28335, 2823x DSC External Interface Reference Guide[EB/OL].
Texas Instrument. 2007. TMS320F28335, 2823x Enhanced Pulse Width Modulator Module (ePWM) Module Reference Guide[EB/OL].
Texas Instrument. 2007. TMS320F28335, 2823x Enhanced Capture (eCAP) Module Reference Guide[EB/OL].
Texas Instrument. 2007. TMS320F28335, 2823x Enhanced Quadrature Encoder Pulse (eQEP) Module Reference Guide[EB/OL].
Texas Instrument. 2007. TMS320F28335, 2823x Analog-to-Digital Converter (ADC) Reference Guide[EB/OL].
Texas Instrument. 2007. TMS320F28335, 2823x Serial Peripheral Interface (SPI) Reference Guide[EB/OL].
Texas Instrument. 2007. TMS320F28335, 2823x Serial Communications Interface (SCI) Reference Guide[EB/OL].
Texas Instrument. 2007. TMS320F28335, 2823x Inter-Integrated Circuit (I^2C) Reference Guide[EB/OL].
Texas Instrument. 2007. TMS320F28335, 2823x Direct Memory Access (DMA) Reference Guide[EB/OL].